ハトを飲みこむ！ ヨーロッパオオナマズ

口を開けて威嚇する、コブダイのケンカ

DVDの名場面

動く図鑑MOVEには、NHKエンタープライズが制作したDVDがついています。ぜんぶで87種類もの魚たちの、さまざまな生態を収録！ ふだんは見ることができない、水の中のおどろきの世界をご覧ください。

あごが飛び出る！
ミツクリザメの捕食

まるでワカメ!?
リーフィー・シードラゴン

百発百中！ テッポウウオ

悠然と泳ぐ、ジンベエザメ

幻の深海ザメ！ ラブカ

講談社の動く図鑑
MOVE
ムーブ
魚
さかな
［新訂版］
［監修］
福井篤
東海大学海洋学部水産学科 教授

もくじ

※この本の魚の分類は、『日本産魚類検索 第3版』(中坊徹次編 2013)、『FISHES of the WORLD Fourth Edition』(Joseph S. Nelson ／2006)などを参考にしていますが、紹介している順は分類体系と異なる場合があります。

魚とは

魚は身近でかかせない存在！

海や川で遊んだときに、魚とふれ合ったことがある人は多いでしょう。また、水族館はいつでも人気ですし、実際に魚を飼ったことがあるという人もいるでしょう。なにより、魚はおいしい食べ物として、わたしたちにとってかかせない存在です。

魚は水中世界の主役！

海や河川などの水中世界で、魚はとても重要な存在です。とくに大型の肉食魚は、クジラやイルカなどの海生ほ乳類と並んで、生態系の食物連鎖のトップに立っています。プランクトン、甲殻類などの小動物、貝類、藻類などのすべてが、魚の食べ物となるのです。

種の数は脊椎動物でナンバー1！

動物の中でも、背骨がある動物を脊椎動物といいます。脊椎動物は、わかっているだけでも6万7000種以上いるとされています。そのうち、魚はもっとも種の数が多く、約3万4000種いるともいわれています。

ユニークな姿や生態に注目！

魚の体は、水の中で生きていくために、陸の生物とちがう特殊なつくりになっています。同じ魚の中でも、くらしている環境によって、体つきが大きく異なります。生態も、独特なものをもつ魚が多くいます。ユニークな姿や生態にも注目してみましょう。

魚の体

魚は、水の中でくらすのに適した体をもっています。体はうろこでおおわれているものが多く、手や足のかわりにひれがついていて、肺ではなく、えらで呼吸します。

鼻

多くの魚は、左右に2つずつ、前後に鼻の穴が並んでいます。前後の穴はつながっていて、あいだにある器官を水がとおりぬけることで、においを感じとります。

口・吻・歯

多くの魚は、口が頭部の先についていますが、上向きや下向きについている魚もいます。口の先のほうは、「吻」ともよばれます。歯は、食べるものによって形が異なります。歯をもたない魚もいます。

さまざまな魚の体

ドチザメの体
歯と同じ物質でできているかたいうろこで、おおわれています。

アカエイの体
体は平たく、幅広いひれと長い尾が特徴です。

ウツボの体
うろこはなく、背びれ・しりびれと、尾びれがつながっています。

コイの体
魚らしい体つきで、丸くとうめいなうろこでおおわれています。

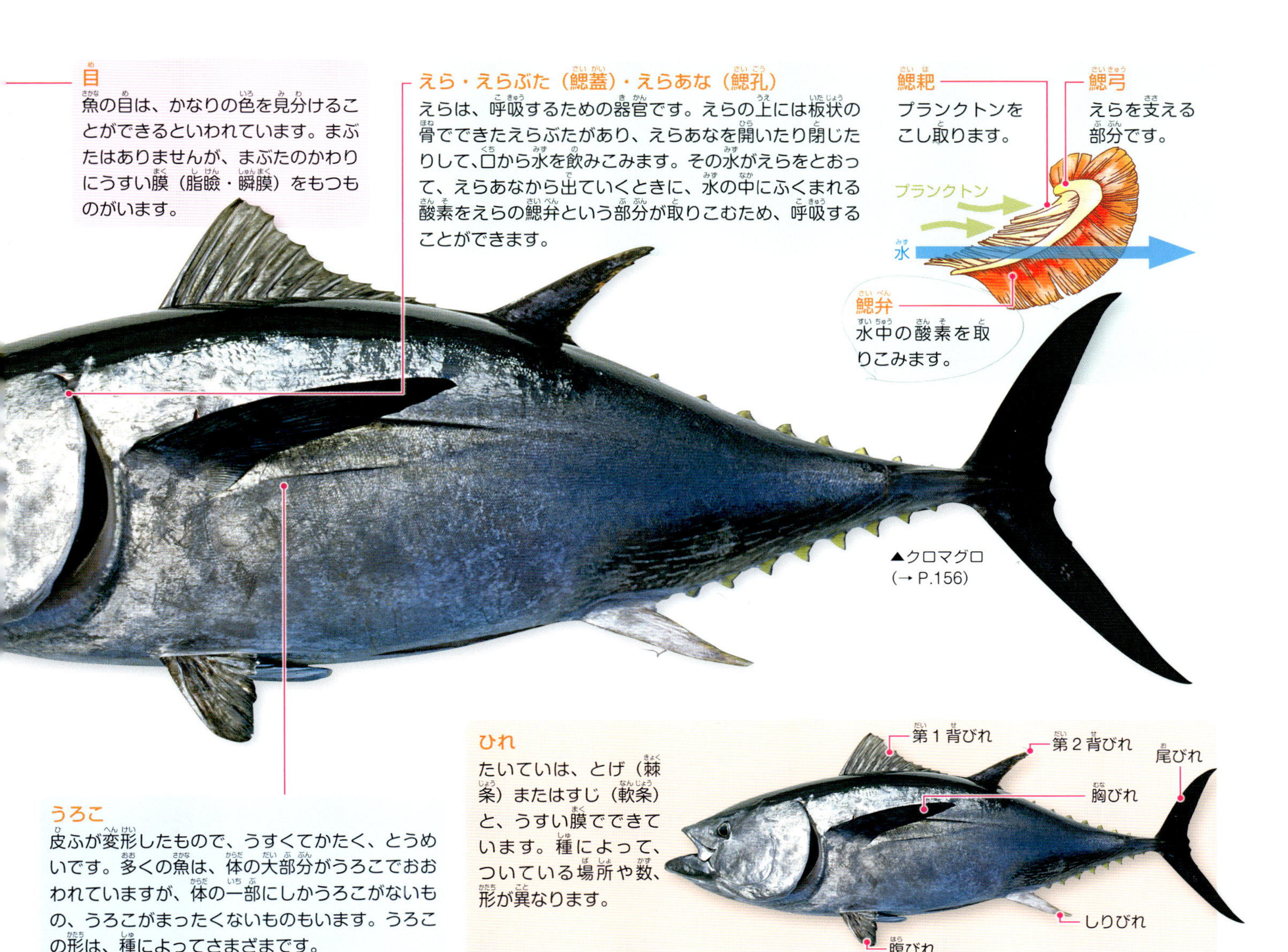

おぼえておきたい魚の用語

おぼえておくと図鑑を見るときに役立つ言葉です。くわしい説明がのっている用語には、ページを示しています。

魚の成長

ふ化してから死ぬまでのあいだ、成長にともなって、よび名が変わります。

〈仔魚〉
ふ化してから、すべてのひれが完成するまでの期間の魚。

〈稚魚〉
すべてのひれが完成してから、その種の特徴が体に現れるまでの期間の魚。

〈幼魚〉
種の特徴が体に現れているが、形や色などが成魚と異なる魚。

〈若魚〉
形や色は成魚とほとんど変わらないが、繁殖できる体になっていない魚。

〈成魚〉
成長して繁殖できる状態の魚。

〈老成魚〉
長く生きて、年をとった魚。

魚の繁殖方法

繁殖方法は大きく２つに分かれます。

〈卵生〉
卵を産みます。魚の多くが卵生です。

〈胎生〉
仔魚を産みます。

※ほ乳類などのように、体内の仔魚が親から栄養をあたえられて育つタイプを「胎生」、体内で卵からふ化し、仔魚が親からの栄養をあたえられずに育つタイプを「卵胎生」ということもあります。しかし、どちらのタイプかはっきりしない魚も多いので、この本ではまとめて胎生としています。

そのほかの用語

〈浮き袋〉
魚の体の器官で、中には気体が入っています。気体の量を増減させることで、浮いたりしずんだり、スムーズに動くことができます（→ P.105）。

〈側線〉
体の横に線のようにつらなる、小さな管の集まりで、水の流れや音を感じとる器官です。

〈背面・腹面〉
魚を背中側から見たときの面を背面といい、腹側から見たときの面を腹面といいます。

〈しま模様・帯〉
魚の体に線のように入る模様をしま模様、太めの模様を帯といいます。頭を上にした状態で、模様がたて方向の場合はたてじま（たて帯）、横方向の場合は横じま（横帯）といいます。

〈婚姻色〉
産卵期が近づくと、オスはメスにアピールするため、体色を変えることがあります。このときの色を、婚姻色といいます（→ P.127）。興奮したときにも、同じような色が現れる場合があります。

魚のなかま分け

今から５億年以上前に、最初の魚類である無顎類が現れ、その後、軟骨魚類と硬骨魚類が現れました。硬骨魚類は肉鰭類と条鰭類に分かれ、条鰭類はさらに細かいグループに分かれます。現代の魚類は、そのうちの真骨類が大部分をしめています。

現在見られる魚のグループ分け

ヌタウナギやヤツメウナギはもっとも原始的な魚のグループで、のちに軟骨魚類のサメやエイなどが生まれました。やがて、硬骨魚類のシーラカンスやチョウザメなどが生まれ、そこからさらに進化した真骨魚類として、現在見られる多くの魚たちが生まれました。

魚のはじまり　古い ＞＞＞＞＞＞ 新しい

無顎類

あごのない、原始的なつくりの体をもつ魚のグループ。

ヌタウナギ目(→P.39)

ヤツメウナギ目(→P.178)

軟骨魚類

骨格の大部分が、やわらかい骨(軟骨)でできている魚のグループ。

ギンザメ目(→P.31)　テンジクザメ目・ネズミザメ目など(→P.20～)

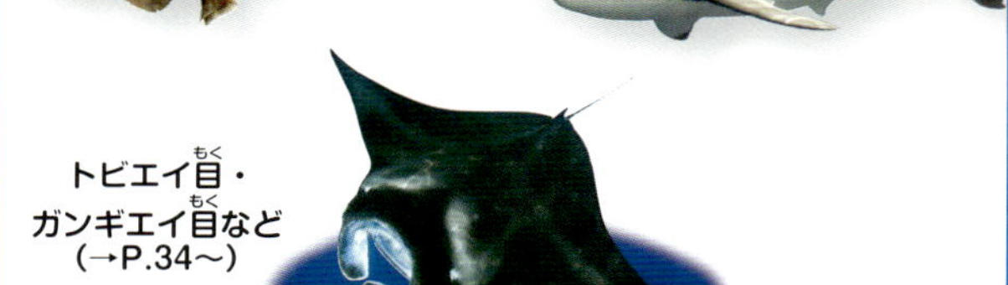

トビエイ目・ガンギエイ目など(→P.34～)

硬骨魚類(肉鰭類)

骨格にかたい骨(硬骨)が多く、肉質の柄がついたひれをもつ魚のグループ。

シーラカンス目(→P.39)

オーストラリアハイギョ目など(→P.178)

スズキ目に変わったカサゴ目の魚

かつて「カサゴ目」という魚のグループがありました。しかし、近年の研究の結果、カサゴ目だった魚はすべてスズキ目に分類され、カサゴ目はなくなりました。カサゴ目だった魚は、カサゴのなかまとカジカのなかまに分けられますが、それぞれ、スズキ目の魚のグループと同じ祖先をもつことがわかったためです。

共通の祖先

スズキ目・ハタのなかま　元カサゴ目・カサゴのなかま

共通の祖先

スズキ目・ゲンゲのなかま

元カサゴ目・カジカのなかま

▶ハタのなかまとカサゴのなかま。ゲンゲのなかまとカジカのなかま。それぞれが、近いグループであることがわかりました。

硬骨魚類(条鰭類)

骨格の大部分が、かたい骨(硬骨)でできている魚のグループ。分岐鰭類・軟質類・全骨類の魚の多くは、はるか昔に絶滅していて、種の数は多くない。真骨類はもっとも新しい魚のグループで、現在見られる魚は、ほとんどがこのグループにふくまれる。

分岐鰭類

小さく分かれた背びれがいくつもある魚のグループ。

ポリプテルス目(→P.179)

軟質類

硬骨魚類だが、やわらかい骨を多くもつ魚のグループ。

チョウザメ目(→P.179)

全骨類

かたくて厚いうろこをもつ魚のグループ。

ガー目・アミア目(→P.179)

真骨類

やわらかい骨が少なく、うすいうろこをもつ魚のグループ。なかでもスズキ目は、体のつくりがもっとも進化している。

コイ目(→P.185〜)

アンコウ目(→P.58〜)

フグ目(→P.164〜、216)

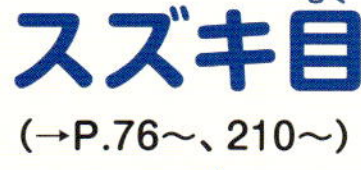

スズキ目

(→P.76〜、210〜)

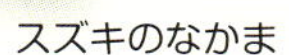

スズキのなかま

ハタのなかま

カサゴのなかま

アジのなかま

チョウチョウウオのなかま

ハゼのなかま

カジカのなかま

ベラのなかま

サバのなかま

魚類最大グループ・スズキ目

①種の数が多い 魚類の種の数は約3万4000種といわれていて、そのなかでもスズキ目の魚は1万3000種をこえます。

▲写真に写っている魚は、ほとんどがスズキ目の魚です。

②すぐれた運動能力をもっている

スズキ目の魚は、水中をとても速く泳ぐことができ、効率的にえものを食べられるように、進化した体をもっています。(→P.74)

③世界中のあらゆる水域でくらしている

スズキ目の魚は、海の中のあらゆる場所でくらしています。なかでも、食べ物の多い浅場の岩礁やサンゴ礁は、スズキ目がひじょうに多くなっています。河川や湖沼でくらす淡水魚も多く、汽水域(海水と淡水がまじり合った場所)に入ることができるものもいます。さらに、干潟のどろの上で活動することができる特殊なもの(→P.172)もいます。

この本の使い方

この本では、日本国内と近海でくらしている魚を中心に、1000種以上の魚を紹介しています。また、「海でくらす魚」（海水魚）と「河川や湖沼でくらす魚」（淡水魚）に分けて、紹介しています。

※ 海や河川を行き来する魚の場合は、おもに卵を産む場所を基準にして分けています。

グループの名前

この本では、魚をいくつかのグループに分けて紹介しています。ひとつのグループの中で、さらにいくつかのグループに分けて紹介している場合もあります。

お魚トーク

グループごとの注目すべきポイントを紹介しています。それぞれの魚を見る前に、読んでおきましょう。

魚のデータ

魚の種名と科名のほかに、その種に独自の特徴などがある場合は、解説文ものせています。

種名
日本語の名前（標準和名）をのせています。外国の魚の場合は、日本語の名前か、英名（FISH BASE ONLINE より）、学名（カタカナ読み）をのせています。

科名
種名の後に、その魚の科名をのせています。ページまたは見開きにのせている魚がすべて同じ科の場合は、注釈（※）でまとめています。

■ **体長（全長、幅、高さ）** 魚の大きさの表し方は、上あごの先から尾のつけ根までの長さをはかる「体長」が一般的です。これは、同じ種でも尾びれの長さが個体によって異なるためです。このほかに、頭部の先から尾びれの先たんまでの長さをはかる「全長」、左右のひれの先から先の長さをはかる「幅」、頭部から尾までのおおよその長さをはかる「高さ」もあります。

■ **分布** 日本周辺と世界のどこにいるのかをのせています。海はつながっているため、大まかな表し方になっています。分布外に現れることもあります。

■ **生息域** どんな環境でくらしているかをのせています。

■ **食べ物** おもに食べているものをのせています。のせていないものを食べることもあります。

■ **別名** よく知られている別名や地方名、英名、学名などをのせています。外国産の観賞魚などの場合は、別名にのせている名前のほうが有名なこともあるので、魚について調べるときは別名も参考にしてください。

■ **危険な部位** 魚の体の中で、注意すべき危険なところをのせています。

危 **危険な魚** 人間にとって危険とされる魚です。

食 **食用魚** 食用にされる魚です。ただし、アイコンがついていないものでも地域によっては、食用になる場合があります。

絶 **絶滅危惧種** 絶滅のおそれがある魚です。この本では、環境省の「第4次レッドリスト」（2016年4月時点の情報）で「絶滅危惧Ⅰ類・Ⅱ類」に指定されている種と、ワシントン条約で絶滅のおそれがあるとされている種に、アイコンをつけています。

※ 生態がわかっていないため、データを示していないものもあります。※オスとメスで大きさに差があるものについては、おもに大きいほうの数値をのせています。

DVD マーク

付属の DVD で紹介されている魚には、DVD マークがついています。ページ下に DVD マークがある場合は、そのページの魚に近い生態の魚が登場します。

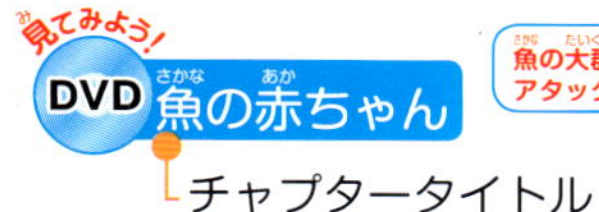

チャプタータイトル

ミニコラム

おもしろい魚の特徴や、知っておくとためになる知識などを、写真と文章で解説しています。また、さかなクンが魚について語るミニコラムもあります。

大きさチェック

魚の実際の大きさを、シルエットで表しています。大きさの基準として、足ひれをつけたダイバーか、手のひらを、いっしょにのせています。

マメ知識

そのページまたは見開きにのっている魚や、そのグループについて、楽しいマメ知識を紹介しています。

この本に出てくるおもな地名と海

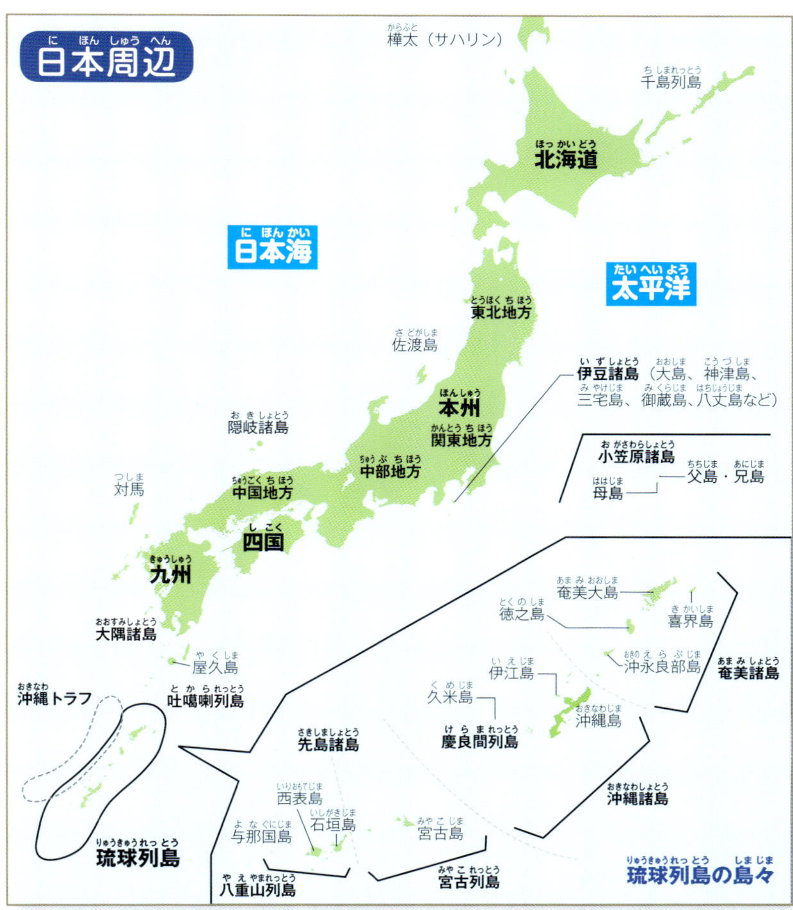

魚たちの命のいとなみ

海でくらすたくさんの魚たちは、小さい魚も大きい魚も、それぞれが生きることにいっしょうけんめいです。魚たちの命のいとなみをのぞいてみましょう。

群れる

争う

▼口を大きく広げていかくし合う、サーカスティック・フリンジヘッド（コケギンポのなかま）。

▶なわばりを守るために、自分よりも大きな敵にかみつくウツボ。

▼群れてえものにおそいかかろうとするバショウカジキたち。ねらわれた小魚たちも、ばらばらに逃げずに、群れてかたまりとなり、生きのびようとします。

▶口の中で卵を守るアゴアマダイのなかま。ふ化して、口から飛び出した後は、自分の力で生きていきます。

▼アシカにおそわれたマンボウ。大きな魚も、食べられてしまうことがあります。

▼小さなヘビギンポのなかま。自分よりも小さなえものを丸飲みにします。

神秘的な魚たち

科学技術の発達により、人間は海の中や、そこでくらす魚たちを見られるようになりました。しかし、それも広い海のごく一部分です。海の奥深くには、もっと神秘的な出会いが待っているかもしれません。

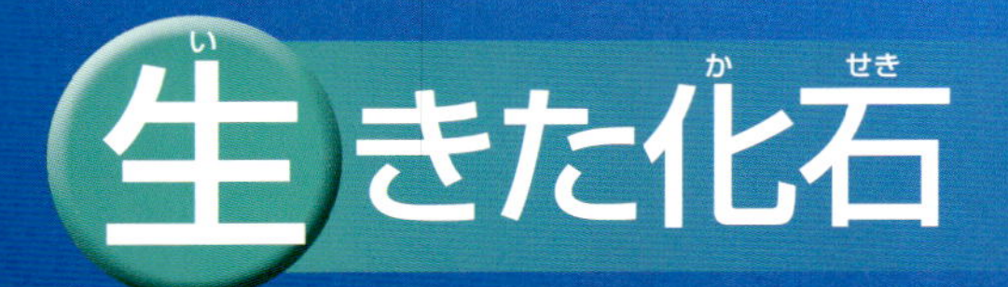

生きた化石

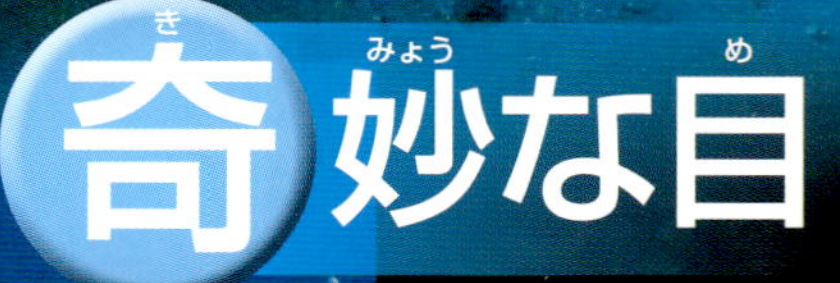

奇妙な目

◀アメリカのモントレー湾水族館研究所によってはじめて撮影された生きたデメニギス。頭部はとうめいな膜でおおわれ、中には液体がつまっています。緑色の玉のようなものが目（管状眼）です。

▶アフリカ北西部にあるカナリア諸島で撮影された、ブラウンスナウト・スポークフィッシュ。全身がすきとおっていて、デメニギスに似たつくりの黒い目（管状眼）をもちます。

深海のダンサー

▼人間がはじめて海中で撮影した、生きたシーラカンス。

海洋生物学者であり水中写真家であるローラン・バレスタ氏は、2013年に世界最古の時計メーカー「ブランパン」が支援する「ゴンベッサ・プロジェクト」を指揮し、南アフリカ沖の水深120mの深海で、世界で初めて生きたシーラカンスの海中撮影及び生態調査に成功しました。

▲ハワイ諸島の近海で撮影されたフリソデウオのなかまの幼魚。ひれをたなびかせて泳ぎます。

海底のミステリーサークル

▼奄美大島の海底で見られる、砂地の奇妙な模様。これは、アマミホシゾラフグのオスがつくる巣です。オスにさそわれたメスは、巣の中心で卵を産みます。

▶直径2mほどの円形の巣。美しく整った模様です。

▼産卵するアマミホシゾラフグのつがい。オスは、メスにかみついて刺激をあたえ、産卵をうながします。

魚の変顔 大集合！

魚類は種の数が多いだけあって、いろいろな見た目の魚がいます。とくに、顔の形はさまざまで、思わずじっと見つめてしまうような、魅力のある魚がいっぱいいます。

▲ヒラシュモクザメは、とんかちのような頭の両はしに、目がついています。

おかしな顔

▼飛び出した目と、曲がった口をもつメイタガレイ。

◀吸ばんのような口をもつ、カワヤツメ。

こわそうな顔

▲全身とげだらけのハリセンボンも、顔のまわりはとげが少なめです。

▲石像のような顔のオオカミウオのなかま。

◀砂もぐりが得意なミシマオコゼのなかま。顔の模様まで砂のよう。

▼頭から木の枝が生えたような、ハナタツ。

ふしぎな顔

◀でこぼこな顔のウシマンボウ。

ユニークな魚たち

海の中で出会った、思わず笑顔になってしまうような、ユニークな魚たちです。

大きな笑顔!?

▲腹面の模様が笑顔に見えるオニイトマキエイ。

天使の輪!?

▶ダンゴウオの幼魚。ごく短い期間だけ、頭に天使の輪のような白い模様があります。実物の大きさは、全長で3～5ミリほどです。

愛の結晶!?

▶ハート形に産みつけられたトウアカクマノミの卵。

魚とふれあおう!

魚とふれあうには、海や河川に行かなくてはならない？ そんなことありません！ 魚との身近なふれあいについて聞いてみましょう！

魚を飼ってみよう! さかなクン（東京海洋大学 名誉博士／客員准教授）

さかなクンが飼っているお魚に、イシガキフグのガキちゃんという子がいます。さかなクンが家に帰るとガキちゃんはとてもよろこんでくれて、水晶のようにかがやく目でずーっとさかなクンを見つめてきます。また、針金にめん棒をつけて近づけると、ガキちゃんは気持ちよさそうに歯みがきするんです！ 逆に、いそがしくてかまってあげられないと、ガキちゃんは目をつり上げておこります。水面から口を出して水をピューっと噴き出して、部屋の中を水びたしにしちゃうことも！ お魚は生き物ですので、飼っていれば楽なことばかりではありません。それでも、いっしょにくらしていて、お魚がよろこぶ姿を見ることができた瞬間は、そんな苦労を忘れてしまうほどのよろこびがあるのでギョざいます！

◀さかなクンの水槽部屋。いくつもの水槽が並んでいます。

▼めん棒で歯みがき中のエビスダイ。

水槽でくらすなかまたち

▲さかなクンになついているガキちゃん。

▲歯みがきが大好きなエビスダイ。

▲正面顔がかわいいクラカケトラギス。

▲体色がきれいなミゾレフグ（黄色個体）。

水族館に行ってみよう! 新野大（水族館プロデューサー）

水族館は、もっとも手軽に魚と接することができる場所です。そんな水族館の楽しみ方をいくつか紹介します。

開館直後は水がきれい!

水族館では一日中水をろ過し、水槽内を浄化しています。夜間にもっともきれいになるので、開館直後に行けば、水のきれいな状態で魚を見ることができます。人も少ないので、ゆっくり写真も撮れるでしょう。

食事の時間がおもしろい!

水槽ごとに、えさやりの時間が決まっています。その時間になると、じっとしていた魚が動きだしたり、体色が変わったりします。食べ物を食べる、いきいきとした魚の姿を見ることができます。

体験プログラムに参加しよう!

磯の生き物をさわるものや、水槽を裏側から見たり、魚にえさをあげたりするものなど、さまざまな体験プログラムが行われています。事前の申しこみが必要なものも多く、中止や延期になることもあるので、水族館のウェブサイトまたは電話で、情報を確認しましょう。

▼大阪府にある海遊館のガイドツアー（体験プログラム）。ジンベエザメのえさやりを、間近で見学することができます。

海でくらす魚

私たちがくらしている地球の面積の、約7割は海です。陸の上に山や河川などがあるように、海の中にも海面からの深さや陸からの距離、海底の地形によって異なる、さまざまな環境があります。それぞれの環境がどのようになっていて、どんな魚がくらしているのか、のぞいてみましょう。

沿岸

陸からほど近い海域をさします。山からの豊富な栄養分が、河川の流れにのって運ばれてくるため、藻類やサンゴ類が豊富で、多くの魚がくらしています。

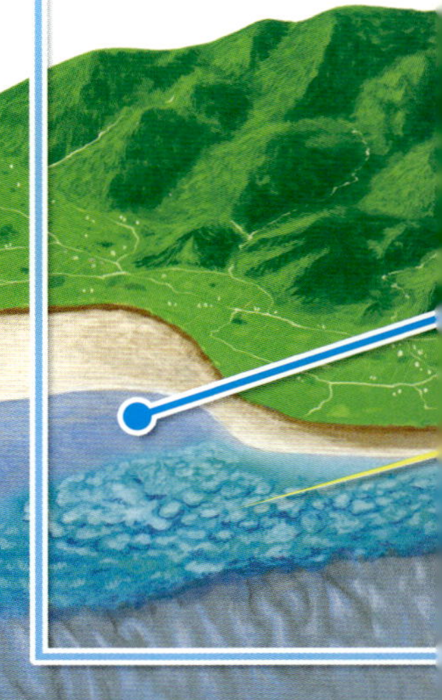

砂底

エイのなかま
P.34～

アンコウのなかま
P.58～

ハゼのなかま
P.144～

カレイのなかま
P.160～

砂や、貝殻やサンゴのかけらなどが積みかさなってできています。小石まじりの場合は「砂れき底」、ほとんどが小石の場合は「れき底」といいます。どろまじりの場合は「砂泥底」、ほとんどがどろの場合は「どろ底」といいます。河口近くで、潮が引いたときに陸地になるどろ底の部分を「干潟」（→ P.152）といいます。

大陸棚・大陸斜面

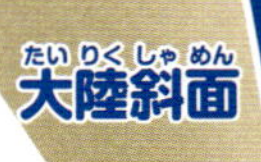

ワニトカゲギスのなかま
P.50～

ヒメのなかま
P.52～

アカマンボウのなかま
P.54～

陸からはなれていくにつれて、海底は深くなっていきます。海底のうち、水深200mくらいまでを「大陸棚」、そこから水深5000～6000mまでを「大陸斜面」といいます。大陸斜面には太陽の光があまりとどかず、暗い闇の中でさまざまな深海魚がくらしています。

内湾

陸地に大きく入りこんだ部分が湾です。ほかの環境にくらべると潮流の影響を受けにくく、おだやかな環境となっているため、多くの魚の幼魚が育つ場となっています。

サンゴ礁

海の中で、もっともはなやかな環境です。木の枝や大きな岩のようなかたいサンゴ類や、色あざやかでやわらかいサンゴ類などのまわりに、小さな魚たちがたくさん集まってくらしています。沿岸の浅い海域には、藻類などがたくさん生えている「藻場」もあります。

ハナダイのなかま
P.84～

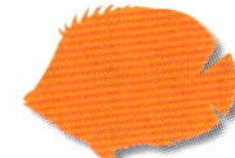

チョウチョウウオのなかま
P.110～

クマノミのなかま
P.118～

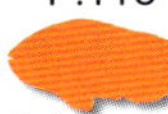

ブダイのなかま
P.128～

岩礁

海底の岩ばんから大小の岩がそそり立っています。岩礁には、魚の食べ物となる生物や藻類が豊富にあるので、多くの魚が集まります。波打ちぎわの岩礁で、引き潮のときに海水が残る部分を「潮だまり」といいます。

ウツボのなかま
P.42～
トゲウオのなかま
P.68～
カサゴのなかま
P.76～

ハコフグのなかま
P.167～

中層

大きな群れをつくる小魚、それらをねらう大型魚などがくらしています。この本では、海面から水深 200m くらいまでを「表層」、水深 200 ～ 1000m を「中深層」、さらに深い部分を「深層」としています。

サメのなかま
P.20～
ニシンのなかま
P.48～

カジキのなかま
P.152～

マンボウのなかま
P.170～

沖合・外洋

陸からややはなれた海域を「沖合」といいます。「外洋」は、沖合よりもさらに陸からはなれた海域で、まわりには水平線が広がり、海底までは数百～数千メートルと深くなっていきます。沖合や外洋は、沿岸や内湾にくらべると魚の数は多くありませんが、広い海の中で大きな魚たちがくらしています。

※魚のイラストは、その環境で見られる機会が多い魚のグループを示しています。種によっては、複数の環境で見られる場合もあります。

サメのなかま

お魚トーク　サメは、体の骨が軟骨というやわらかな骨でできている、「軟骨魚類」というグループの魚で、恐竜よりも昔、約４億年前からほとんど姿を変えていない。体の左右に５～７対のえらあな(鰓孔)があり、するどい歯をもつ魚が多い。世界に約430種、日本には約130種がいるぞ。

テンジクザメのなかま

お魚トーク　海中をゆうゆうと泳ぐジンベエザメ以外は、おもに海底でくらしている。口が目よりも前にあり、歯は小さい。２つある背びれは、体の後ろのほうにある。えらあなは５対で、卵生のものと胎生のものがいるぞ。

大きさチェック

ジンベエザメ 12.1m

▲プランクトンを吸いこむため、大きく口を開けたジンベエザメ。口のすぐわきには、小さな目がついています。

ジンベエザメの出産

1995年に台湾でとれた全長10.6m、体重16トンのメスのジンベエザメのおなかから、約60cmに成長した生まれる直前の稚魚が、307ひきも見つかりました。このことから、ジンベエザメは体内で卵をふ化させてから産む、「胎生（卵胎生）」の魚であることがわかっています。

◀ジンベエザメの稚魚の標本。

ジンベエザメ ［ジンベエザメ科］ 絶

最大の魚類で、世界中を回遊しています。体の模様が服の甚平の柄に似ているので、この名がつきました。性質はおとなしく、ゆっくり泳ぎながら、大きな口を開けて、海水ごとプランクトンや小魚を吸いこんで食べます。胎生。■12.1m（全長）■本州以南／世界中の熱帯・温帯域 ■沿岸・外洋の表層・中深層、まれにサンゴ礁にも現れる ■プランクトン、小魚 ■エビスザメ、ホエールシャーク

◀海面近くのプランクトンや小魚を食べるときは、大きな体をまっすぐに立てます。

◀吸いこんだ海水は体の横のえらあなから出して、食べ物だけこし取ります。

◀ほかの魚の幼魚やコバンザメなどが、大きなジンベエザメの体にくっついて、いっしょに泳ぎます。

テンジクザメのなかま

▼成魚

▶幼魚

オオセ [オオセ科]
口のまわりに、皮ふが変化した突起（皮弁）があります。夜行性。胎生。■110cm（全長）■千葉県～九州南部、沖縄トラフなど／東シナ海、南シナ海 ■浅場の砂底・岩礁・サンゴ礁 ■魚、底生の小動物 ■キリノトブカ

イヌザメ [テンジクザメ科]
卵生。■100cm（全長）■尖閣諸島／西太平洋、東インド洋 ■サンゴ礁の砂底 ■魚、甲殻類

トラフザメ [ジンベエザメ科]
体と尾びれの長さがほぼ同じです。幼魚はトラのようなしま模様で、成魚になるとヒョウ柄に変わります。夜行性。卵生。■2.5m（全長）■新潟県、千葉県、高知県、宮古列島／西太平洋、インド洋など ■サンゴ礁 ■貝、タコ、甲殻類 ■レオパード・シャーク

▲幼魚

◀成魚

ネックレス・カーペットシャーク
[クラカケザメ科]
卵生。■91cm（全長）
■オーストラリア南部
■沿岸の大陸棚の底層 ■底生の小動物

オオテンジクザメ [ジンベエザメ科]
小さな口で、吸いこむようにえものを食べます。
卵生。■3.2m（全長）■八重山列島／西太平洋、インド洋など
■サンゴ礁 ■魚、タコ、ウニ、甲殻類

メジロザメのなかま

お魚トーク サメのなかまの半分以上をしめる大きなグループで、浅場から深海まで幅広い場所でくらしている。目を守るまぶたのようなもの（瞬皮・瞬膜）をもつ。えらあなは5対で、背びれは2つある。卵生のものと胎生のものがいるぞ。

大きさチェック
トラフザメ 2.5m
オオメジロザメ 3.4m

メジロザメ [メジロザメ科] 危 食
海底近くを泳ぎまわり、魚やイカなどをとらえて食べます。胎生。■2.4m（全長）■日本各地／世界中の熱帯・温帯域 ■内湾、サンゴ礁、河口 ■魚、イカ ■ヤジブカ ■歯

■体長 ■分布 ■生息域 ■食べ物 ■別名 ■危険な部位 危 危険な魚 食 食用魚 絶 絶滅危惧種

▶小魚の群れをおそうクロヘリメジロザメ。

クロヘリメジロザメ 危
［メジロザメ科］
人間をおそうことがあります。胎生。■3m（全長）■茨城県、千葉県、神奈川県、新潟県、九州西部・南部／世界中の温帯域 ■沿岸 ■魚 ■歯

オオメジロザメ ［メジロザメ科］ 危
汽水域や淡水域でも生きられるので、河川や湖沼でくらすものもいます。人間をおそうことがあります。胎生。■3.4m（全長）■沖縄島、八重山列島／世界中の熱帯・温帯域 ■沿岸、河口、河川、湖沼 ■雑食性でなんでも食べる ■ウシザメ、シロナカー ■歯

淡水域でくらすサメ

サメのなかまは、基本的に海でくらす魚です。しかし、メジロザメ目のサメの中には、オオメジロザメのように、汽水域や淡水域にも入っていけるサメがいます。さらに、近年になって、おもに淡水域でくらすサメが、オーストラリア北部の河川で見つかりました。

▲スピアートゥース・シャーク。メジロザメ科のサメで、全長は100cmほど。まれに海で見つかるが、ほとんどの時間を河川ですごしていると考えられています。

マメ知識 サメには、凶暴で人間をおそうイメージがありますが、実際に人間をおそう可能性があるサメは、わずか30種ほどといわれています。

メジロザメのなかま

イタチザメ［メジロザメ科］危 食
もっとも攻撃的なサメの一種で、人間をおそうことがあります。体のしま模様が特徴です。胎生。■5.5m（全長）■青森県、千葉県～屋久島、琉球列島など／世界中の熱帯・亜熱帯域 ■沿岸から外洋の表層、サンゴ礁や内湾の汽水域にも現れる ■魚、ウミガメ、海鳥、海生ほ乳類 ■サバブカ、イッチョー ■歯

ツマグロ［メジロザメ科］
胎生。■180cm（全長）■琉球列島／西・中央太平洋、インド洋など ■浅場のサンゴ礁、外洋にも現れる ■魚

見てみよう！ DVD 魚は眠るの!?

ネムリブカ［メジロザメ科］
昼間は岩礁のすき間などに、集団でひそみます。夜行性。胎生。■2.1m（全長）■琉球列島など／西・中央太平洋、インド洋など ■浅場のサンゴ礁・岩礁 ■魚、イカやタコ、甲殻類

ドチザメ［ドチザメ科］
胎生。■150cm（全長）■本州～九州／東シナ海など ■内湾の砂底・藻場、汽水域にも現れる ■底生の小動物

ヨシキリザメ［メジロザメ科］危 食
人間をおそうことがあります。胎生。■3.8m（全長）■北海道、青森県～高知県、九州東部など／世界中の熱帯・温帯域など ■外洋の表層、沿岸にも現れる ■魚、イカ ■ミズブカ、アオブカ ■歯

ホシザメ［ドチザメ科］食
胎生。■140cm（全長）■日本各地／東シナ海、南シナ海 ■沿岸の砂泥底 ■底生の小動物

タイワンザメ［タイワンザメ科］
卵生。■65cm（全長）■高知県、九州南部／西太平洋 ■水深100～320mの大陸棚・大陸斜面 ■小魚、甲殻類

ナヌカザメ ［トラザメ科］ 食

水や空気を吸いこんで、フグのように腹部をふくらませて、敵をいかくします。卵生。■110cm（全長）■日本各地／東シナ海、南シナ海 ■沿岸および外洋の岩礁・砂底 ■魚、イカやタコ、甲殻類 ■トラブカ、ネコブカ

ナヌカザメの卵の成長

ナヌカザメは、殻に入った卵を産みます。殻には、藻類などにからみつく、つるがついています。12cmほどの、がんじょうな殻の卵の中で成長し、約１年かけてふ化します。

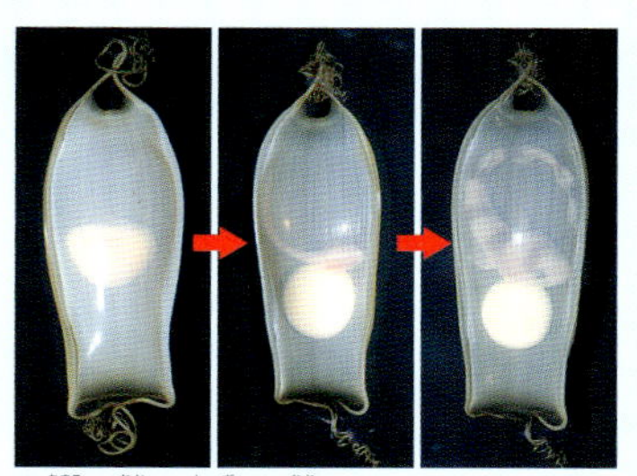

▲卵の中で仔魚が大きくなっていきます。

トラザメ ［トラザメ科］

卵生。■50cm（全長）■北海道南部～九州／東シナ海、南シナ海 ■水深100～350mの底層 ■底生の小動物

◀卵からふ化するトラザメの仔魚。

ヒラシュモクザメ ［シュモクザメ科］ 危 食 絶

胎生。■6m（全長）■九州南部など／世界中の熱帯・温帯域 ■沿岸から外洋の表層 ■魚、イカやタコ、甲殻類 ■歯

▲長くつき出た背びれをもっています。

アカシュモクザメ 危 食 絶 ［シュモクザメ科］

頭の形が、「撞木」という鐘をたたく木づちに似ているので、この名がつきました。胎生。

■4m（全長）■本州以南／世界中の熱帯・温帯域 ■沿岸の表層、内湾や河口の汽水域にも現れる ■魚（別種のサメやエイをふくむ）、イカやタコ、甲殻類 ■ハンマーヘッドシャーク ■歯

▲目と鼻は、左右につき出た頭部の両はしにあります。

▶大きな群れをつくることもあります。

ネズミザメのなかま

ネズミザメ目

お魚トーク 外洋でくらし、大型になるものが多い。えらあなは5対。すべて胎生で、子どもは母親のおなかの中でほかの卵や子どもをとも食いして、成長してから生まれるぞ。

長い尾びれで、魚の群れを集めながらたたき、弱らせてから食べます。

ニタリ ［オナガザメ科］ 危 食

■3.9m（全長）■本州以南／西・中央太平洋とインド洋の熱帯・亜熱帯域 ■外洋の表層、沿岸にも現れる ■魚、イカ ■歯

ウバザメ ［ウバザメ科］ 絶

巨大ですがおとなしいサメで、群れをつくってくらします。海面近くで口を大きく開けて泳ぎ、海水ごとプランクトンを流しこんで食べます。

■9.8m（全長）■日本各地／世界中の温帯・寒帯域 ■沿岸から外洋の表層 ■プランクトン

見てみよう！ DVD 水中の名ハンター

シロワニのするどい歯に注目！

▲長めのするどい歯をもっています。

シロワニ ［オオワニザメ科］ 危 絶

■3.2m（全長）■神奈川県～九州南部、琉球列島など／世界中の熱帯・温帯域（中央・東太平洋をのぞく）■内湾、サンゴ礁、岩礁 ■魚（別種のサメやエイをふくむ）■歯

見てみよう！ DVD 深海サメ王国

飛び出すあごでえものをとらえる！

吻 特殊な探知器官がついていて、底生の小動物を探りあてます。

▶飛び出したあご。

ミツクリザメ ［ミツクリザメ科］

飛び出すあごと、するどくとがったとげのような歯で、えものを逃がさないようにくわえこみます。■3.9m（全長）■千葉県～九州南部、富山県／オーストラリア南東部、カリフォルニア南部、南アフリカ東部など ■水深600mまでの大陸棚・大陸斜面、まれに内湾にも現れる ■底生の小動物

■体長 ■分布 ■生息域 ■食べ物 ■別名 ■危険な部位 危危険な魚 食食用魚 絶絶滅危惧種

メガマウスザメ [メガマウスザメ科]

昼間は水深 120 ～ 170m の表層にいて、夜になると海面近くに上がってきます。とても大きくふくらむ口に、海水ごとプランクトンを流しこんで食べます。■5.4m（全長）
■茨城県～和歌山県、福岡県／太平洋、大西洋など
■沿岸から沖合の表層 ■プランクトン

▶魚をくわえるネズミザメ。

アオザメ [ネズミザメ科] 危 食

攻撃的で、サメの中でもとくに速く泳げます。
■4m（全長）■日本各地／世界中の熱帯・温帯域など ■沿岸から外洋の表層・中深層 ■魚 ■歯

大きさチェック

- ネズミザメ 3m
- メガマウスザメ 5.4m
- ウバザメ 9.8m

ネズミザメ [ネズミザメ科] 危 食

■3m（全長）■北海道～神奈川県・九州北西部／朝鮮半島東部、北太平洋など ■沿岸から外洋の表層・中深層 ■魚 ■モウカザメ、カドザメ ■歯

マメ知識 ホホジロザメやアオザメは、「奇網」という血管のしくみで体温を高く保つことができ、ほかの魚より速く泳ぐことができます（→ P.158）。

ネズミザメのなかま

ホホジロザメ [ネズミザメ科] 危 絶
体を回転させながら海中を飛び出し、海生ほ乳類などをおそいます。とても攻撃的で、世界中で人間がおそわれる事故が発生しています。胎生。■6.4m(全長) ■北海道南部～九州／世界中の温帯域を中心とした暖海域 ■沿岸から沖合、内湾にも現れる ■大型魚、海生ほ乳類、海鳥、ウミガメ ■ホオジロザメ ■歯

◀ホホジロザメの歯。サメの口の中には、歯の列が何重にも並んでいます。歯が1本でも欠けると、列ごと歯がぬけて、新しい歯の列が前に出てきて生えかわります。

▲肉食のサメの中では、もっとも大きくなります。

ツノザメのなかま

お魚トーク しりびれはなく、2つある背びれのつけ根に骨質のとげ(棘)をもつものが多い。えらあなは5対。すべて胎生。深海でくらし、体に発光器(→P.41)をもつものもいるぞ。

トガリツノザメ [ツノザメ科] 食
■110cm(全長) ■千葉県～九州南部、琉球列島など／東シナ海など ■水深110～840mの大陸棚・大陸斜面 ■魚、イカ、底生の小動物

アブラツノザメ [ツノザメ科] 食
食用目的で大量に漁獲されています。■160cm(全長) ■北海道～神奈川県・山口県／世界中の温帯・寒帯域 ■水深900mまでの大陸棚・大陸斜面 ■魚、イカ、底生の小動物

■体長 ■分布 ■生息域 ■食べ物 ■別名 ■危険な部位 危危険な魚 食食用魚 絶絶滅危惧種

アイザメ［アイザメ科］食

肝臓の脂質（肝油）にふくまれる「スクアレン」が、化粧品の原料に利用されています。■100cm（全長）■茨城県～九州南部、長崎県、琉球列島など／西太平洋など ■水深 100 ～ 1200m の大陸棚・大陸斜面

ダルマザメ［ヨロイザメ科］

マグロなどの大型魚、クジラやイルカなどのほ乳類にかみつき、体を回転させて肉をかじり取ります。腹部には発光器があります。■56cm（全長）■茨城県～静岡県、琉球列島など／世界中の温帯・熱帯域など ■水深 6000 mまでの大陸棚・大陸斜面、表層にも現れる ■イカ、大型魚、海生ほ乳類

オロシザメ［オロシザメ科］

体の表面に小さなとげが無数にあり、野菜をすりおろせるので、この名がつきました。■65cm（全長）■静岡県、愛知県 ■水深 150 ～ 350m の底層

▶オロシザメの皮ふ。

▲イルカについた円形の傷（左）は、ダルマザメのするどい歯（右）でかじり取られてできたものです。かじったあとが、クッキー生地を型でぬいたように見えるので、ダルマザメの英名は「クッキーカッター・シャーク」といいます。

フジクジラ［カラスザメ科］

体色が藤色で、腹部に発光器があります。■43cm（全長）■北海道南部～高知県、沖縄諸島など／西太平洋 ■水深 160 ～ 1350m の大陸棚・大陸斜面 ■魚、イカ

ツラナガコビトザメ［ヨロイザメ科］

もっとも小さいサメの一種です。腹部にはたくさんの発光器があります。■22cm（全長）■神奈川県～九州南部、長崎県／西太平洋など ■水深 2000m までの大陸斜面 ■魚、イカ、甲殻類

▲頭部は丸みをおびていて、口は奥まった位置についています。

▶目には寄生虫がついていることが多く、ほとんど見えていません。

ニシオンデンザメ［オンデンザメ科］

おもに冷たい海域の深海でくらしています。食べ物をもとめて表層にも現れます。■7.3m（全長）■北極海、北大西洋 ■表層～水深 2200 mまでの中深層・深層 ■魚、イカやタコ、甲殻類、海生ほ乳類

マメ知識 ニシオンデンザメは、体が大きいのに、平均で時速 1kmほど（赤ちゃんのハイハイ程度）の速さで泳ぎます。

深海でくらすサメに注目！

DVD 大きな体のオンデンザメ

カグラザメ、ラブカのなかま

お魚トーク 古生代のサメの特徴をもっていて、「生きた化石」とよばれるものもいる。背びれは1つで、えらあなは6～7対ある。水深1000mをこえる深海の底近くでくらしているが、まれに浅場にも現れるぞ。

エビスザメ ［エビスザメ科］危

えらあなが7対ある原始的なサメです。なかまと協力して、アザラシやイルカ、ほかの種のサメなどを追いつめてとらえます。胎生。■3m（全長）■北海道北東部、神奈川県～高知県、山口県、九州西部、琉球列島／太平洋、大西洋など ■沿岸の浅場、大陸棚 ■魚、海生ほ乳類 ■歯

見てみよう！ DVD 深海サメ王国

▲とげがたくさんついた、特徴的な歯をもっています。

▲深海でくらしているため、生きている状態で見られるのはひじょうにまれです。

ラブカ ［ラブカ科］

細長い筒のような体で、えらあなが6対ある原始的なサメです。胎生。■2m（全長）■千葉県～和歌山県、九州南部、沖縄トラフなど／太平洋、大西洋など ■水深120～1500mの大陸棚・大陸斜面の底層 ■魚、イカ

ノコギリザメのなかま

お魚トーク 吻は長くて平たく、左右に大小の歯がのこぎりのように並んでいる。吻の中央部には1対のひげがあり、それで砂の中の食べ物を探す。背びれは2つで、えらあなは5～6対ある。しりびれはないぞ。

▲ノコギリザメのなかまの仔魚。

ノコギリザメ ［ノコギリザメ科］

胎生。■150cm（全長）■日本各地／東シナ海など ■大陸棚・大陸斜面の砂泥底 ■底生の小動物

サメとエイはどうちがう？

サメとエイの大きなちがいは、えらあなの位置にあります。サメは体の横、エイは体のおなか側にえらあながあるので、それで区別ができます。

ほかの深海ザメもチェック！ DVD どうもうなカグラザメ

■体長 ■分布 ■生息域 ■食べ物 ■別名 ■危険な部位 危 危険な魚 食 食用魚 絶 絶滅危惧種

カスザメのなかま

お魚トーク 胸びれが大きくてエイのようだが、サメなので、えらあなは体の横にあるぞ。目は平たい体の背中側にある。背びれは２つで、えらあなは５対ある。しりびれはない。生息域は、浅場から水深1000mをこえる深海までと幅広く、おもに海底でくらしているぞ。

カスザメ［カスザメ科］
砂にもぐって、えものを待ちぶせします。胎生。■2m（全長）■日本各地／東シナ海など ■水深200mまでの砂底・砂泥底 ■魚、イカやタコ、甲殻類

ネコザメのなかま

お魚トーク 正面から見た顔が、猫に似ている。えらあなは5対。2つある背びれに骨質のとげ(棘)がついている。すべて卵生で、かたい殻でおおわれた卵を産むぞ。

ネコザメ［ネコザメ科］
大きくて敷石のような奥歯で、かたいものでも、すりつぶして食べます。■120㎝（全長）■本州～九州など／東シナ海など ■浅場の岩礁・藻場 ■貝、ウニ、甲殻類 ■サザエワリ

▲ネコザメのあごの骨。ものをすりつぶすための独特な歯をもちます。

▲ネコザメの卵。殻にらせん状のひだがついていて、岩のすき間や藻類に引っかかります。

ポートジャクソン・シャーク［ネコザメ科］
■165㎝（全長）■オーストラリア南部 ■大陸棚の底層 ■貝、ウニ、甲殻類

ギンザメのなかま

お魚トーク 大きな胸びれを動かし、羽ばたくように深海の底層を泳ぐ。すべて卵生。えらあなは1対で、背びれは2つ。第１背びれには毒のあるとげがついているぞ。

ギンザメ［ギンザメ科］危 食
体にうろこはなく、粘液におおわれています。■100㎝（全長）■北海道南部～高知県、新潟県～九州西部／東シナ海、南シナ海など ■大陸棚・大陸斜面の底層 ■底生の小動物 ■ギンブカ ■背びれのとげに毒

ゾウギンザメ［ゾウギンザメ科］危
変わった形につき出た吻が特徴です。■125㎝（全長）■オーストラリア南部、ニュージーランド ■大陸棚の底層 ■底生の小動物 ■背びれのとげに毒

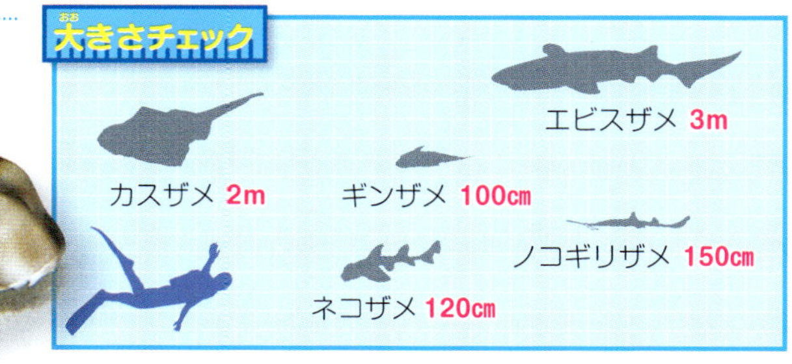

マメ知識 ギンザメは、サメやエイと同じ軟骨魚類（→P.32）ですが、ギンザメは全頭類、サメとエイは板鰓類という、別のグループに分かれます。

海のハンター サメの体のしくみ

現在、魚類は３万4000種以上もいるといわれていますが、軟骨魚類はそのうちのわずか３%だけです。軟骨魚類の代表といえる、サメの体のつくりに注目してみましょう。

ほかの魚と大きく異なるサメの体

サメは、骨格の大部分がやわらかい骨(軟骨)でできている、軟骨魚類というグループの魚です。サメの祖先は今から４億年も前に現れ、体のつくりはそのころから変わっていないといわれています。骨格以外にも、うろこやえらあな、内臓、感覚器官などに、ほかの魚類にはない特徴があります。

ホホジロザメ (→P.28)

口・歯

口の中には、予備の歯が何列も生えています。歯は数日で生えかわり、一生に２万本もの歯を使う種もいます。

目

光を反射する細胞をもつものが多く、暗いところでもよく見えます。また、目を守るまぶたのような膜をもつものもいます。

ロレンチニ器官

吻(口の先)にある、軟骨魚類だけがもつ器官。皮ふにあるたくさんの小さな穴で、中にはゼリー状の物質がつまっています。生き物が発するかすかな電流を感じて、えものをさがすことができます。

鼻

においをかぐ力が強く、はるか遠くのかすかな血のにおいでもかぎつけます。

えら・えらあな

えらあなが１対の硬骨魚類とちがい、サメのえらあなは５～７対もあります。

うろこ

表皮には、歯と同じ成分でできた、小さくてかたいうろこ（楯鱗）がついています。刃物でも、なかなか切れません。

▲サメのなかまのうろこの拡大写真。小さなうろこが、すき間なくついています。うろこの形は、種によって異なります。

骨格

サメの骨格のうち、かたい骨（硬骨）はあごの部分だけです。全身を支える脊椎（背骨）をふくめ、残りはすべてやわらかい骨（軟骨）です。ろっ骨はありませんが、かたいうろこでおおわれた皮ふで、内臓を守っています。

脊椎

肝臓

子宮

卵巣

腸

胃

内臓

サメには浮き袋がなく、脂肪分がつまった巨大な肝臓で、水中で浮く力を得ています。肝臓の大きさは種によって異なり、深海でくらすサメには体重の４分の１ほどの肝臓をもつ種もいます。腸の内部はらせん状になっていて、栄養を吸収しやすくなっています。

サメのなかまには卵生と胎生の両方がいて、ホホジロザメは胎生（卵胎生）です。卵巣から送られた受精卵が子宮の中でふ化して、生まれた仔魚はほかの卵を食べて成長し、大きくなってから産み出されます。

軟骨魚類と硬骨魚類

軟骨魚類と硬骨魚類の大きなちがいは、骨格にあります。全身の骨のうち、軟骨と硬骨がしめる割合が、大きくちがっているのです。それは、特殊な方法でつくった「透明骨格標本」でくらべると、よくわかります。透明骨格標本は特殊な染料で、やわらかい骨を青色、かたい骨を赤紫色に染めています。軟骨魚類と硬骨魚類の標本を見くらべてみましょう。

軟骨魚類の骨格（エイのなかま）

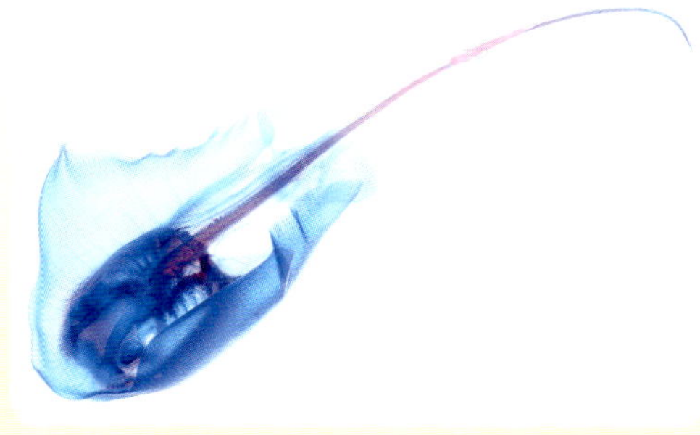

▲骨格の大部分が青色で、やわらかい骨が多いことがわかります。赤紫色のかたい骨もわずかにあります。

硬骨魚類の骨格（チョウチョウウオのなかま）

▲骨格の大部分が、赤紫色のかたい骨です。顔のまわりに、青色のやわらかい骨も見えます。

エイのなかま

お魚トーク　エイは軟骨魚類で、サメから進化したと考えられている。体は平たく、えらあな(鰓孔)が腹面にある。胸びれが大きく、頭部と胸びれの境がはっきりしない。細長い尾をもち、尾の先に尾びれがないものも多い。エイの体には、ユニークな特徴がいっぱいだ。世界の海や河川に約500種、日本には75種がいるぞ。

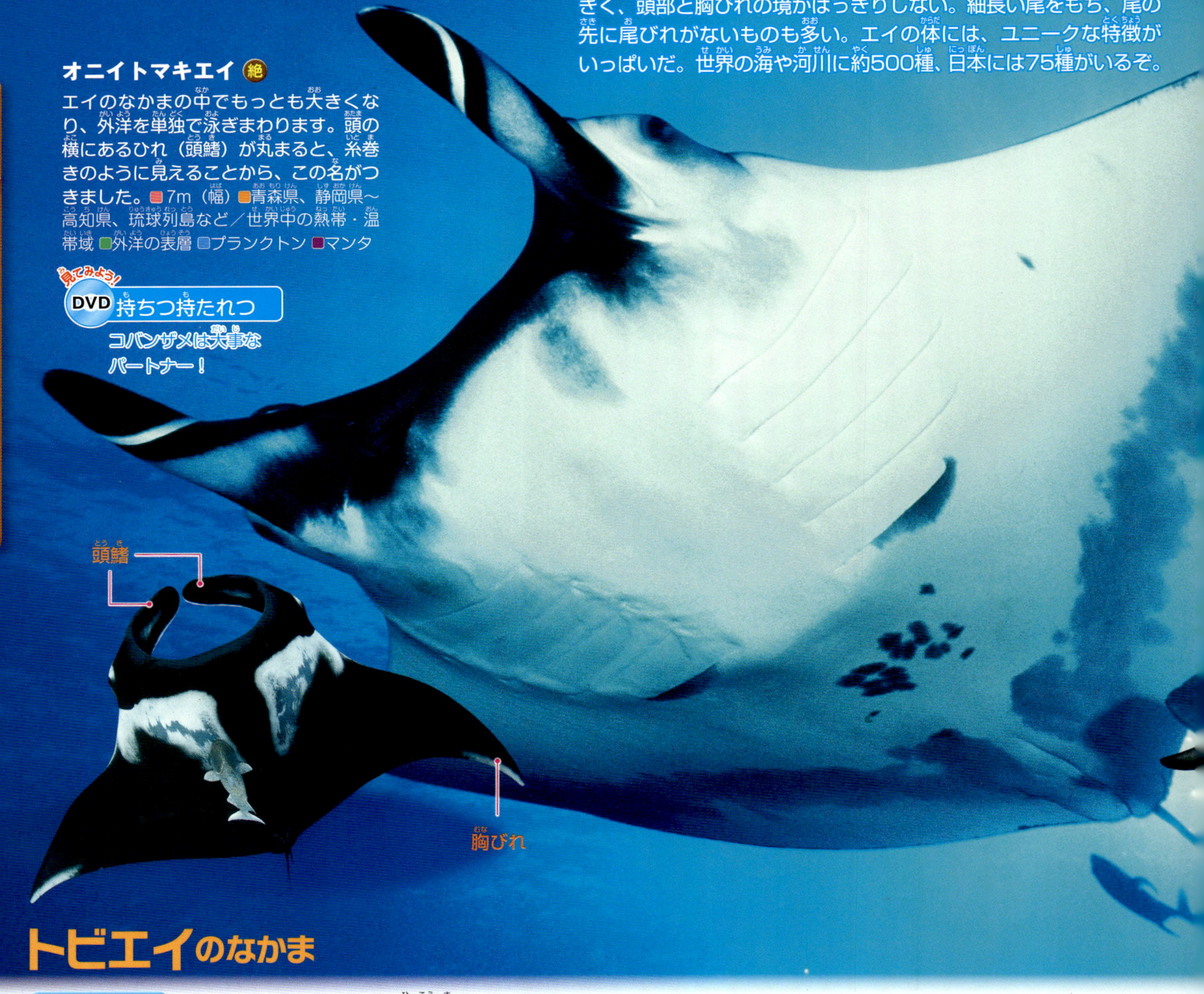

オニイトマキエイ 絶

エイのなかまの中でもっとも大きくなり、外洋を単独で泳ぎまわります。頭の横にあるひれ（頭鰭）が丸まると、糸巻きのように見えることから、この名がつきました。■7m（幅）■青森県、静岡県〜高知県、琉球列島など／世界中の熱帯・温帯域 ■外洋の表層 ■プランクトン ■マンタ

見てみよう！ DVD 持ちつ持たれつ
コバンザメは大事なパートナー！

頭鰭

胸びれ

トビエイ目

トビエイのなかま

お魚トーク　トビエイのなかまは、飛行機やグライダーのような体形が特徴だ。尾はむち状で長く、つけ根に毒のあるとげをもつものもいる。すべて胎生で、おもに小魚やプランクトンを食べてくらしているぞ。

大きさチェック

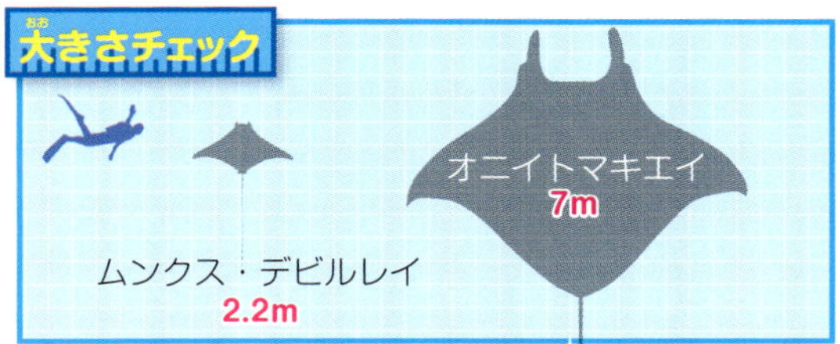

ムンクス・デビルレイ 2.2m

オニイトマキエイ 7m

ナンヨウマンタの出産

ナンヨウマンタは、1年に1回、幅が約180cmくらいの子どもを出産します。子どもは、生まれた直後から泳ぎはじめます。水族館では、2007年に沖縄県の沖縄美ら海水族館が、世界ではじめてナンヨウマンタの出産に成功しました。

▲ナンヨウマンタの出産の瞬間。

※ここで紹介している魚は、すべてトビエイ科です。

オニイトマキエイとナンヨウマンタのちがい

オニイトマキエイとナンヨウマンタは、外見上のちがいがあります。3つのポイントを見ることで、見分けることができます。

オニイトマキエイ

ナンヨウマンタ

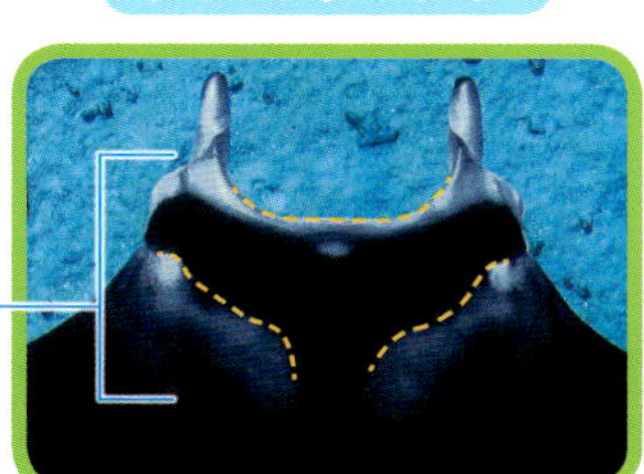

背中の模様
背中の白い模様の入り方にちがいがあります。
口の形にそって平行
口の形よりも模様の角度が急

口のまわりの色
黒い　真っ白

尾にいちばん近いえらあな
黒い模様が目立つ
白い、または少しだけ黒い模様がある

ナンヨウマンタ 絶

オニイトマキエイと同種と思われていましたが、近年になって別の種に分けられました。群れをつくって泳ぎまわることがあります。5.5m（幅）高知県、琉球列島／西・中央太平洋、インド洋、東大西洋 沿岸のサンゴ礁・岩礁の表層 プランクトン

ムンクス・デビルレイ 危

オニイトマキエイに似ていますが、ほかのエイと同じように腹面に口があります。繁殖期には大きな群れで泳ぎまわり、オスは海中から海上へ大きくジャンプします。2.2m（幅）カリフォルニア湾、エクアドル、ガラパゴス諸島 沿岸の表層 プランクトン、甲殻類 尾のとげに毒

▲オニイトマキエイとナンヨウマンタは、頭部の正面に口があります。口を大きく開いて、泳ぎながら海水を飲みこみ、プランクトンをこし取って食べます。

▲オスのジャンプは、メスへの求愛行動といわれています。

見てみよう！ DVD 魚のプロポーズ オスたちの熱烈アピール！

トビエイのなかま

マダラトビエイ ［トビエイ科］ 危
潮の流れの速いところを好み、大きな群れをつくって泳ぎまわります。■2m（幅）■和歌山県〜九州南部、新潟県、琉球列島／西・中央太平洋、インド洋、大西洋 ■浅場のサンゴ礁や岩礁、内湾や河口にも現れる ■貝、魚 ■尾のとげに毒

トビエイ ［トビエイ科］ 危
■80cm（幅）■日本各地／東シナ海など ■沿岸の砂泥底 ■貝、魚 ■尾のとげに毒

アカエイ、ヒラタエイのなかま

お魚トーク 平たい体で、すべて胎生。ふだんは海底の砂にもぐっている。ときおり、海底をたたくようにひれを波立たせて、砂を巻き上げる。これは、砂の中から逃げ出そうとする小動物を、つかまえて食べるためなのだ。

ヒョウモンオトメエイ ［アカエイ科］ 危
体には、ヒョウによく似た模様があり、とても長い尾をもっています。■180cm（幅）■沖縄島／西太平洋、インド洋など ■サンゴ礁、河口の汽水域にも現れる ■魚、甲殻類 ■尾のとげに毒

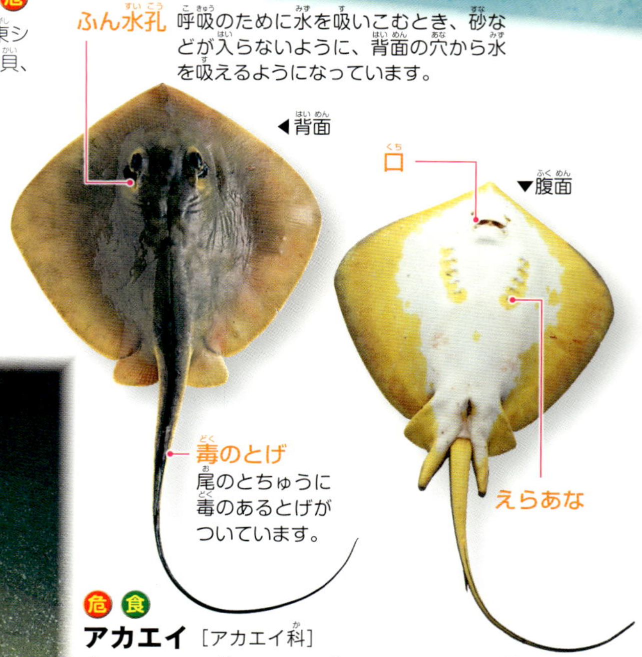

危 食
アカエイ ［アカエイ科］
尾のとげには毒があり、刺されるとひどく痛みます。ひれのふちが黄色くなっています。■88cm（幅）■北海道〜九州など／東シナ海、南シナ海など ■砂底 ■小魚、甲殻類 ■アカマンタ、ホンエイ ■尾のとげに毒

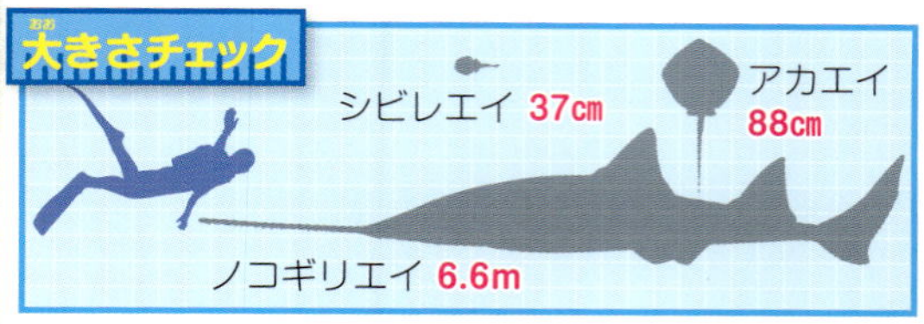

大きさチェック

■体長 ■分布 ■生息域 ■食べ物 ■別名 ■危険な部位 危危険な魚 食食用魚 絶絶滅危惧種

▼砂にもぐって、目だけ出すリボンテール・スティングレイ。

ルリホシエイ ［アカエイ科］ 危
体全体に青色のはん点があります。■35cm（幅）■西太平洋、インド洋など ■サンゴ礁 ■魚、甲殻類 ■尾のとげに毒 ■リボンテール・スティングレイ、リーフ・スティングレイ

マダラエイ ［アカエイ科］ 危
■180cm（幅）■静岡県、和歌山県、九州西部・南部、琉球列島など／西太平洋、インド洋など ■岩礁やサンゴ礁の砂底 ■魚、甲殻類 ■尾のとげに毒

ヒラタエイ 危
［ヒラタエイ科］
アカエイに似ていますが、腹面の色は白です。■27cm（幅）■千葉県・新潟県〜九州など／東シナ海など ■大陸棚の砂底 ■小魚、甲殻類、ゴカイ類 ■尾のとげに毒

ツバクロエイ 危 食
［ツバクロエイ科］
■180cm（幅）■茨城県・新潟県〜九州など／東シナ海、南シナ海など ■砂泥底 ■底生の小動物 ■尾のとげに毒

シビレエイのなかま

お魚トーク　その名のとおり、頭部に発電器官をもっていて、砂底に向かって50〜60ボルトの電気を放ち、甲殻類などの小動物をしびれさせてとらえるぞ。

シビレエイ ［シビレエイ科］ 危
胎生。■37cm（全長）■福島県・福井県〜九州など／東シナ海など ■大陸棚の砂底 ■底生の小動物 ■電気

ノコギリエイのなかま

お魚トーク　吻が長くて平たく、左右にはのこぎりのような歯が並んでいる。その歯で魚などを刺してつかまえるぞ。ノコギリザメの吻に似ているが、歯の長さがほぼ同じで、ひげがないぞ。

吻
特殊な探知器官がついていて、砂の中の小動物を探りあてることができます。

ノコギリエイ ［ノコギリエイ科］ 絶
胎生。■6.6m（全長）■八重山列島／西太平洋など ■沿岸の砂泥底、河口の汽水域や河川・湖沼にも現れる ■底生の小動物

ガンギエイ、サカタザメなどのなかま

お魚トーク ガンギエイのなかまは、エイの中で最大のグループだ。卵生で、特徴のある形の卵を産む。サカタザメのなかまは胎生で、サメとエイの中間的な体形をしているが、えらあなが腹面にあるのでエイのなかまだぞ。

ガンギエイ

［ガンギエイ科］危 食

尾にとげがありますが、毒はありません。■76㎝（全長）■北海道～九州／東シナ海など ■沿岸の砂泥底 ■底生の小動物 ■尾のとげ

サカタザメ

［サカタザメ科］食

■100㎝（全長）■茨城県・新潟県～九州、沖縄諸島など／東シナ海、南シナ海など ■砂底 ■底生の小動物

コモンカスベ

［ガンギエイ科］危 食

頭の先は半とうめいで、背面の左右に1対の目玉のような模様（眼状斑、→P.121）があります。■55㎝（全長）■北海道～九州／東シナ海など ■沿岸の砂泥底 ■魚、イカ、甲殻類 ■尾のとげ

卵から生まれるガンギエイのなかま

ガンギエイのなかまの卵はプラスチックのような殻につつまれていて、卵の四隅にはつめのようなものがついています。これは、岩場に産みつけた卵を固定するためといわれています。このような独特な形から、日本では「タコのまくら」、英語では「人魚のさいふ」とよばれることもあります。

▲コモンカスベの卵。○印はつめ。

▲ふ化直後の仔魚。

シノノメサカタザメ

［トンガリサカタザメ科］

海底付近を泳ぎまわり、小魚、甲殻類、貝などをとらえて食べます。■2.7m（全長）■日本各地／西太平洋、インド洋 ■砂底 ■魚、甲殻類、貝

▲シノノメサカタザメのあごの骨。無数の突起（歯）におおわれていて、かたいものでもくだいて食べます。

トンガリサカタザメ

［トンガリサカタザメ科］

発達した尾びれを使って、体をくねらせて泳ぎます。■2m（全長）■和歌山県、高知県、福井県、九州、沖縄島／西太平洋、インド洋 ■砂底 ■魚、甲殻類、貝

大きさチェック

ガンギエイ 76㎝
シーラカンス 2m
シノノメサカタザメ 2.7m

シーラカンスのなかま

お魚トーク　「生きた化石」とよばれ、体の各部に古代魚と同じ特徴が見られる。6600万年前までに絶滅したと思われていたが、1938年の発見から現在までに、世界で2種の生息が確認されているぞ。

©Laurent Ballesta

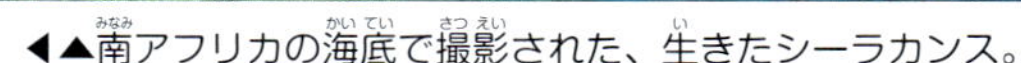

©Laurent Ballesta, the coelacanth

◀▲南アフリカの海底で撮影された、生きたシーラカンス。

シーラカンス [シーラカンス科] 絶
水深150～750mの岩穴の多い岩礁でくらし、頭を下にした体勢で泳ぎながら、近よってくるえものをとらえます。胎生。■2m（全長）■アフリカ南東部 ■岩礁 ■魚、イカ

シーラカンスの発見

絶滅したと思われていたシーラカンスですが、1938年にアフリカ南部のイーストロンドン沖でとらえられました。さらにその後、コモロ諸島などでも、大量にとらえられました。1997年には、インドネシアでも別種が発見されています。

スラウェシ・シーラカンス [シーラカンス科] 絶
インドネシアで発見された、2種めのシーラカンスのなかまです。胎生。■140cm（全長）■インドネシア（スラウェシ島北部）■岩礁 ■魚、イカ

▼目は皮ふの下にうまり、あごの骨がありません。口のまわりには、3～4対のひげがあります。

ヌタウナギのなかま

お魚トーク　ウナギのような体だが、脊椎動物の中では、もっとも原始的なグループに分類される。昼間は砂やどろにもぐっているが、夜になると死んだ魚の体の中に入って、肉や内臓を食べる。世界に約70種、日本には6種がいるぞ。

ヌタウナギ [ヌタウナギ科] 食
えらあなが6～7対あり、皮ふがとてもじょうぶです。えものをとらえるときや、敵から身を守るときに、体から大量の粘液を出します。■60cm ■宮城県・秋田県～九州など／東シナ海など ■沿岸の浅場の砂泥底 ■死んだクジラや魚の肉、甲殻類、ゴカイ類

生きた化石 シーラカンスのひみつ

近年の研究で、シーラカンスは数億年ものあいだ、ほとんど進化していないことがわかっています。現代の魚と異なるシーラカンスの体のひみつを紹介します。

シーラカンスの体のつくり

硬骨魚類の中の「肉鰭類」というグループ(→P.6)の魚で、はるか昔に生きていた古代魚のなごりをとどめています。成魚は、最大で体長2m、体重90kgほどになります。

◀胸びれ、腹びれ、第2背びれ、第1しりびれは、「肉鰭」という柄のついたひれになっています。

骨格

シーラカンスは硬骨魚類ですが、骨格の大部分が軟骨でできています。かたい骨(硬骨)でできた背骨(脊椎)はなく、やわらかい骨(軟骨)でできた脊柱をもちます。脊柱は管状になっていて、中には油のような液体がつまっています。また、ろっ骨がなく、かたいうろこで内臓を守っています。これらの特徴が、すでにほろんだはるか昔の魚類に近いので、シーラカンスは古代魚とよばれるのです。

第2背びれ

シーラカンスは、胸びれ(2まい)と腹びれ(2まい)、第2背びれ、第1しりびれの6まいの肉鰭を使って泳ぎます。肉鰭は肉質の柄がついたひれで、それぞれのひれを別々に、上下左右にひねりながら動かすことができます。

第3背びれ

尾びれ

大きな尾びれに見えますが、ほとんどが第3背びれと第2しりびれです。実際の尾びれは、尾の先にある小さなひれだけです。

第1しりびれ

第2しりびれ

シーラカンスの食事

シーラカンスは、水深750mくらいまでの深海にくらしていて、イカやウナギ、サメなどを食べます。狩りの仕方が特徴的で、えものを待ちぶせしておそいます。

▲体をたてにしたさか立ちの状態で待ちぶせして、下を通ったえものにおそいかかります。

絶滅したシーラカンス

シーラカンスのなかまには、40以上の種がありました。しかし、現在、生息が確認されている2種(→P.39)以外は、すでに絶滅したと考えられています。

▲絶滅したシーラカンス目の一種、「マウソニア・ラボカティ」の化石の復元骨格。世界最大で、全長3.8mもあります。

ウナギのなかま

お魚トーク 日本人になじみの深いウナギのなかまで、ウツボやアナゴ、ウミヘビ、フクロウナギなどがふくまれる(この本では、ウナギは淡水魚のページで紹介している。→P.184)。細長い体をしていて、体全体をくねらせて泳ぐ。腹びれ、えらぶたはなく、うろこは退化してなくなっているか、とても小さい。世界の海や河川などに約820種、日本には約160種がいるぞ。

ナミウツボ 危
頭部は黄みがかった色になっています。体には網の目状（波状）の白い模様があります。■100㎝（全長）■三重県、高知県、屋久島、琉球列島など／太平洋、インド洋など■サンゴ礁■小魚、甲殻類■歯

◀キイロハギ(→P.150)をおそうナミウツボ。

ウツボのなかま

お魚トーク 昼間は岩のすき間や穴にひそみ、夜になると魚や小動物をおそって食べる。腹びれ、胸びれがなく、背びれ、しりびれが尾びれとつながっている。えらぶたはなく、体の側面に小さな穴があいているぞ。

ウツボ 危 食

見てみよう！ DVD 魚たちのバトル

近づくと、するどい歯をむき出しにしていかくしますが、おどかさなければ、かまれることはありません。■80㎝（全長）■茨城県・島根県～屋久島、奄美大島など／東シナ海など■沿岸の岩礁■小魚、タコ、甲殻類■キダカ、ナマダ■歯

大きさチェック

ドクウツボ 180㎝
ウツボ 80㎝
サビウツボ 60㎝

■体長 ■分布 ■生息域 ■食べ物 ■別名 ■危険な部位 危 危険な魚 食 食用魚 絶 絶滅危惧種

※ここで紹介している魚は、すべてウツボ科です。

ハナヒゲウツボ

幼魚のうちは体色が黒く、成長するとすべてオスになり、体色が青くなります。その中からメスに性転換（→ P.85）するものが現れ、体色が黄色になります。■120cm（全長）■和歌山県、高知県、屋久島、琉球列島など／西・中央太平洋、インド洋 ■浅場のサンゴ礁 ■小魚、甲殻類

◀幼魚

▲成魚（メス）

▲成魚（オス）

あごの先たんに肉質の突起があります。上あごの突起は鼻の穴で、らっぱ状に広がっています。

トラウツボ 危

あごは細長く、わん曲していて、口をしっかり閉じることができません。■90cm（全長）■千葉県～屋久島、長崎県、奄美大島など／西・中央太平洋、インド洋 ■沿岸の岩礁 ■小魚、甲殻類 ■歯

ハナビラウツボ 危

口の中が白く、体に白いはん点があります。■100cm（全長）■和歌山県、屋久島、琉球列島など／西・中央太平洋、インド洋など ■浅場のサンゴ礁 ■小魚、甲殻類 ■歯

ゼブラウツボ

ほとんどの歯が奥歯のような形をしていて、するどくありません。■100cm（全長）■屋久島、琉球列島など／太平洋、インド洋など ■浅場のサンゴ礁 ■甲殻類

サビウツボ 危

体に細かいさびのような模様があるので、この名がつきました。目は、白目がちで目立ちます。■60cm（全長）■三重県～高知県、屋久島、琉球列島など／西・中央太平洋、インド洋 ■浅場のサンゴ礁 ■小魚、甲殻類 ■歯

ドクウツボ 危 食

えらあなのまわりが黒くなっています。シガテラ毒（→ P.96）をもつ魚やカニなどを食べるため、それらの毒が体内にたまっていることがあります。■180cm（全長）■屋久島、琉球列島など／西・中央太平洋、インド洋など ■浅場のサンゴ礁 ■小魚、甲殻類 ■歯、シガテラ毒

見てみよう！
DVD 魚の寝る技
巨大ウツボの寝姿に注目！

アナゴ、ハモなどのなかま

お魚トーク　沿岸の岩のすき間や、海底の砂やどろの中にひそんでいるものが多い。アナゴのなかまは、体にうろこがなく、体の横に、はっきりとした側線がある。ハモのなかまは、吻がとがっていて、口にはするどい歯が並んでいるぞ。

マアナゴ［アナゴ科］食
頭部、背びれと側線のあいだ、また側線にそって白点があります。夜行性。■100cm（全長）■北海道～九州など／朝鮮半島、東シナ海など■沿岸の砂泥底■小魚、甲殻類■アナゴ、ホンアナゴ、ハカリメ

クロアナゴ［アナゴ科］食
マアナゴに似ていますが、白点がありません。■140cm（全長）■青森県・京都府～屋久島など／東シナ海など■浅場の岩礁■魚、底生の小動物■トウヘイ、クロハブ

ホラアナゴ［ホラアナゴ科］危 食
えらあなが腹側にあり、たてにさけています。■150cm（全長）■北海道南部～高知県、沖縄トラフなど／太平洋、インド洋、大西洋■大陸斜面の底層■魚、底生の小動物■歯

マアナゴの成長

マアナゴの仔魚は、とうめいで細長く、柳の葉のような形をしています（レプトセファルス幼生）。そこから少しずつ色がついて、体長が短くなり、アナゴの形になっていきます。

▲1　平たく、とうめいなレプトセファルス幼生。

▲2　体の長さが少しちぢんで、骨のまわりから色がついていきます。

▲3　体が細くなり、表面の色が黒ずんでいきます。

▲4　成魚とほぼ同じ形になります。

▲チンアナゴの全身

チンアナゴ［アナゴ科］
顔が犬のチンに似ているので、この名がつきました。砂から半身を出して、海中をただようプランクトンを食べます。とても臆病で、敵が近づくと砂の中に身をかくしてしまいます。■36cm（全長）■静岡県、高知県、屋久島、琉球列島など／西・中央太平洋、インド洋■サンゴ礁の砂底■プランクトン

▲チンアナゴ（左）と犬のチン（右）。

ニシキアナゴ［アナゴ科］
■38cm（全長）■奄美大島、伊江島／フィリピン、ニューギニア東部など■サンゴ礁の砂底■プランクトン

大きさチェック
チンアナゴ 36cm
シマウミヘビ 90cm
マアナゴ 100cm

■体長 ■分布 ■生息域 ■食べ物 ■別名 ■危険な部位 危 危険な魚 食 食用魚 絶 絶滅危惧種

ハモ [ハモ科] 危 食
吻はとがっていて、先たんがわずかにわん曲しています。するどい歯をもっています。■2.2m（全長）■福島県・新潟県～九州など／西太平洋、インド洋など ■水深120mまでの砂泥底、岩礁 ■小魚、タコ、甲殻類 ■ハム、ジャハム ■歯

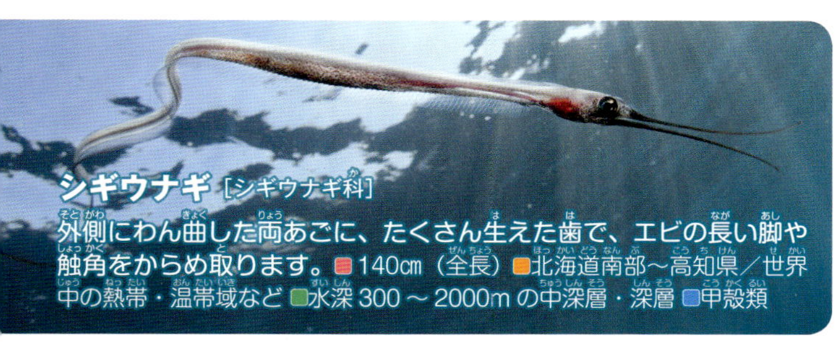

シギウナギ [シギウナギ科]
外側にわん曲した両あごに、たくさん生えた歯で、エビの長い脚や触角をからめ取ります。■140cm（全長）■北海道南部～高知県／世界中の熱帯・温帯域など ■水深300～2000mの中深層・深層 ■甲殻類

クズアナゴ [クズアナゴ科]
■72cm（全長）■青森県～高知県、沖縄トラフ／西・中央太平洋、アフリカ南東部など ■大陸棚・大陸斜面 ■魚、底生の小動物

ウミヘビのなかま

お魚トーク　ウミヘビには、は虫類のものと魚類のものがいて、ここで紹介するのは魚類のウミヘビだ。夜行性で、昼間はサンゴ礁や岩場、あるいは海底の砂やどろの中にひそんで、顔だけを出していることが多いぞ。

ホタテウミヘビ [ウミヘビ科]
砂の中に頭をつっこんでえものを探します。■100cm（全長）■千葉県・新潟県以南／西太平洋など ■沿岸の砂泥底 ■小魚、甲殻類

見てみよう！ DVD 海水浴場の魚たち

▶砂にもぐって、顔だけ出すホタテウミヘビ。

シマウミヘビ [ウミヘビ科]
は虫類のエラブウミヘビに、よく似た模様をしていますが、鼻の穴が管状になってつき出しているので、見分けがつきます。■90cm（全長）■和歌山県～高知県、琉球列島など／西・中央太平洋、インド洋 ■サンゴ礁の砂底 ■魚、底生の小動物

ダイナンウミヘビ [ウミヘビ科] 危
口は大きく、目の後ろまで開きます。■140cm（全長）■本州～九州など／東シナ海など ■沿岸の浅場～大陸斜面 ■底生の小動物 ■歯

▶は虫類のエラブウミヘビ。魚ではないので、空気を吸うために、海面に上がって息つぎをします。

フクロウナギのなかま

お魚トーク　ひものように長い尾をもっている深海魚だ。大きな口で魚や甲殻類、プランクトンなどをとらえるぞ。

フクロウナギ [フクロウナギ科]
頭部の大部分をしめる大きな口は、袋状になっていて自由にのびちぢみします。この口でえものを丸飲みにします。■75cm（全長）■青森県～福島県、高知県、宮古島など／世界中の熱帯・温帯域など ■水深1500～3000mの深層 ■魚、甲殻類、プランクトン

マメ知識　は虫類のウミヘビは、毒をもっています。人間がかまれて毒が体内に入ると、死んでしまうこともあります。魚類のウミヘビには、毒はありません。

カライワシのなかま

お魚トーク　大きな口に、するどい針のような歯をもつ。稚魚は、ウナギなどと同じレプトセファルス幼生(→P.44)で、汽水域に入ることもある。世界の海に8種、日本には2種がいるぞ。

カライワシ［カライワシ科］
■75cm ■本州以南／西太平洋、インド洋など ■沿岸の表層、河口の汽水域にも現れる（幼魚）
■魚、甲殻類

イセゴイ［イセゴイ科］
■80cm ■本州以南／西太平洋、インド洋 ■沿岸の表層、河口の汽水域にも現れる（幼魚） ■小魚 ■ハイレン、ミズヌズ

ターポン［イセゴイ科］
太古から体のつくりが変わっていない、原始的な魚です。釣り魚として人気があります。■2.5m（全長） ■大西洋など ■沿岸、河口の汽水域にも現れる ■魚、底生の小動物 ■シルバーキング

ソコギス、ソトイワシのなかま

お魚トーク　ソコギスのなかまは、細長い体で、しりびれと尾びれがつながっている。ソトイワシのなかまは、背びれが1つしかなく、口が顔の下のほうについている。どちらも、稚魚はレプトセファルス幼生だぞ。

トカゲギス［トカゲギス科］
へら状の吻で海底のどろを掘りおこし、えものをとらえます。■55cm（全長） ■岩手県～宮崎県、沖縄トラフ／西・中央太平洋、インド洋、大西洋 ■大陸斜面の底層 ■底生の小動物

キツネソコギス［ソコギス科］
■20cm（全長） ■青森県～高知県、沖縄トラフ／西・中央太平洋 ■大陸斜面の底層 ■底生の小動物

ギス［ギス科］ 食
■60cm ■北海道～九州など／東シナ海 ■大陸斜面の岩礁
■底生の小動物 ■オオギス、ダボ

ソトイワシ［ソトイワシ科］
沿岸の浅場でくらし、汽水域にも入ります。■80cm ■千葉県・鳥取県以南 ■沿岸の浅場、河口の汽水域にも現れる ■底生の小動物

■体長 ■分布 ■生息域 ■食べ物 ■別名 ■危険な部位 危 危険な魚 食 食用魚 絶 絶滅危惧種

ナマズのなかま

お魚トーク　大きなとげのある背びれと胸びれがあり、口には2～4対のひげがついている。世界の海や湖沼などに約2900種、日本には16種がいるぞ。

ハマギギ ［ハマギギ科］危
40cm 東シナ海など 河口、沿岸 小魚、小動物 背びれと胸びれのとげ

ゴンズイのディフェンス術！
ゴンズイは、数少ない海にくらすナマズの一種。美しいしま模様と、8本のひげを生やしたかわいいお顔。ゆらゆらした泳ぎも、見ていて楽しいでギョざいますね！　ゴンズイは危険を感じると、強い毒のある3本のとげをシャキーンと立てます。夜に活発に行動しますので、夕方から夜に防波堤などでよく釣れます。うっかりさわってとげが刺さらないよう、要注意でギョざいます！

ゴンズイ ［ゴンズイ科］危 食
18cm 千葉県～高知県、石川県、九州など 沿岸の岩礁 底生の小動物 背びれと胸びれのとげに毒

ディフェンス その1　身を守る毒のとげ

ゴンズイの背びれと胸びれには、合計3本のするどいとげがあります。とげには強い毒があるので、刺さるとはげしく痛みます。ゴンズイが突然敵におそわれたとしても、毒のあるとげをさっと立てるので、刺された相手は痛みで、はき出してしまうのです。

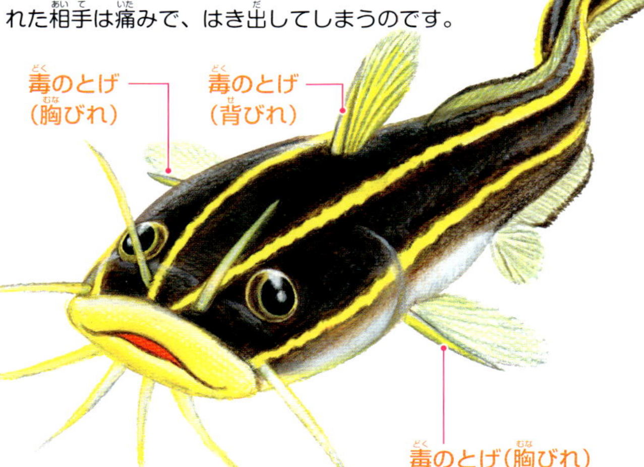

ディフェンス その2　バラバラにならないゴンズイ玉

ゴンズイは、身を守るために群れをつくり、密着して行動します。これは、ゴンズイが集合フェロモン（体から出る物質で、群れをつくる行動を取りやすくなる効果がある）を出していて、そのおかげできれいに集まることができると考えられています。この群れは、まるで玉のように見えるため、「ゴンズイ玉」とよばれています。

▲正面から見たゴンズイ玉。

ネズミギスのなかま

お魚トーク　口は小さく、歯がない。また、背骨の一部が変形していて、音を感じ取る器官をもつ。これらはコイのなかま(→P.185)に近い特徴だ。世界の海や河川に約40種、日本には2種がいるぞ。

ネズミギス ［ネズミギス科］
27cm 茨城県・新潟県～九州など／東シナ海、南シナ海など 沿岸の砂泥底 甲殻類

サバヒー ［サバヒー科］食
150cm 青森県、千葉県～高知県、九州、琉球列島など／西・中央・東太平洋、インド洋など 沿岸の浅場、河口の汽水域にも現れる しずんだ有機物 グナン、ミルクフィッシュ

ニシンのなかま

お魚トーク　食用として重要なものが多く、世界中で食べられている。海上の海鳥や海中の大型魚にもねらわれやすいので、上からも下からも見えにくい体の色（背中は青く、腹は白い）で身を守っている。また、敵にくわえられても、うろこがすぐにはがれるようになっているので、にげやすい。汽水域に入れるものも多い。世界の海に約360種、日本には約30種がいるぞ。

▲うずのような大きな群れをつくるマイワシ。

見てみよう！ DVD 魚の大群　10億ひきものニシンがつくるニシンボール！

マイワシ ［ニシン科］ 食

■25㎝ ■北海道〜九州／東シナ海〜ロシア南東部、千島列島など ■沿岸から沖合の表層 ■プランクトン ■イワシ、ナナツボシ

▲口を大きく開けて、プランクトンをこし取るマイワシ。

ニシン ［ニシン科］ 食

沿岸を泳ぎまわる回遊魚です。■35㎝ ■北海道、青森県、宮城県、茨城県など／東シナ海〜北太平洋、東太平洋（北部）■沿岸の表層 ■プランクトン ■カドイワシ

▼成魚

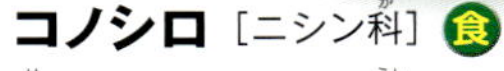

コノシロ ［ニシン科］ 食

背びれのいちばん後ろのすじ（軟条）が、糸状に長くのびています。■26㎝ ■宮城県・新潟県〜九州など／東シナ海、南シナ海など ■内湾、河口の汽水域にも現れる ■プランクトン ■コハダ、シンコ

▲若魚。「コハダ」とよばれ、すしのねたになります。

ウルメイワシ ［ニシン科］ 食

目が大きく、コンタクトレンズのような膜（脂瞼）におおわれて「うるんでいる」ように見えるので、この名がつきました。■25㎝ ■北海道南部、本州〜九州／太平洋（北部をのぞく）、西インド洋、西大西洋など ■沿岸の表層 ■プランクトン ■ウルメ、ノドイワシ

サッパ ［ニシン科］ 食

酢漬けにする料理、「ままかり」が有名です。■13㎝ ■北海道〜九州／東シナ海、南シナ海など ■沿岸の浅場の砂泥底 ■プランクトン ■ママカリ、ハダラ

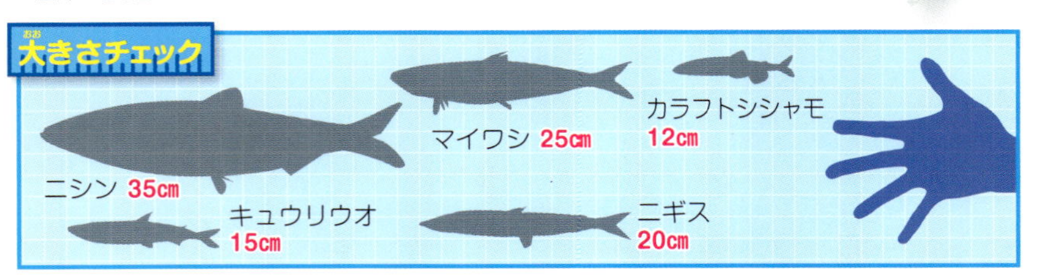

キビナゴ ［ニシン科］ 食

■11㎝ ■茨城県・島根県以南／西太平洋、インド洋など ■沿岸の表層 ■プランクトン ■キミイワシ、コウナゴ

■体長 ■分布 ■生息域 ■食べ物 ■別名 ■危険な部位 危 危険な魚 食 食用魚 絶 絶滅危惧種

◀仔魚は「シラス」とよばれます。

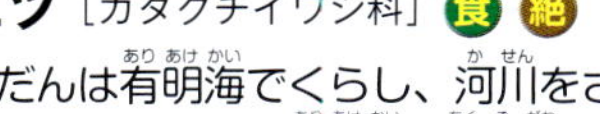

カタクチイワシ [カタクチイワシ科] 食

大きな群れで、口を大きく開けて泳ぎまわります。■15cm ■北海道～九州／東シナ海、南シナ海、カムチャツカ半島南部など ■沿岸の表層 ■プランクトン ■ヒシコイワシ、セグロイワシ、タレクチ

エツ [カタクチイワシ科] 食 絶

ふだんは有明海でくらし、河川をさかのぼって産卵します。■36cm ■有明海、筑後川など ■沿岸、河口の汽水域、河川の中流の淡水域にも現れる ■プランクトン

チリメンモンスターを探そう！

カタクチイワシなどの仔魚を塩ゆでして干したものを「しらすぼし（チリメンジャコ）」といいます。しらすぼしを調べてみると、まれにシラス以外のいろいろな生物（チリメンモンスター）が見つかります。

▲どんな魚がまじっているか、調べてみよう！

チリメンモンスター発見！

キュウリウオ、ニギスなどのなかま

お魚トーク　キュウリウオのなかまは、サケ（→P.200）に近いグループの魚で、沿岸や河口の汽水域、河川などでくらしている。ニギスのなかまは、その多くが深海魚で、目に特徴のあるものが多いぞ。

キュウリウオ [キュウリウオ科] 食

キュウリに似たにおいがするので、この名がつきました。■15cm ■北海道（西部をのぞく）／朝鮮半島～東太平洋（北部）■沿岸の浅場 ■プランクトン、イカ ■キュウリ

カラフトシシャモ [キュウリウオ科] 食

「子持ちししゃも」の名前で市販されているものの多くが、このカラフトシシャモかキュウリウオです。■12cm ■北海道北東部／樺太、太平洋・大西洋の寒帯域、北極海など ■沿岸の浅場 ■プランクトン ■カペリン

チカ [キュウリウオ科] 食

ワカサギ（→P.199）に似ているため、「わかさぎ」として市販されることもあります。■15cm ■北海道、青森県、岩手県／朝鮮半島～カムチャツカ半島、樺太など ■内湾の浅場 ■プランクトン ■ツカ、ワカサギ

ニギス [ニギス科] 食

■20cm ■青森県～高知県・九州北西部／東シナ海など ■水深70～430mの砂泥底 ■甲殻類

管状眼

◀上向きについている双眼鏡のような管状の目（管状眼）が特徴です。これは暗い深海で、太陽の光を最大限に受けとめるためと考えられています。

イッセンヒナデメニギス [デメニギス科]

すきとおった細長い体で、長い腹びれがあります。
■13cm ■西太平洋 ■中深層 ■甲殻類、プランクトン

ワニトカゲギスのなかま

お魚トーク 口は大きく、するどいきば状の歯をもっているものが多い。下あごにひげがあるものもいる。腹部には発光器が並んでいる。深海でくらし、プランクトンや魚などを食べる。世界の海に約400種、日本には100種がいるぞ。

ホウライエソ [ホウライエソ科]
頭部に小さく丸い発光器がまばらにあり、腹部から尾部にかけても発光器が並んでいます。
■35cm ■北海道以南（太平洋側）、沖縄トラフなど／太平洋・インド洋・大西洋の熱帯・亜熱帯域など ■水深 200 ～ 1000m の中深層

オオヨコエソ [ヨコエソ科]
■28cm ■青森県～高知県、沖縄トラフなど／太平洋・インド洋・大西洋の熱帯～亜寒帯域 ■水深 250 ～ 1200m の中深層・深層

ワニトカゲギス [ワニトカゲギス科]
下あごに1本の長いひげがあり、上あごの前部に1対の大きなきば状の歯があります。■20cm ■本州以南（太平洋側）、沖縄トラフなど／太平洋・インド洋・大西洋の熱帯・亜熱帯域 ■中深層

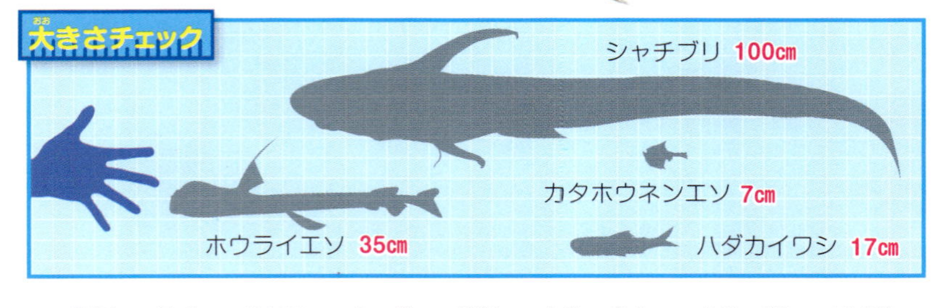

カタホウネンエソ
[ムネエソ科]
■7cm ■青森県～高知県、沖縄トラフなど／台湾南部 ■水深 100 ～ 350m の大陸棚・大陸斜面

深海魚の発光器は、なんのため？

ワニトカゲギスのなかまには、腹の下の部分に発光器がたくさんあるものがいます。これは、光で自分の影を消して、えものに近づきやすくするためと考えられています。ほかにも、ひげの先たんに発光器があるものもいます。これには、食べ物となる魚をおびきよせる効果があるといわれています。

▲腹面にならぶ発光器（紫色の点）。

▲顔とひげの先たんにある発光器。

ミツマタヤリウオ ［ミツマタヤリウオ科］

仔魚は、頭部から体長の３分の１もある長い突起が飛び出していて、目はその先たんにあります。この特徴的な姿から、名前がつきました。■50cm ■北海道南部～高知県、福岡県など／太平洋（北半球）の温帯域 ■水深400～800mの中深層

シャチブリのなかま

お魚トーク　しりびれがとくに長く、尾部をくねらせて泳ぐ。骨格は軟骨性で、やわらかい吻の下のほうに口がついている。海底近くで、底生の小動物などを食べてくらしている。世界の海に13種、日本には6種がいるぞ。

シャチブリ ［シャチブリ科］

上あごに小さな歯が並んでいるだけで、下あごには歯がありません。■100cm（全長）■茨城県～高知県、新潟県～山口県、沖縄トラフなど ■水深150～500mの砂泥底

タナベシャチブリ ［シャチブリ科］

シャチブリとちがい、下あごに小さな歯が生えています。■55cm（全長）■宮城県～高知県 ■水深100～500mの砂泥底

ハダカイワシのなかま

お魚トーク　深海でくらしていて、頭や体に発光器があるものが多い。夜になると海面近くへ浮上し、プランクトンなどを食べ、夜明けとともに深海に帰るものもいる。世界の海に約250種、日本には約90種がいるぞ。

ハダカイワシ ［ハダカイワシ科］

うろこがはがれやすく、体の横、腹部、目の前に発光器があります。■17cm ■青森県～高知県、島根県、山口県など／西太平洋、インド洋 ■水深100～2000mの表層・中深層・深層

アラハダカ ［ハダカイワシ科］

ハダカイワシとちがい、取れにくいうろこをもちます。■7cm ■北海道南部～高知県など／太平洋、インド洋、大西洋 ■水深430～750mの中深層

サンゴイワシ ［ソトオリイワシ科］

腹部からしりびれにかけて、発光器が並んでいます。■17cm ■北海道南部～高知県、沖縄トラフ／西太平洋、西インド洋、西大西洋など ■水深180～740mの大陸棚・大陸斜面

マメ知識　ハダカイワシは、採集されるときにうろこがはがれてしまい、はだかのようになるので、この名がつきました。

ヒメのなかま

お魚トーク するどい歯のついた大きな口で、魚などを丸のみにする。脂びれ（背びれと尾びれのあいだにある小さなひれ）をもつものが多い。世界の海に約240種、日本には約90種がいるぞ。

脂びれ

ヒメ ［ヒメ科］食
腹びれで体を支えます。背びれには、水玉模様があります。■18cm ■茨城県・青森県～九州／西・中央太平洋 ■水深510mまでの砂れき底 ■魚 ■オキハゼ、トラハゼ

マエソ ［エソ科］食
大きな口の中には、細かくするどい歯が並んでいます。砂の中にもぐって待ちぶせをして、近づいてきたえものを丸のみにします。■35cm ■千葉県・福井県～九州など／西太平洋、インド洋 ■水深100mまでの砂泥底 ■魚

ホタテエソ ［ホタテエソ科］
腹びれの一部が糸状に長くのびています。■9cm ■神奈川県、静岡県、高知県など／東シナ海 ■水深30～50mの岩礁の砂底 ■魚

オキエソ ［エソ科］食
■30cm ■岩手県・新潟県以南／世界中の熱帯・温帯域（東太平洋をのぞく）■浅場の砂底・砂泥底 ■魚

アカエソ ［エソ科］食
■30cm ■千葉県・島根県～九州、トカラ列島、奄美大島など／台湾、ハワイ諸島 ■浅場の岩礁やサンゴ礁の砂底 ■魚、甲殻類

▶スズメダイのなかまをくわえるアカエソ。

どうもうなエソのハンティング

ひじょうにどうもうなエソのなかまは、小さい魚はもちろん、自分より大きな魚にもかじりつきます。狩りの仕方は、待ちぶせです。ふだんは砂の中に身をかくし、えものが近づいてくると、砂から飛び出しておそいかかります。

▶砂にもぐり、えものを待つエソのなかま。

◀ハゼのなかまを丸のみにするエソのなかま。

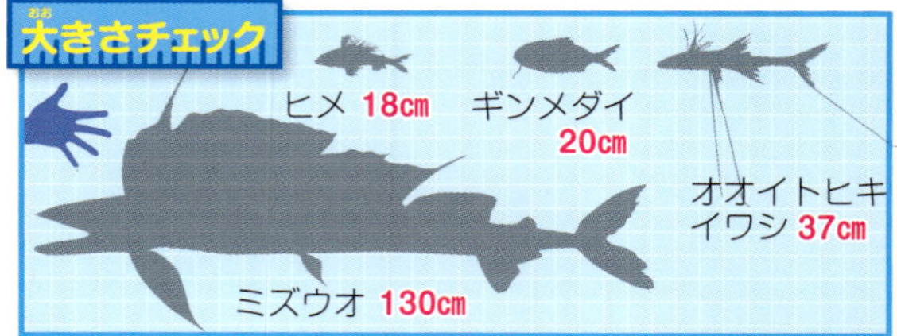

名ハンターの動きに注目！

ホシノエソのハンティング

◀海底でじっとしているのは、魚の少ない深海で体力を使わずに、えものを待つためと考えられています。

オオイトヒキイワシ
［チョウチンハダカ科］
腹びれ・尾びれのすじ（軟条）の3点で体を支えて、海底でじっとしているため、「三脚魚」ともよばれます。雌雄同体。■37㎝ ■高知県、琉球列島／中央太平洋、インド洋、大西洋など ■水深900～4700mの砂泥底 ■小動物 ■三脚魚

オス＋メス＝雌雄同体？
深海でくらすヒメのなかまには、ひとつの体にオスの精巣とメスの卵巣の両方を備えている、「雌雄同体」のものがいます。性別に関係なく、2ひきいれば卵を受精させることができます。異性に出会う機会が少ない深海でも、確実に子孫を残すためと考えられています。

ナガヅエエソ
［チョウチンハダカ科］
雌雄同体。■26㎝ ■静岡県～高知県、沖縄トラフ／東シナ海、南シナ海、インド洋 ■水深550～1200mの砂泥底 ■小動物 ■三脚魚

マルアオメエソ ［アオメエソ科］食
肛門のまわりに発光器があります。雌雄同体。■15㎝ ■青森県～千葉県 ■水深50～600mの大陸棚・大陸斜面 ■魚 ■メヒカリ

ナメハダカ ［ハダカエソ科］
体は半とうめいで皮ふがうすく、側線以外はうろこがありません。腹部に発光器があります。雌雄同体。■27㎝ ■茨城県～九州南部、兵庫県、沖縄トラフ ■水深200～620mの中深層

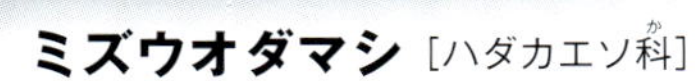

ミズウオダマシ ［ハダカエソ科］
ミズウオとちがい、背びれはありません。■100㎝ ■北海道（西部をのぞく）、岩手県、千葉県、静岡県など／東シナ海、北太平洋 ■表層～深層 ■魚、イカ

ミズウオ ［ミズウオ科］
筋肉に水分と脂肪が多くふくまれるので、この名がつきました。大きな背びれをもち、下あごにはするどくとがった大きな歯が生えています。雌雄同体。■130㎝ ■北海道（西部をのぞく）、青森県～高知県／太平洋、インド洋、大西洋など ■表層～水深1830mまでの深層 ■魚、イカ

管状眼

▲管状で双眼鏡のような形の目（管状眼）が、前方に向いてついています。

コガシラボウエンギョ ［ボウエンギョ科］
日本近海ではほとんど見ることができない、ひじょうにめずらしい魚です。■22㎝ ■千葉県、九州南東部など／太平洋、インド洋、大西洋 ■中深層・深層

ギンメダイのなかま

お魚トーク 下あごに1対の肉質のひげがある。大きな目は、光が当たると青く光る。世界の海に10種、日本には4種がいるぞ。

ギンメダイ ［ギンメダイ科］食
■20㎝ ■福島県～高知県、九州など／台湾、ハワイ諸島など ■水深150～650mの砂れき底 ■小魚、イカ、甲殻類

アカマンボウのなかま

お魚トーク　深海でくらすものが多く、生態や行動などはなぞにつつまれている。平たい円ばん状のものや、細長いリボン状のものまで、体の形はさまざま。世界の海に約20種、日本には約10種がいるぞ。

胸びれ

アカマンボウ
［アカマンボウ科］食
胸びれが、マグロなどと同じように水平に長く発達しています。えらのまわりに、体全体を温める特殊な血管のしくみをもっています。■180cm ■日本各地／世界中の暖海域 ■外洋の表層 ■魚、イカ、甲殻類 ■マンダイ

テンガイハタ［フリソデウオ科］
■160cm ■千葉県～高知県／西・中央太平洋、南アフリカ、地中海 ■沖合

アカナマダ［アカナマダ科］
外敵におそわれると、肛門からイカのすみのような黒い液体を出しておどろかせ、そのすきに逃げるといわれています。■2m ■北海道南部～九州など／北太平洋 ■沖合 ■魚、イカ

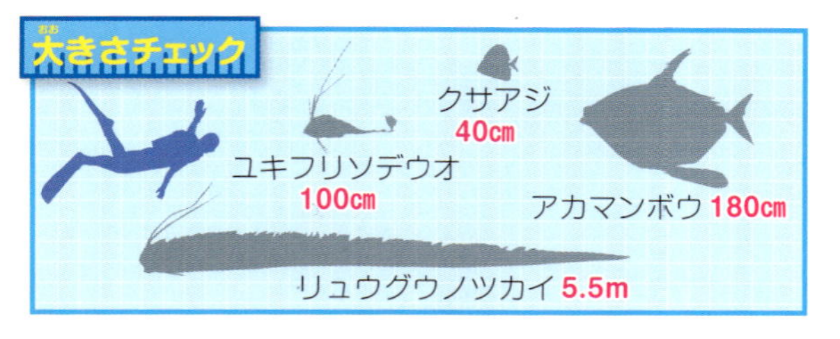

中深層はどんな世界!?

アカマンボウのなかまの多くがくらしている中深層は、水深200～1000mの海域です。太陽の光がとどくのは水深200mまでといわれています。それよりも深い中深層は、ほとんど光がない、くらやみの世界だといえます。

すじ（軟条）

▲若魚

ユキフリソデウオ［フリソデウオ科］
長い背びれと分離したすじ（軟条）があります。■100cm ■日本各地／世界中の暖海域 ■沖合 ■小魚、シャコ

アカマンボウ目

■体長 ■分布 ■生息域 ■食べ物 ■別名 ■危険な部位 危危険な魚 食食用魚 絶絶滅危惧種

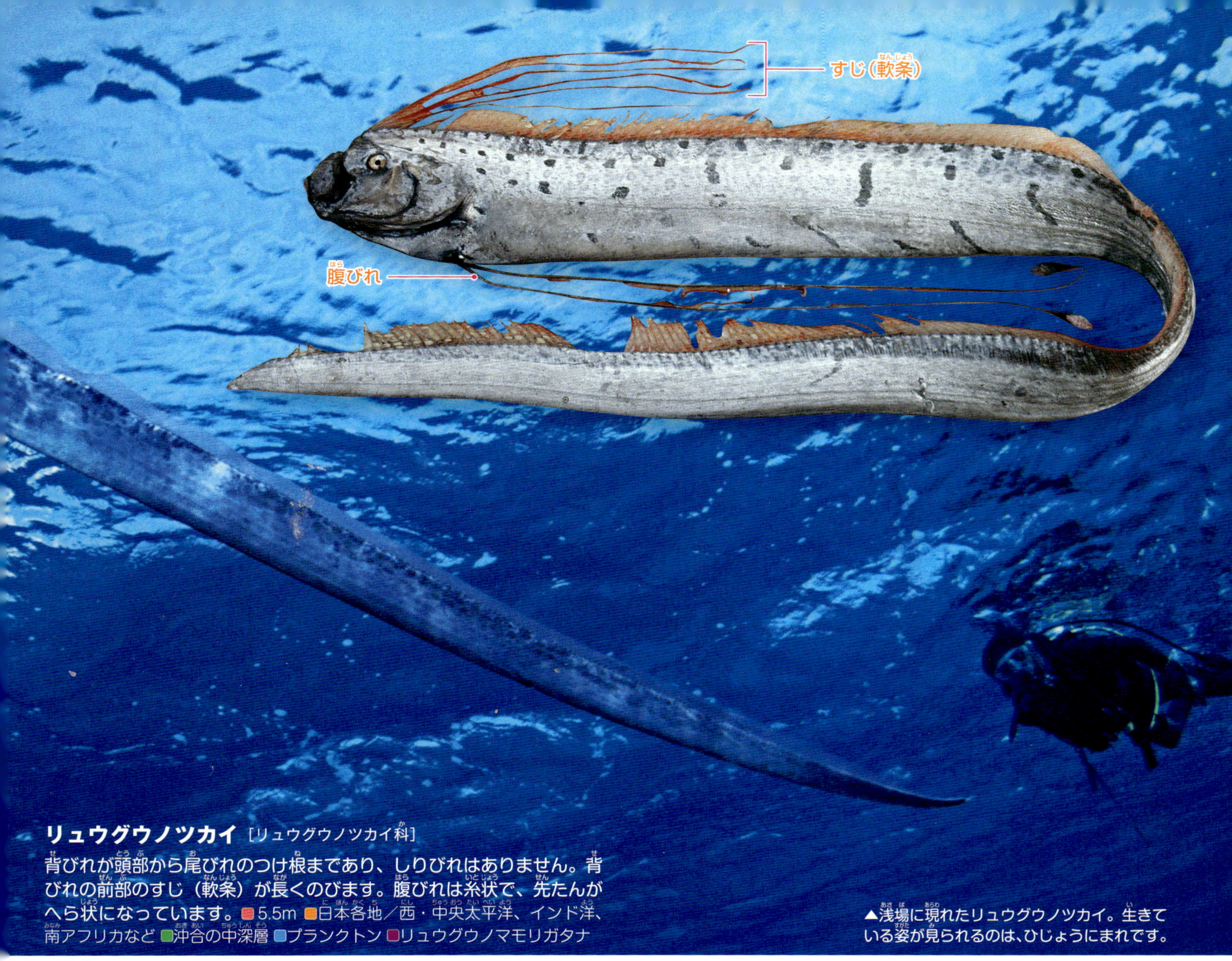

リュウグウノツカイ ［リュウグウノツカイ科］

背びれが頭部から尾びれのつけ根まであり、しりびれはありません。背びれの前部のすじ（軟条）が長くのびます。腹びれは糸状で、先たんがへら状になっています。■5.5m ■日本各地／西・中央太平洋、インド洋、南アフリカなど ■沖合の中深層 ■プランクトン ■リュウグウノマモリガタナ

▲浅場に現れたリュウグウノツカイ。生きている姿が見られるのは、ひじょうにまれです。

見てみよう！ DVD 海水浴場の魚たち

クサアジ ［クサアジ科］

背びれとしりびれが、大きく広がります。歯がなく、吻がななめ下に向けてのびます。■40cm ■本州〜九州など／東シナ海、インド洋など ■大陸棚

世界をリードする日本の深海探査

地球の約7割をしめる海について、人間がわかっていることはわずかです。とくに水深200mをこえる海域を「深海」といい、わたしたちの想像もつかない、ふしぎな生物たちがくらしています。日本は世界でもトップクラスの技術力で、日々、深海のなぞに挑戦しています。

▲「しんかい6500」は人が乗りこむことができる潜水調査船。水深6500mまでもぐることができます。

◀最新の無人探査機「かいこうMk-Ⅳ」は、水深7000mまでもぐることができます。将来的には、水深1万mまでの潜航をめざしています。250kgまでのものをもてる強力なマニピュレータ（機械の腕）で、深海のものを採取してもち帰ります。

マメ知識 一般的に魚類は変温動物ですが、近年の研究で、アカマンボウはまわりの水温より5℃ほど高い体温を保つ恒温動物であることがわかりました。

アシロのなかま

お魚トーク 腹びれはひげのように細く、のどの下あたりについている。背びれとしりびれは尾の近くまでのび、尾びれとつながっているものも多い。浅場から深海まで幅広い海域でくらし、汽水域や淡水域に入るものもいる。世界の海や河川などに約390種、日本には約60種がいるぞ。

イタチウオ [アシロ科] 食
口のまわりに12本のひげがあります。■60cm ■千葉県・新潟県以南／西・中央太平洋、インド洋 ■水深650mまでのサンゴ礁や藻場 ■魚、底生の小動物 ■オキナマズ

ウミドジョウ [アシロ科]
■20cm ■千葉県・新潟県〜九州／西太平洋など
■水深100〜200mの砂泥底 ■底生の小動物

ヨロイイタチウオ [アシロ科] 食
えらぶたにするどいとげがあります。■70cm ■本州〜九州／西太平洋など
■水深70〜440mのどろ底・砂泥底 ■魚、底生の小動物 ■ヒゲダラ

フサイタチウオ [フサイタチウオ科]
アシロのなかまはほとんどが卵生ですが、フサイタチウオのなかまだけが胎生です。■13cm ■静岡県〜高知県／フィリピン ■水深100〜400mの底層

カクレウオ [カクレウオ科]
危険を感じると、ナマコの肛門から体内にもぐりこみます。胸びれは小さく、もぐりこむときにじゃまにならないようになっています。■19cm（全長） ■千葉県〜高知県、富山県、山口県など ■水深30〜100mの砂れき底 ■甲殻類

さかなクンのギョギョ魚魚トーク

びっくり！ カクレウオとの出会い

カクレウオと出会ったのは、さかなクンが昔、水族館のお仕事を学ばせていただいていたころ。ヒトデやナマコにふれることのできるふれあい体験のコーナーで、男の子がふりまわしていたナマコの中から、細長く白いものがピョーンと飛び出しました。それが、ナマコの体内にかくれていたカクレウオだったんです！ ものすっギョく、びっくりしました！ 外に出てしまったカクレウオでしたが、ナマコを見つけたとたん、目にもとまらぬ速さで、ナマコの中にもどってしまいました。まさに一魚一会！

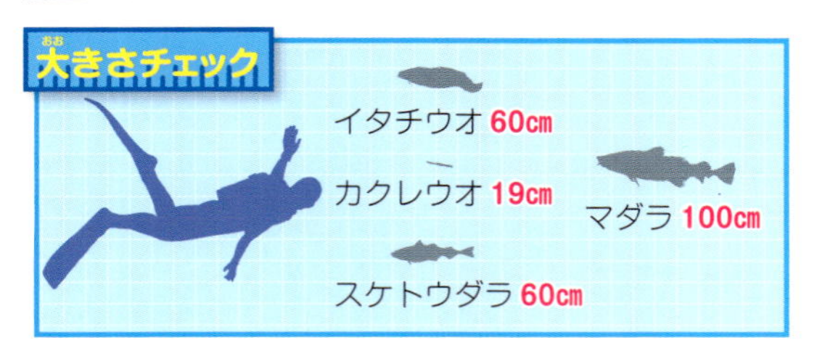

▶ナマコの中から
ギョんにちは♪

タラのなかま

お魚トーク　背びれが３つあるものや、下あごの先にひげが生えているものが多い。ほとんどが深海の海底でくらしている。マダラやスケトウダラなどは、食用として重要な魚だ。世界の海や河川に約530種、日本には約100種がいるぞ。

ヒタチダラ［メルルーサ科］食
するどい歯で、えものをとらえて食べます。■71cm ■茨城県／ニュージーランド、アルゼンチン、チリなど ■水深120～960mの大陸棚・大陸斜面 ■魚、イカ ■メルルーサ、ニュージーランドヘイク

チゴダラ［チゴダラ科］食
腹部に発光器があります。■35cm ■北海道～高知県・山口県など／東シナ海など ■水深75～1000mの砂泥底 ■魚、底生の小動物

▶稚魚

マダラ［タラ科］食
１ぴきのマダラで、多いものは400万以上の卵を産むことがあります。■100cm（全長）■北海道～茨城県・山口県／東シナ海（北部）～北太平洋、東太平洋（北部）■水深1280mまでの大陸棚・大陸斜面 ■魚、甲殻類、タコ ■タラ

たらこはだれの子？
たらこはタラ（マダラ）の卵と思われがちですが、実際はほとんど使われていません。市販のたらこのほとんどは、スケトウダラの卵巣が使用されています。

▼着色される前のスケトウダラの卵巣。

サイウオ［サイウオ科］
頭にあるのは第１背びれです。■13cm ■宮城県～鹿児島県／東シナ海 ■水深600～1000mの中深層 ■プランクトン

スケトウダラ［タラ科］食
■60cm（全長）■北海道～和歌山県・山口県／朝鮮半島東部～北太平洋、東太平洋（北部）■表層～水深2000mまでの深層 ■魚、甲殻類 ■スケソウダラ、メンタイ

バケダラ［バケダラ科］
頭部は風船のようにふくらんで、やわらかくなっています。■36cm（全長）■北海道北東部、青森県～高知県、大分県／西太平洋、メキシコ湾など ■水深700～2100mの大陸斜面

トウジン［ソコダラ科］食
うろこの表面に、小さなとげが生えています。■67cm（全長）■岩手県～高知県、富山県～長崎県、沖縄トラフ／東シナ海など ■水深240～1000mの砂泥底 ■底生の小動物、甲殻類 ■ゲホ

マメ知識　タラのなかまは、基本的に海でくらす魚ですが、カワメンタイ（→P.199）１種のみが淡水域でくらしています。

ガマアンコウのなかま

お魚トーク 口が大きく、頭は幅が広く平たい。腹びれは、のどの下にある。浮き袋を使い、大きな音を出すものがいる。多くは沿岸の海底などでくらすが、汽水域や淡水域でくらすものもいる。世界の海や河川などに約80種いるが、日本にはいないぞ。

ガマアンコウ［ガマアンコウ科］
■57㎝（全長）■ホンジュラス～ブラジル北東部 ■河口近くの汽水域の砂泥底 ■魚、甲殻類

アンコウのなかま

お魚トーク 背びれの一部が釣りざおのような器官になっているものが多い。その先には魚の食べ物となる小動物に似せた疑似餌（エスカ）がついていて、小魚などをおびきよせて食べる。体はつぶれたように平たいか、卵形をしている。世界の海に約320種、日本には約90種がいるぞ。

疑似餌（エスカ） ゴカイなど、魚の食べ物に似た形をしています。

釣りざお器官 長さは個体ごとにさまざまです。

胸びれ

アンコウ［アンコウ科］食
釣りざお器官で魚をおびきよせ、丸のみにします。■70㎝ ■北海道～九州／西太平洋、インド洋など ■水深30～510mの大陸棚・大陸斜面の砂泥底 ■底生の小動物 ■クツアンコウ

▲稚魚。ひれが大きく、海中をただよってくらします。

▶砂底でじっとして、小魚が近づいてくるのを待つアンコウ。まわりの環境に合わせて、体色が変化します。

▼泳ぐアンコウ。

腹びれ

▼キアンコウの稚魚。アンコウの稚魚によく似ています。

キアンコウ［アンコウ科］食
■100㎝ ■北海道～九州／東シナ海、南シナ海など ■水深30～560mの大陸棚・大陸斜面の砂泥底 ■魚、底生の小動物 ■ホンアンコウ

▶マイワシ（→P.48）をとらえたキアンコウの成魚。

大きさチェック

■体長 ■分布 ■生息域 ■食べ物 ■別名 ■危険な部位 危 危険な魚 食 食用魚 絶 絶滅危惧種

ミノアンコウ ［アンコウ科］

幼魚は、全身にとても長い、皮ふが変化した突起（皮弁）が生えています。雨具の蓑をまとっているように見えるので、この名がつきました。■15㎝ ■和歌山県、慶良間列島／東シナ海 ■水深 90m までの底層

▶幼魚。ミノアンコウそのものがひじょうにめずらしく、ほとんど記録がありません。

さかなクンのギョギョ魚魚トーク

ホンフサアンコウのはく製づくり

下のお写真のホンフサアンコウ。じつは、さかなクンがつくった、はく製（標本）でギョざいます！ 大きく開く口から、骨や肉、内臓を取り出し、じょうぶな皮の中に脱脂綿を入れて、形をしっかりと整えます。かわいてからニスをぬり、お目々をつけたらできあがり！ 取り出した肉や肝臓は、感謝の気持ちをこめて、お鍋料理でいただきました。とってもおいしくて、感動いたしました～!!

◀はく製は、時間がたつにつれて美しい色があせてしまい、白くなっていきます。とれたてのときは、美しいオレンジ色でギョざいました。（さかなクン）

ホンフサアンコウ ［フサアンコウ科］

全身にひげのような突起（皮弁）が生えています。釣りざお器官は短く、先たんの疑似餌（エスカ）も小さめです。■23㎝ ■千葉県～高知県など／東シナ海、南シナ海など ■水深 30 ～ 590m の砂泥底 ■魚 ■アカフグ

アカグツ ［アカグツ科］

円ばん状の体の表面には、たくさんのとげが生えています。腹びれと胸びれを使って、歩くように海底を移動します。■30㎝ ■本州～九州／西太平洋、インド洋 ■水深 50 ～ 400m の砂底 ■底生の小動物

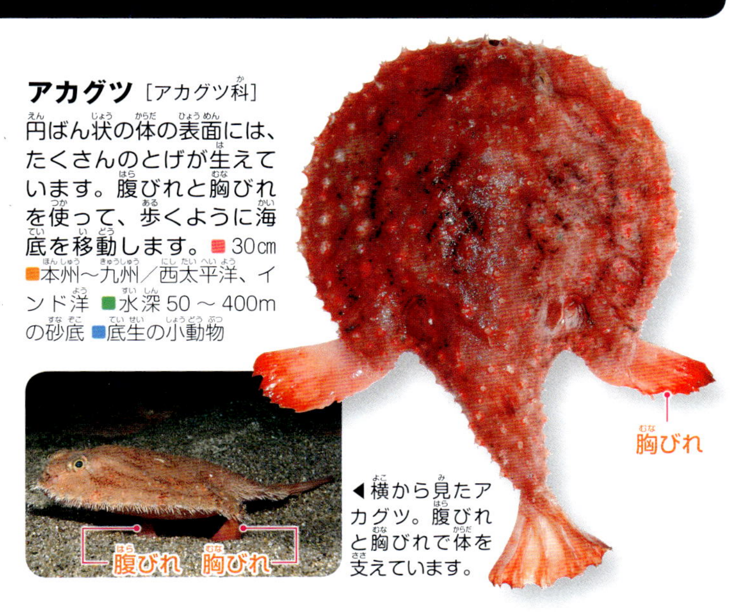

◀横から見たアカグツ。腹びれと胸びれで体を支えています。

ミドリフサアンコウ ［フサアンコウ科］ 食

敵をいかくするために、水や空気を飲みこんで、体をふくらませることがあります。■30㎝ ■千葉県～高知県、富山県、九州など／東シナ海など ■水深 80 ～ 510m の砂泥底 ■底生の小動物 ■サクラフグ

▼船上で空気を吸ってふくらんだミドリフサアンコウ。

ワヌケフウリュウウオ ［アカグツ科］

■9㎝ ■千葉県～宮崎県、島根県～九州北西部など／西太平洋など ■水深 90 ～ 740m の砂泥底 ■甲殻類、貝

◀背面

▶腹面

▶正面から見たワヌケフウリュウウオ。アカグツのように、腹びれと胸びれで体を支えます。

ガラパゴス・バットフィッシュ ［アカグツ科］

口のまわりが赤く、くちびるのように見えるのが特徴です。■20㎝ ■ガラパゴス諸島南部～ペルー ■サンゴ礁の砂底 ■底生の小動物

▲浅場に現れたチョウチンアンコウのメス。ふだんは深海にいるので、生きた姿が見られるのはとてもまれです。

アンコウのなかま

チョウチンアンコウ ［チョウチンアンコウ科］

釣りざお器官の丸いふくらみと、枝分かれした突起の先たんは、発光器になっています。オスの成魚は体長４㎝ほどで、メスに寄生します。■30㎝（メス）■北海道南部〜神奈川県／西・中央・東太平洋など■水深 600 〜 1200m の中深層・深層■魚

ビワアンコウ

［ミツクリエナガチョウチンアンコウ科］

オスの成魚は体長８〜16㎝で、メスに寄生します。■120㎝（メス）■北海道南部〜和歌山県など／太平洋、インド洋、大西洋■水深 120 〜 4400m の表層・中深層・深層■魚

▲メス

▶メス。この個体には８ぴきのオスが寄生しています。※矢印はオスが寄生している場所です。

ミツクリエナガチョウチンアンコウ ［ミツクリエナガチョウチンアンコウ科］

オスの成魚は体長８㎝ほどで、メスに寄生します。■30㎝（メス）■北海道南部〜静岡県、高知県など／太平洋、インド洋、大西洋■水深 80 〜 4000m の表層・中深層・深層■魚

深海のアンコウのふしぎな生態

深海でくらす一部のアンコウのなかまのオスは、繁殖期になると、メスの体にかみついて寄生します。オスの口はメスの体と同化し、ひれや目、消化器官も退化していき、やがてメスの体の一部になります。オスの体からは、メスの体内に精子が送られ、生殖活動が行われます。これは、同じなかまに出会う機会の少ない深海で、繁殖期が来るまでにはぐれてしまうことがないようにするためと、考えられています。

▶メスに寄生したアンコウのなかまのオス。メスの体と同化しています。

◀アンコウのなかまのオス。メスにくらべて、とても小さな体をしています。

■体長 ■分布 ■生息域 ■食べ物 ■別名 ■危険な部位 危危険な魚 食食用魚 絶絶滅危惧種

深海魚たちのふしぎな顔

深海魚とよばれる魚たちの中には、わたしたちがふだん目にしている魚たちと異なる、奇妙な姿の魚が多くいます。ここでは、とくにふしぎな顔をした深海魚たちを紹介します。

ヘビトカゲギス［ワニトカゲギス科］

ひげは動かすことができ、ひげの先の疑似餌（エスカ）でえものをおびきよせます。

アズマギンザメ［テングギンザメ科］

天狗の鼻のような、長くのびた吻をもちます。

ペリカンアンコウモドキ［クロアンコウ科］

するどく長いきばをえものの体につき刺し、一度食いついたら逃がしません。

ユメソコグツ属の一種［アカグツ科］

稚魚。稚魚のうちは、小さな体のまわりを、ふうせんのようなゼラチン質の物質がおおっています。

オニキホウボウ［キホウボウ科］

とてもかたいうろこが、全身をよろいのようにおおっています。

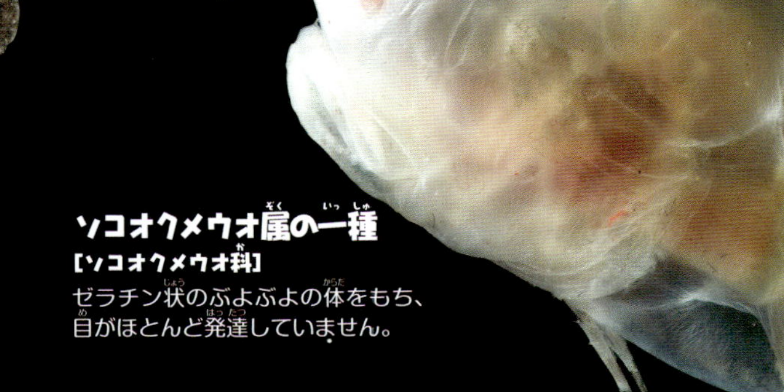

ソコオクメウオ属の一種［ソコオクメウオ科］

ゼラチン状のぶよぶよの体をもち、目がほとんど発達していません。

カエルアンコウのなかま

お魚トーク 泳ぐのは苦手で、岩やカイメンのあいだでじっとしている。移動するときは、胸びれと腹びれを手足のように使って海底を歩く。アンコウと同じように、釣りざお器官でおびきよせた魚を食べるぞ。

アンコウ目

見てみよう! DVD 魚の赤ちゃん

▼釣りざお器官をふって、小魚をおびきよせるカエルアンコウ。

カエルアンコウ
■16cm ■日本各地／西・中央太平洋、インド洋、大西洋など ■沿岸の砂底・砂泥底 ■魚

カエルアンコウは釣り名人

見てみよう! DVD 水中の名ハンター

泳ぐのが苦手なカエルアンコウは、動きまわってえものを探すことはほとんどありません。釣りざお器官を動かして小魚が近づいてくるのをじっと待ち、すばやい動きで小魚を丸のみにします。

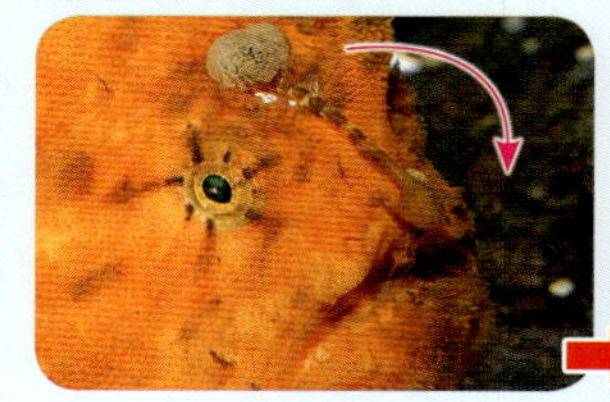

▼幼魚

◀成魚

クマドリカエルアンコウ
体の模様が目まで達していて、「隈取」という歌舞伎役者の化粧のように見えるので、この名がつきました。各ひれには、ふちどり模様もついています。
■9cm ■静岡県〜高知県、屋久島、琉球列島／西・中央太平洋、インド洋 ■沿岸の岩礁・サンゴ礁 ■魚

大きさチェック

釣りざお器官

ベニカエルアンコウ
釣りざお器官は短く、体の側面に目のような模様があります。■9cm ■千葉県〜九州南部、山口県、長崎県など／西・中央太平洋、インド洋など ■沿岸の岩礁 ■魚

カエルアンコウモドキ
釣りざお器官の先に疑似餌（エスカ）はありません。■5cm ■奄美大島／フィリピン ■サンゴ礁 ■魚

■体長 ■分布 ■生息域 ■食べ物 ■別名 ■危険な部位 危危険な魚 食食用魚 絶絶滅危惧種

※ここで紹介している魚は、すべてカエルアンコウ科です。

イロカエルアンコウ

■16cm ■静岡県〜高知県、山口県、屋久島、琉球列島など／西・中央太平洋、インド洋など ■沿岸の岩礁 サンゴ礁 ■魚

▲5mmほどの大きさのイロカエルアンコウの幼魚。

▼成魚

オオモンカエルアンコウ

とても大きくなるカエルアンコウです。■29cm ■神奈川県〜屋久島、山口県、琉球列島など／西・中央・東太平洋、インド洋 ■沿岸の岩礁・サンゴ礁 ■魚

釣りざお器官

▲成魚

▲口を大きく開けるオオモンカエルアンコウの幼魚。

ハナオコゼ

カエルアンコウのなかまではめずらしく、海面にただよう流れ藻の中でくらします。■14cm ■日本各地／西太平洋、インド洋、西大西洋など ■沿岸から沖合の表層 ■小魚、甲殻類

カスリカエルアンコウ

小型で、釣りざお器官が短いのが特徴です。■5cm ■八丈島、琉球列島／西太平洋、インド洋 ■浅場のサンゴ礁の潮だまり ■魚

釣りざお器官

いろいろなカエルアンコウのなかまを見てみよう！

カエルアンコウのなかまは、体の色や模様が個体によって大きく異なるので、観賞魚としても人気があります。

◀シマウマ模様のカエルアンコウ。

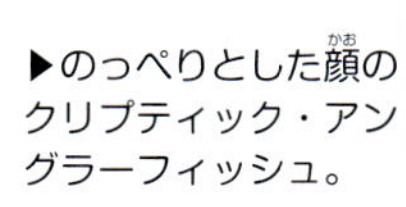

▶のっぺりとした顔のクリプティック・アングラーフィッシュ。

◀汽水域でくらし、背びれの形が特徴的なブラキッシュウォーター・フロッグフィッシュ。

▶全身に迷路のような模様の入ったサイケデリック・フロッグフィッシュ。

ダツのなかま

お魚トーク ダツのなかまは、海の表層で群れをつくるダツやサヨリ、サンマ、トビウオなどのグループと、河川でくらすメダカのなかま(→P.208)のグループに分けられる。体は細長いものが多い。世界の海や河川などに約300種、日本には約50種がいるぞ。

ダツ [ダツ科] 危 食

口の中にはするどい歯が並び、吻はわずかにわん曲しているため、口が完全には閉じません。小魚のうろこの光の反射に反応して突進するため、人が使うライトに向かってくることがあります。
■100cm（全長）■北海道～九州／南シナ海～ロシア南東部 ■沿岸の表層 ■魚 ■吻

吻

▲成魚

ハマダツ [ダツ科] 危 食

■120cm（全長）■日本各地／太平洋・インド洋・大西洋の熱帯・温帯域 ■沿岸の表層 ■魚 ■吻

▲稚魚

サヨリ [サヨリ科] 食

下あごが長くのびています。■30cm ■北海道～九州／朝鮮半島など ■沿岸の表層 ■プランクトン、落下昆虫

サンマ [サンマ科] 食

日本列島にそって、季節的な回遊をしています。夏は北に、冬は南に移動します。■35cm ■北海道～九州など／朝鮮半島東部～北太平洋、東太平洋（北部）■外洋の表層 ■プランクトン ■サイラ

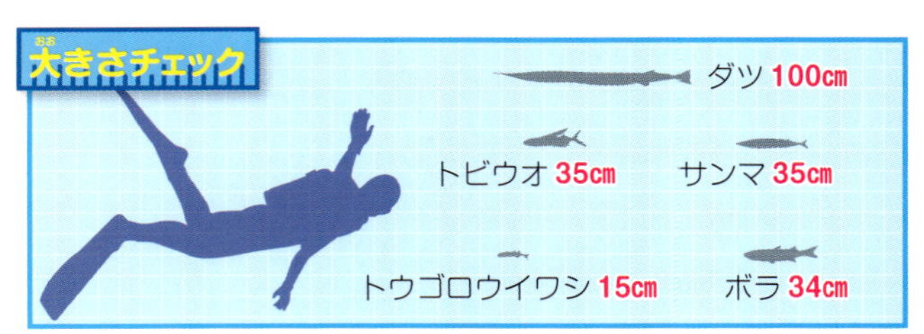

サヨリの産卵

春から夏にかけて、沿岸の藻場で産卵します。ダツのなかまの卵は、表面に細い糸がついていて、藻類などにからまるようになっています。

▲藻場で産卵するサヨリ。

▲藻類にからみつくサヨリの卵。

■体長 ■分布 ■生息域 ■食べ物 ■別名 ■危険な部位 危危険な魚 食食用魚 絶絶滅危惧種

▲滑空するトビウオのなかま。1回の滑空で300mも飛ぶことがあります。

トビウオ [トビウオ科] 食
発達した胸びれと腹びれを翼のように広げて、水上に飛び出して滑空します。■35cm（全長）■日本各地／東シナ海など ■沿岸の表層 ■プランクトン ■ホントビ

ツクシトビウオ [トビウオ科] 食
■35cm（全長）■北海道〜九州／朝鮮半島南部など ■外洋の表層 ■プランクトン

ボラのなかま

お魚トーク 群れをつくって、沿岸から汽水・淡水域を泳ぎまわる。うろこに、水の流れなどを感じることができる穴(感覚孔)がある。世界の海や河川などに約70種、日本には約20種がいるぞ。

▼成魚

ボラ [ボラ科] 食
■34cm ■日本各地／世界中の熱帯・温帯域（アフリカの大西洋側をのぞく）■沿岸の浅場、河川の汽水域・淡水域にも現れる ■海底の有機物、藻類 ■オボコ、イナ、ボラ、トド（出世魚）

▲幼魚。河川に入りこむことがあります。

フウライボラ [ボラ科] 食
■34cm ■千葉県〜屋久島、山口県、琉球列島など／西・中央太平洋、インド洋など ■浅場のサンゴ礁 ■海底の有機物、藻類

メナダ [ボラ科] 食
■38cm ■北海道〜九州／南シナ海〜ロシア南東部、千島列島南部など ■内湾の浅場、河川の汽水域にも現れる ■海底の有機物、藻類

トウゴロウイワシのなかま

お魚トーク 沿岸の岩礁や堤防の海面近くで、大きな群れをつくる。このグループの大半は、淡水域や汽水域でくらしている。世界の海や河川に約310種、日本には約10種がいるぞ。

トウゴロウイワシ [トウゴロウイワシ科]
■15cm ■青森県・新潟県〜屋久島など／西太平洋、インド洋など ■沿岸の浅場 ■プランクトン

◀砂浜にもぐるメスと、それをかこむオス。

カリフォルニア・グルニオン [トウゴロウイワシ科]
産卵期をむかえると、何千びきという群れで砂浜に上がります。メスは砂の中にもぐって産卵し、オスはメスの体に巻きついて放精します。卵はそのまま砂浜に残り、潮が満ちるころにふ化して、仔魚は波にのって海へ帰っていきます。■19cm（全長）■カリフォルニア州南部、メキシコ北西部など ■沿岸 ■プランクトン ■グルニオン

キンメダイのなかま

お魚トーク　大きな頭と目をもち、とげのあるざらざらとしたうろこをもつものが多い。沿岸の浅場から深海でくらし、発光器や、光が当たると金色に光る目をもつものもいる。世界の海に約140種、日本には約60種がいるぞ。

キンメダイ ［キンメダイ科］食
沿岸で育ち、成長とともに深場へ移動していきます。■50cm ■北海道南部～高知県、新潟県、富山県など／太平洋、インド洋、大西洋 ■水深100～800mの岩礁 ■魚、イカやタコ、甲殻類 ■マキンメ、アカギ

イットウダイ
［イットウダイ科］食
■17cm ■神奈川県～屋久島など／西・中央太平洋 ■岩礁 ■底生の小動物 ■カノコウオ

アカマツカサ
［イットウダイ科］
■24cm ■屋久島、琉球列島など／西・中央太平洋、インド洋など ■サンゴ礁 ■魚、甲殻類

トガリエビス ［イットウダイ科］
大型で、えらぶたにするどいとげがあります。■36cm ■和歌山県、屋久島、琉球列島など／西・中央太平洋、インド洋など ■岩礁、サンゴ礁 ■小動物 ■マシラア、マシラカー

ハシキンメ ［ヒウチダイ科］食
■20cm ■青森県、茨城県～高知県、長崎県／東シナ海、南シナ海 ■水深150～700mの底層 ■小動物 ■オタフク、ヨロイウオ、ゴソ

マツカサウオ ［マツカサウオ科］
とげのある大きくてかたいうろこに全身がおおわれているようすが、マツカサ（松ぼっくり）に似ているので、この名がつきました。■14cm ■日本各地／西太平洋、インド洋など ■浅場の岩礁 ■甲殻類 ■ヨロイウオ

マツカサウオの発光器は、なぜ光る？

マツカサウオやヒカリキンメダイなどがもつ発光器は、そのものが光るわけではなく、発光器の中の発光バクテリアが光っています（バクテリアとの共生）。このバクテリアは、生まれつきあるものではなく、成長するあいだに共生するようになります。

▲マツカサウオのなかまの発光器。

ヒカリキンメダイ
［ヒカリキンメダイ科］
■17cm ■千葉県、八丈島、琉球列島／西・中央太平洋 ■深海の岩礁 ■小動物

オニキンメ ［オニキンメ科］
上下のあごにするどい歯があり、口を閉じることができません。■9cm ■北海道南部～福島県／太平洋・インド洋・大西洋の温帯域 ■深海の中層・底層 ■魚、甲殻類

大きさチェック

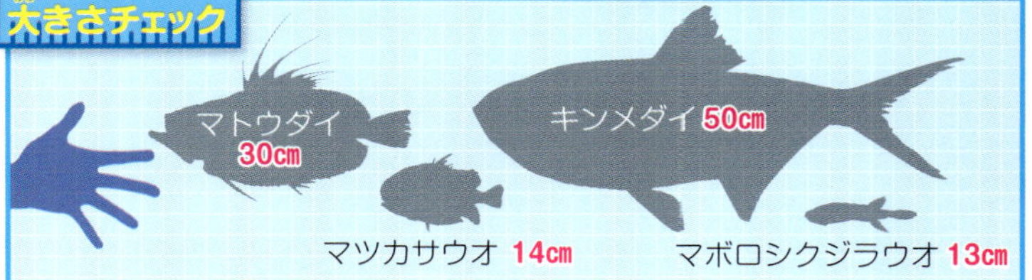

■体長 ■分布 ■生息域 ■食べ物 ■別名 ■危険な部位 危険な魚 食用魚 絶滅危惧種

カンムリキンメダイのなかま

お魚トーク 陸からはなれた外洋の深海でくらしているものが多く、目が退化してなくなってしまったものもいるぞ。

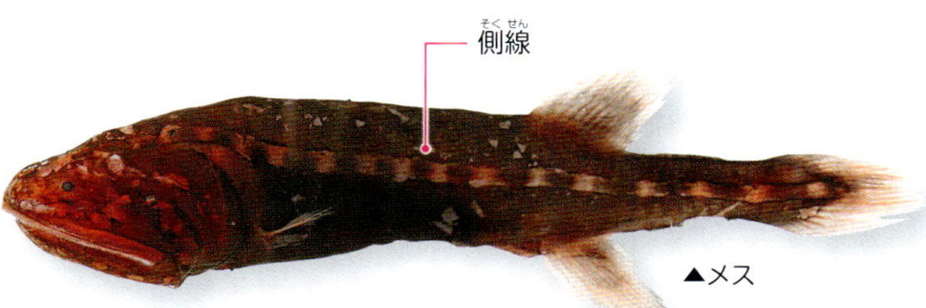

▲メス

マボロシクジラウオ［クジラウオ科］

深海の中層を泳いでくらしています。頭部や体をとおる側線が太い管状で、大きな穴があいています。退化している目のかわりに、この穴で水の流れを感じて、ほかの生き物の動きをとらえると考えられています。■13cm ■日本海溝（宮城県沖）、九州・パラオ海嶺（九州南東部沖）／タスマン海、南モザンビーク海膨（インド洋）、ケープ海盆（大西洋）■外洋 ■甲殻類

3つの科は、じつは家族だった!?

クジラウオ科とソコクジラウオ科とトクビレイワシ科の魚は、別の種類だと考えられていました。しかし、クジラウオ科はメス、ソコクジラウオ科はオス、トクビレイワシ科は仔魚しか発見されませんでした。調査をしてみると、それぞれ異なる形をしていますが、3つの科はすべて、クジラウオ科であることがわかったのです。

▲クジラウオ科のオス（以前のソコクジラウオ科）。

▲クジラウオ科の仔魚（以前のトクビレイワシ科）。

ウロコカブトウオ［カブトウオ科］

中層を泳いでくらしています。■7cm ■宮城県、茨城県、小笠原諸島、九州・パラオ海嶺（九州南東部沖）／太平洋・インド洋・大西洋の熱帯・亜熱帯域■水深400～1500mの中深層・深層 ■プランクトン

マトウダイのなかま

お魚トーク 体高が高く、平たい体をしている。上あごを大きくのばすことができる。世界の海に32種、日本には約10種がいるぞ。

◀幼魚。生後しばらくは浅場でくらし、成長すると深場へ移動します。

▼成魚

▲筒状にのばした口で、魚やエビを吸いこむようにして丸のみにします。

マトウダイ［マトウダイ科］食

見てみよう! DVD 海水浴場の魚たち

体の黒い模様が弓の的のように見えるので、この名がつきました。■30cm ■北海道～九州／西太平洋、インド洋、東大西洋など ■水深30～400mの大陸棚・大陸斜面 ■魚、甲殻類、イカ ■マトダイ、クルマダイ

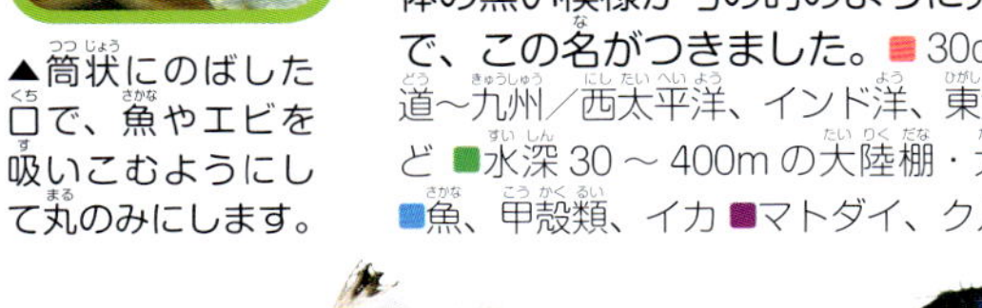

ベニマトウダイ［ベニマトウダイ科］

■25cm ■千葉県～九州南部など／西・中央太平洋、西インド洋など ■水深140～510mの表層・中深層 ■魚

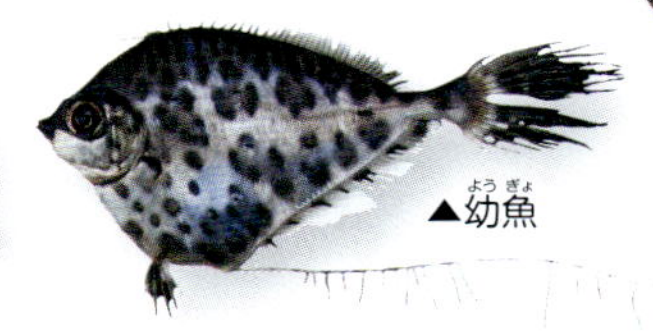

▲幼魚

オオヒシマトウダイ［ヒシマトウダイ科］

■32cm ■静岡県～高知県／西・中央太平洋、大西洋など ■水深400～1000mの中深層

▶幼魚

▼成魚

カガミダイ［マトウダイ科］食

■50cm ■北海道～九州など／西・中央太平洋など ■水深40～800mの砂れき底 ■魚、甲殻類 ■ギンカガミ、ギンマトウ、ワニウオ

トゲウオのなかま

トゲウオ目

お魚トーク　体の形はさまざまで、とても魚とは思えないものもいる。多くのものが長い吻をもち、その先にある小さな口をスポイトのように使い、プランクトンなどを食べる。海と淡水域を行き来するものもいる。世界の海や河川などに約280種、日本には約80種がいるぞ。

タツノオトシゴ 絶

藻類のしげった藻場などでくらしています。流れ藻につくこともあります。■10㎝（高さ）■青森県～和歌山県・九州西部など／朝鮮半島南部など■沿岸の浅場の藻場■プランクトン■ウマ、ウミウマ、リュウグウノコマ

◀幼魚

▲成魚

タツノオトシゴのなかま

お魚トーク　体は、かたい板状の骨（骨板）でおおわれている。尾がムチのように長く、尾びれはない。尾を藻類などに巻きつけることができ、立ち泳ぎをする。漢方薬の材料（→P.72）として乱獲されていて、絶滅が心配されているぞ。

オオウミウマ 絶

■25㎝（高さ）■神奈川県～屋久島、石川県、島根県、山口県など／西太平洋、インド洋など■水深40mまでの岩礁■小魚、小型の甲殻類

▶正面

◀横

イバラタツ 絶

体中に、とげのような突起があります。■13㎝（高さ）■神奈川県～屋久島など／西・中央太平洋、インド洋■水深40mまでの岩礁■プランクトン

ハナタツ 絶

体中に枝分かれした突起（皮弁）があります。■8㎝（高さ）■神奈川県～和歌山県、山口県■水深30mまでの岩礁■プランクトン

大きさチェック

ピグミー・シーホース 2㎝

タツノオトシゴ 10㎝

オオウミウマ 25㎝

■体長　■分布　■生息域　■食べ物　■別名　■危険な部位　危 危険な魚　食 食用魚　絶 絶滅危惧種

ショートヘッド・シーホース 絶
■15cm（全長）■オーストラリア南部・西部 ■岩礁の藻場 ■プランクトン

ビッグベリー・シーホース 絶
大きなおなかが特徴です。■35cm（全長）■オーストラリア（北部をのぞく）、ニュージーランド ■岩礁の浅場の藻場 ■プランクトン

◀体にヤギ類と同じような突起があり、かくれています（擬態、→P.163）。

ピグミー・シーホース 絶
成長しても2cmほどにしかならない、小さなタツノオトシゴのなかまです。潮通しのよい岩礁やサンゴ礁に生えているヤギ類（サンゴのなかま）について、くらしています。■2cm（全長）■八丈島、和歌山県、高知県、屋久島、琉球列島、小笠原諸島など／西太平洋、インド洋 ■水深16～40mの岩礁・サンゴ礁 ■プランクトン

タツノオトシゴのなかまの出産

タツノオトシゴのオスの腹部には、「育児のう」という袋があります。メスはそこに卵を産みつけ、オスは卵がふ化するまで育てます。

ショートヘッド・シーホースの出産

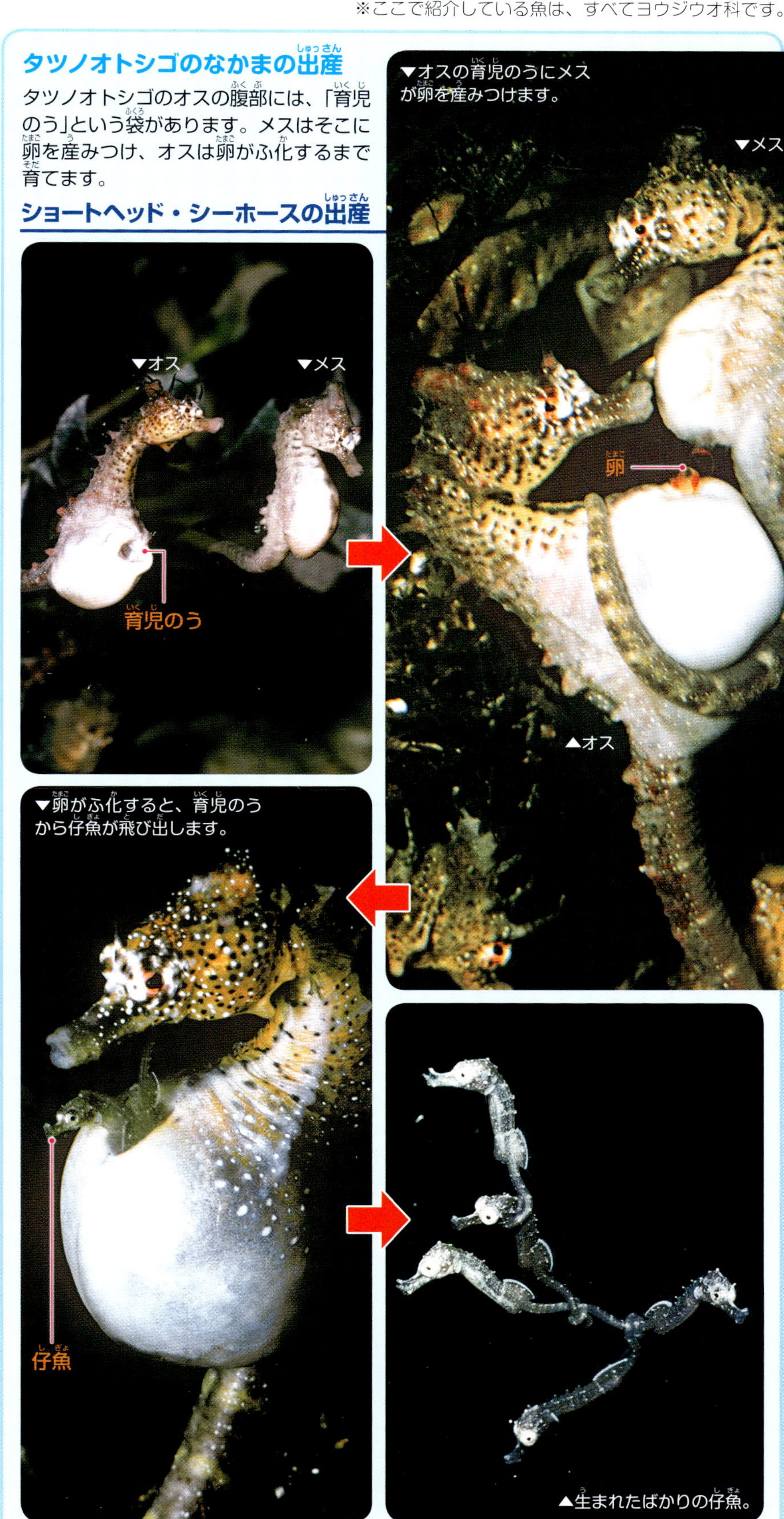

▼オスの育児のうにメスが卵を産みつけます。

▼卵がふ化すると、育児のうから仔魚が飛び出します。

▲生まれたばかりの仔魚。

マメ知識 タツノオトシゴは、馬の頭部のように見えるので、「ウミウマ（海馬）」という別名があります。英語でも「シーホース（海の馬）」とよばれます。

ヨウジウオのなかま

お魚トーク　体は細長く、かたい板状の骨(骨板)でおおわれている。卵は、オスの育児のうや腹部に直接産みつけられ、オスはふ化するまで守り続けるぞ。

▼成魚

▼幼魚

リーフィー・シードラゴン

体中に藻類のような、皮ふが変化した突起（皮弁）があります。■35cm（全長）■オーストラリア南部 ■沿岸の藻場 ■小型の甲殻類

◀リーフィー・シードラゴンは、くらしている環境によって体色が変わります。

◀成魚

卵

▲幼魚

ウィーディー・シードラゴン

■46cm(全長) ■オーストラリア南部、タスマニア島 ■沿岸の藻場・サンゴ礁 ■小型の甲殻類

リーフィー・シードラゴンの産卵と子育て

見てみよう！ DVD 驚きの産卵術

リーフィー・シードラゴンのオスは、数百個の卵を尾部につけて、2か月ものあいだ、守り続けます。

◀卵を守るオス。

卵

▲ふ化しはじめた卵。

▲生まれて間もない仔魚。

■体長 ■分布 ■生息域 ■食べ物 ■別名 ■危険な部位 危 危険な魚 食 食用魚 絶 絶滅危惧種

※ここで紹介している魚は、すべてヨウジウオ科です。

ヨウジウオ

■29cm ■北海道〜九州など／東シナ海、南シナ海など ■内湾の藻場、河川の汽水域 ■小型の甲殻類 ■タケウマ、ツツミトウシ

見てみよう！ DVD 魚たちの化かし合い

▶ヨウジウオのなかまは、管状の吻の先の口で、小型の甲殻類を吸いこむように食べます。

イシヨウジ

■20cm ■神奈川県〜屋久島、新潟県、山口県、琉球列島／西太平洋、インド洋 ■浅場のサンゴ礁・岩礁 ■小型の甲殻類

オイランヨウジ

岩かげや、サンゴのまわりを泳ぎまわります。■18cm ■静岡県、和歌山県、山口県、屋久島、琉球列島／西太平洋など ■岩礁、サンゴ礁 ■小型の甲殻類

ヒバシヨウジ

ほかの魚の寄生虫を食べ、クリーニングをします。■7cm ■静岡県、高知県、山口県、屋久島、琉球列島など／太平洋、インド洋 ■岩礁、サンゴ礁 ■小型の甲殻類

ハシナガチゴヨウジ

■4cm ■沖縄諸島／西・中央太平洋、インド洋など ■浅場のサンゴ礁 ■小型の甲殻類

タツウミヤッコ

体の節にある皮ふが変化した突起（皮弁）と体の模様で、藻類などのふりをしています（擬態、→P.163）。■10cm ■静岡県、山口県、琉球列島／西太平洋など ■サンゴ礁の藻場・れき底 ■小型の甲殻類

タツノイトコ

藻類に尾を巻きつけてくらしています。■10cm（全長） ■神奈川県〜高知県、山口県、長崎県、琉球列島など／西太平洋 ■岩礁、砂底 ■小型の甲殻類

オクヨウジ

アマモ類（海草）に、尾を巻きつけてくらしています。■15cm ■本州〜九州など／朝鮮半島南部、中国北東部 ■内湾の藻場 ■小型の甲殻類

大きさチェック

リーフィー・シードラゴン 35cm

オイランヨウジ 18cm

ヨウジウオ 29cm

カミソリウオのなかま

ニシキフウライウオ
[カミソリウオ科]
頭を下に向けて、ウミシダ類やウミトサカ類といった藻類のふりをしています（擬態、→P.163）。■12cm（全長）■神奈川県～高知県、長崎県、屋久島、琉球列島／西太平洋、インド洋など■沿岸の岩礁■プランクトン

お魚トーク ペアでいることが多く、メスはオスよりも体が大きい。タツノオトシゴのなかまとちがい、メスが大きな腹びれを育児のう（→P.69）にして、卵を守るぞ。

▲すきとおった体の幼魚。

▲卵がつまったメスの育児のう。

カミソリウオ [カミソリウオ科]
藻類や枯れ葉などのふりをしています（擬態）。■11cm（全長）■神奈川県～屋久島、琉球列島など／西太平洋、インド洋など■沿岸の岩礁・砂底、サンゴ礁の砂底・藻場■プランクトン

▼オス
▲メス

ウミテングのなかま

お魚トーク 体は、かたい板状の骨（骨板）でおおわれ、脱皮のように、皮ふがはがれ落ちることがある。吻は平たく、長くのびている。細い腹びれを足のように使い、海底を這うように移動するぞ。

ウミテング
[ウミテング科]
■8cm■神奈川県～屋久島、山口県、長崎県、琉球列島など／西・中央太平洋、インド洋など■沿岸の浅場の砂底■小動物■ウミスズメ

▲ペアでいることも多いウミテング。

▲幼魚。生まれたばかりのときは吻が短い。

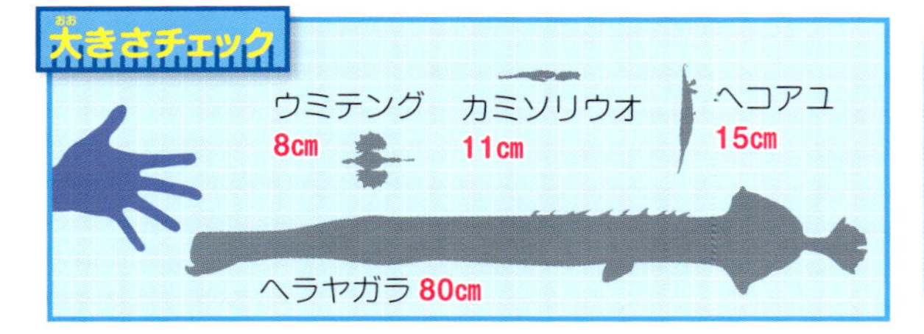

薬にもなる、トゲウオのなかま
中国では、タツノオトシゴやヨウジウオ、ウミテングなどを、乾燥させてから粉末にして、漢方薬の材料に使います。疲労を回復したり、腎臓の機能を上げたりと、さまざまな効能があるとされています。

■体長 ■分布 ■生息域 ■食べ物 ■別名 ■危険な部位 危危険な魚 食食用魚 絶絶滅危惧種

ヘコアユ、サギフエのなかま

お魚トーク 体は平たく、小さなうろこや板状の骨（骨板）でおおわれている。ふだんは逆立ちや頭を下げた体勢でゆったりと泳ぐが、危険を感じると、横向きですばやく泳ぐぞ。

◀成魚

ヘコアユは群れをつくり、頭を下に向けた体勢で泳ぎます。

▲稚魚

ヘコアユ ［ヘコアユ科］

■15cm（全長）■神奈川県～屋久島、琉球列島／西・中央太平洋、インド洋 ■サンゴ礁の砂底 ■プランクトン

サギフエ ［サギフエ科］

体をななめにかたむけて、ゆっくり泳ぎます。■15cm ■北海道南部～九州南部・兵庫県／東シナ海など ■水深500mまでの砂底 ■底生の小動物 ■ウグイス

ヤガラなどのなかま

お魚トーク ヤガラのなかまの多くは、体が長く、管状の吻で魚を丸のみにする。クダヤガラは、産卵期になるとマボヤの体内に産卵する。シワイカナゴは、沿岸の藻類に産卵し、オスが卵を守るぞ。

ヘラヤガラ ［ヘラヤガラ科］

藻類のあいだや岩かげで逆立ちの姿勢で静止したり、ほかの大きな魚によりそって泳いだりする習性があります。■80cm ■神奈川県～屋久島、福井県、琉球列島など／太平洋、インド洋 ■サンゴ礁 ■小魚、甲殻類 ■カクヤガラ、タツノコ、トランペットフィッシュ

▲黄色個体

▲吻をトランペットのように広げ、魚を丸のみにします。

▲えものの魚に見つからないように近づくため、ほかの魚の上によりそいます。

アオヤガラ ［ヤガラ科］

■100cm ■日本各地／太平洋、インド洋など ■沿岸の浅場 ■小魚 ■フエフキ

シワイカナゴ ［シワイカナゴ科］

■9cm ■北海道～神奈川県・新潟県など／朝鮮半島東部～ロシア南東部など ■沿岸の浅場の藻場 ■甲殻類 ■アカウオ、モウオ

クダヤガラ ［クダヤガラ科］

■13cm ■北海道～三重県・長崎県など／朝鮮半島南部など ■沿岸の浅場の藻場 ■甲殻類 ■クマダス

魚の主役 スズキ目の体のしくみ

硬骨魚類は、すぐれた運動能力で海や河川のいたるところに進出し、魚類の大部分をしめるようになりました。スズキ目を題材に、硬骨魚類の体のしくみを見ていきましょう。

すぐれた運動能力を支える体

スズキ目の魚は、じょうぶな骨格、推進力を生み出すひれ、軽くてうすいうろこなどをもちます。これらが組み合わさることで、水中を速く泳ぐことができ、効率的にえものをとらえられるようになったのです。

骨格 かたい脊椎(背骨)やろっ骨を中心とした、多くの骨でつくられた骨格が、力強い動きを実現させています。

浮き袋

肝臓

胃

心臓

口 それぞれが食べるものを効率よくとらえられるように、口の形状は多様化しています。

えら・えらぶた 体の中のえらを、板状の骨でできたえらぶたがおおっています。

幽門垂 硬骨魚類だけがもつ消化器官で、胃と腸のあいだにあります。

ハリセンボン
(→ P.166)

◀スズキ目の中にも、櫛鱗や円鱗以外のうろこをもつものがいます。ハリセンボンのとげは、うろこが細長い形に変化したもの(棘鱗)です。

うろこ

うろこの役割は、体の表面に傷がつくのをふせぎ、寄生虫から身を守ることです。スズキ目の軽くてうすいうろこ(櫛鱗または円鱗)は、水の抵抗をおさえ、運動能力を上げるのにも役立っています。

櫛鱗 一部に細かいとげのついたうろこ。

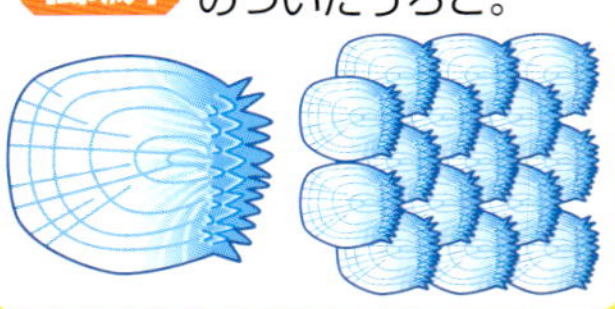

円鱗 表面がなめらかな円形のうろこ。

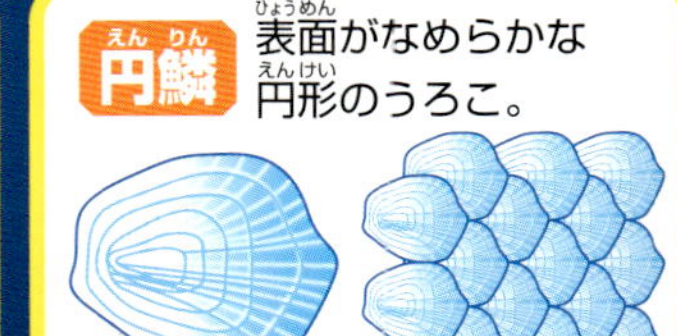

腸

食べたものの消化や吸収を行います。食べるものによって、腸の長さが異なります。

側線

体の横に線のようにつらなる、小さな管の集まりです。管の中には神経とつながったゼリー状の器官があり、そこで水の動きや水圧の変化を感じます。敵やえものの位置を知ったり、体のバランスをとったりするのに役立ちます。

ひれがたくさんついているのはなぜ？

魚は、体のさまざまな場所に、いくつものひれがついています。ひれは場所ごとに異なる役割があり、それらをうまく組み合わせて動かすことで、魚は速く泳げるのです。種にもよりますが、スズキ目の多くの魚では、下の図のように役割が分かれています。

ひれの名前と役割

背びれ・しりびれ

泳ぐ方向を決める舵の役割をはたします。

胸びれ・腹びれ

体のバランスをとり、平行に保つ役割をはたします。

尾びれ

前に進む力を生み出す役割をはたします。

カサゴのなかま

お魚トーク　もとはカサゴ目というグループだったが、分類が変わり、スズキ目に組み入れられた。頭部をおおう板状の骨（骨板）、ひれのするどいとげ（棘条）などが特徴だ。

スズキ目

アカメバル ［メバル科］食
目が大きく張り出した姿から、メバルの名がつきました。藻場で群れをつくってくらしています。■18cm ■北海道西部、本州～九州／朝鮮半島南東部など ■沿岸の藻場 ■小魚、甲殻類 ■メバル、キンメバル

クロソイ ［メバル科］食
■40cm ■北海道～高知県・九州西部など／東シナ海～ロシア南東部、樺太など ■岩礁 ■魚、甲殻類、イカ

アコウダイ ［メバル科］食
■51cm ■北海道西部、青森県～高知県、新潟県、富山県など／千島列島など ■大陸斜面上部の岩礁 ■貝、甲殻類 ■アコウ、メヌケ

オオサガ ［メバル科］食
■60cm ■北海道（西部をのぞく）～千葉県／千島列島など ■水深200～1300mの大陸斜面の岩礁 ■魚、イカ ■サンコウメヌケ

メバル、キチジのなかま

お魚トーク　メバルのなかまは、サメやエイ以外ではめずらしく、おなかの中で卵をふ化させて稚魚を産む胎生の魚だ。食用にされる魚が多いぞ。

3色のメバル

日本では長く食用魚として親しまれてきたメバル。かつては、くらしている環境によって、体色が変わると考えられていました。しかし、色だけではなく体の特徴にもちがいがあることがわかり、今ではアカメバル、クロメバル、シロメバルという３つの種に分類されています。

▲クロメバル

▲シロメバル

タケノコメバル ［メバル科］食
■35cm ■北海道～高知県・九州西部／朝鮮半島南部・東部 ■浅場の岩礁 ■魚、小動物 ■キンノス

トゴットメバル ［メバル科］食
■15cm ■北海道南部～高知県・九州北西部など／南シナ海など ■岩礁 ■プランクトン、小魚 ■オキメバル

メヌケってどんな意味？

アコウダイやオオサガなど深海でくらす魚たちは、深場から一気に引き上げられると、水圧の変化に体がたえられず、目が飛び出してしまうことがあります。メヌケという別名は、このことが由来です。

■体長 ■分布 ■生息域 ■食べ物 ■別名 ■危険な部位 危危険な魚 食食用魚 絶絶滅危惧種

カサゴ ［メバル科］食
深い場所でくらすものほど、体色の赤みが強くなります。■25cm ■北海道～九州など／東シナ海、南シナ海など ■岩礁、サンゴ礁、砂泥底 ■小魚、甲殻類 ■ガシラ

キチジ ［キチジ科］食
メバルのなかまに似ていますが、別のグループの魚です。卵生。■30cm ■北海道（西部をのぞく）、青森県～三重県など／北太平洋（西部）など ■水深100～1500mの大陸棚・大陸斜面 ■小魚、甲殻類 ■キンキ、キンキン

フサカサゴのなかま

お魚トーク　ひれのとげ（棘条）に毒をもつものが多い。ひれを大きく広げて泳ぎまわるミノカサゴのなかまや、海底でえものを待ちぶせするオニカサゴのなかまがいるぞ。

ミノカサゴ ［フサカサゴ科］危
地方によっては、食用にされます。■20cm ■北海道西部、本州～九州など／西太平洋など ■岩礁、砂底、砂泥底 ■小魚 ■ヤマノカミ ■ひれのとげに毒

▶幼魚

ネッタイミノカサゴ
［フサカサゴ科］危
胸びれのとげが、糸状に長くのびています。■15cm ■千葉県・山口県以南／西・中央太平洋、インド洋など ■岩礁、サンゴ礁 ■小魚 ■ひれのとげに毒

見てみよう！ DVD 魚たちの化かし合い

ハナミノカサゴ ［フサカサゴ科］危
目の上に、皮ふが変化した突起（皮弁）が角のようにつき出しています。■29cm ■千葉県・富山県以南／西・中央太平洋、東インド洋など ■岩礁、サンゴ礁 ■小魚 ■ひれのとげに毒

見てみよう！ DVD 海水浴場の魚たち

大きさチェック
ミノカサゴ 20cm
アコウダイ 51cm
クロソイ 40cm
アカメバル 18cm

フサカサゴのなかま

オニカサゴ ［フサカサゴ科］ 危 食

体色や模様は保護色になっていて、じっとしていると、岩と見分けがつきません。■22cm ■千葉県〜鹿児島県など／東シナ海、南シナ海 ■岩礁、サンゴ礁 ■魚、甲殻類 ■ひれのとげに毒

サツマカサゴ
［フサカサゴ科］ 危

体色は、岩や小石に似た保護色になっています。■18cm ■千葉県・山口県以南／西太平洋、東インド洋 ■岩礁、砂底 ■小魚、小動物 ■ひれのとげに毒

ボロカサゴ ［フサカサゴ科］

個体によって、皮ふが変化した突起（皮弁）の数や形はさまざまで、体色も大きくちがいます。脱皮のように、皮ふがはがれ落ちることがあります。■18cm ■静岡県〜高知県など／西太平洋、インド洋など ■岩礁、サンゴ礁 ■小動物

フサカサゴ ［フサカサゴ科］

■27cm ■北海道西部、本州〜九州など／西太平洋など ■水深 30 〜 1000m の岩礁・砂底 ■小魚、甲殻類

ダンゴオコゼ ［フサカサゴ科］

サンゴの枝のあいだでくらしています。体に毛のような突起があります。■4cm ■高知県、吐噶喇列島、宮古列島など／西・中央太平洋など ■サンゴ礁 ■小動物

毒をもつ魚たち

魚には、体の一部に毒をもつものが数多くいます。これは、大きな魚に食べられないようにするため（自己防衛）であると考えられています。

とげに毒

カサゴやオコゼのほかに、ゴンズイ、アイゴ、エイなどは、ひれや尾のとげに毒があります。もっとも強い毒をもつオニダルマオコゼの場合、人間が刺されるとはげしく痛み、刺された場所がはれ上がります。呼吸困難やけいれんを起こし、死亡することもあります。

オニカサゴの毒のとげがある部位

背びれ
腹びれ
しりびれ

※ 種によって、顔のとげにも毒がある場合があります。

体の中に毒

フグの毒（テトロドトキシン）は強力で、人体に入ると体がしびれていき、意識がなくなり死亡することもあります。このほかに、熱帯域の魚に見られるシガテラ毒（→P.96）などもあります。

体をおおう粘液に毒

魚の体の表面をおおう粘液に毒がある場合があります。食べようとした敵がはき出すため、身を守るのに役立っています。また、人体に入ると食中毒の原因になる可能性があります。このタイプの毒をもつ魚には、ハコフグやウシノシタ（カレイのなかま）などがいます。

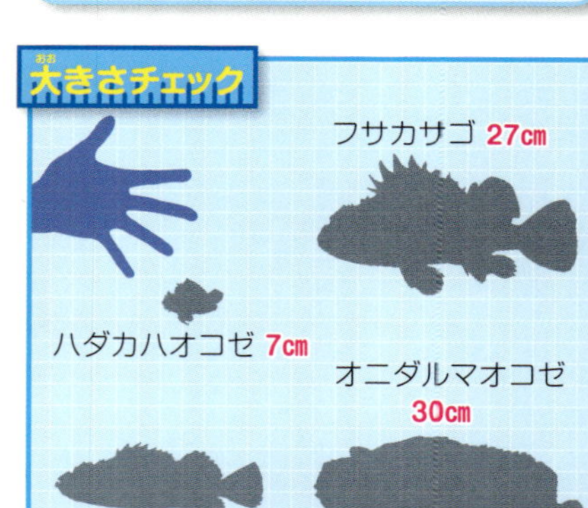

■体長 ■分布 ■生息域 ■食べ物 ■別名 ■危険な部位 危 危険な魚 食 食用魚 絶 絶滅危惧種

ハダカハオコゼ [フサカサゴ科] 危
個体によって体色はさまざまです。脱皮のように、皮ふがはがれ落ちることがあります。■7cm ■高知県、屋久島、琉球列島／西・中央太平洋、インド洋など ■岩礁、サンゴ礁、砂底 ■小動物 ■ひれのとげに毒

オコゼのなかま

お魚トーク 体にはうろこがなく、背びれのとげ(棘条)には猛毒がある。体の形や動きで、枯れ葉や岩に化ける擬態(→P.163)の名人もいるぞ。

見てみよう！ DVD 魚たちの化かし合い

ツマジロオコゼ 危
[ハオコゼ科]
波の動きに合わせて体を左右にゆらし、枯れ葉や藻類のふりをしています（擬態）。■8cm ■静岡県～高知県、屋久島、琉球列島など／西太平洋、インド洋 ■岩礁、サンゴ礁 ■底生の小動物 ■ひれのとげに毒

ハオコゼ 危
[ハオコゼ科]
個体によって体色はさまざまです。■9cm ■本州～九州／東シナ海など ■浅場の藻場・岩礁 ■底生の小動物 ■イッスン ■ひれのとげに毒

オニダルマオコゼ [オニオコゼ科] 危
上を向いた目と口だけを出して砂にもぐり、えものを待ちぶせします。■30cm ■屋久島、琉球列島など／西・中央太平洋、インド洋など ■浅場の岩礁・サンゴ礁 ■魚、小動物 ■イシアファー ■背びれのとげに猛毒

ヒメオニオコゼ [オニオコゼ科] 危 食
指のようになっている胸びれの一部と尾びれを使い、海底を這うように進みます。藻類のついた石のふりをして（擬態）、えものを待ちぶせします。■15cm ■琉球列島／西太平洋など ■沿岸の砂底・砂泥底・岩礁 ■魚、小動物 ■背びれのとげに猛毒

ホウボウ、セミホウボウのなかま

お魚トーク 頭部が板状の骨（骨板）でおおわれていて、胸びれが大きい。ホウボウのなかまは、胸びれの一部のすじ（軟条）が分離していて、指のようになっている。セミホウボウのなかまは、大きな胸びれをマントのように広げ、すべるように海底を泳ぐぞ。

▲真上から見たホウボウ。胸びれには、青や緑のあざやかな色がついています。

ホウボウ ［ホウボウ科］ 食

胸びれからはなれているすじ（軟条）には感覚器官があり、これを使って砂の中の小動物を探して食べます。体内の浮き袋を使い、「ボーボー」という音を出すことができます。■40㎝ ■北海道～九州／東シナ海、南シナ海など ■砂泥底 ■底生の小動物 ■キミウオ

セミホウボウ ［セミホウボウ科］

名前にホウボウとありますが、ホウボウのなかまとはちがうグループの魚です。■35㎝ ■北海道西部、本州～九州、沖縄島など／西・中央太平洋、インド洋など ■砂泥底 ■底生の小動物

コチのなかま

お魚トーク 頭と体は押しつぶされたように平たく、尾部が長い。下あごが上あごより前に出ている。成長にともない、オスからメスへ性転換（→P.85）をするものがいるぞ。

マゴチ ［コチ科］ 食

体に細かいまだら模様があります。砂にもぐって、近づいてきた魚をとらえます。■35㎝ ■本州～九州 ■水深30mまでの砂底 ■魚 ■コチ、クロゴチ

ワニゴチ ［コチ科］ 食

■50㎝ ■千葉県～九州南部など／東シナ海、南シナ海 ■水深35mまでの砂泥底 ■底生の小動物

エンマゴチ ［コチ科］

■50㎝ ■山口県、琉球列島など／南シナ海など ■浅場の藻場、サンゴ礁の砂底、汽水域にも現れる ■魚、底生の小動物

大きさチェック

ホタルジャコ 14㎝ マゴチ 35㎝ ホウボウ 40㎝ スズキ 80㎝ オオクチイシナギ 2m

■体長 ■分布 ■生息域 ■食べ物 ■別名 ■危険な部位 危 危険な魚 食 食用魚 絶 絶滅危惧種

スズキ、ホタルジャコなどのなかま

スズキのなかまは、かたくてじょうぶな骨格をもち、体はやや細めで背びれが２つある。また、上あごは飛び出してのびるようになっている。これらは、ほかのスズキ目の魚の多くに見られる特徴でもあるぞ。

スズキ ［スズキ科］ 食

若魚は、汽水域や河川にも入ります。■80cm ■北海道～九州／朝鮮半島南部 ■沿岸の岩礁、内湾 ■魚、甲殻類

スズキは出世魚

成長するにつれてよび名が変わる魚を「出世魚」といいます。地域によってよび名が異なり、関東地方では、大きさが20cm未満のものをコッパ、25cmほどのものをセイゴ、35cmほどのものをフッコ、60cm以上のものをスズキとよびます。

ヒラスズキ ［スズキ科］ 食

■80cm ■茨城県・石川県～屋久島など ■沿岸の岩礁 ■魚、甲殻類

タイリクスズキ ［スズキ科］ 食

体には、うろこよりも大きな黒いはん点があります。日本では、食用に養殖されています。■80cm ■東シナ海、南シナ海など ■沿岸の浅場、汽水域や河川にも現れる ■魚、甲殻類 ■ホシスズキ

ホタルジャコ ［ホタルジャコ科］ 食

腹部に、発光器があります。■14cm ■千葉県～高知県、九州など／西太平洋、インド洋など ■大陸棚 ■小魚、エビ、イカ

アカムツ ［ホタルジャコ科］ 食

はがれやすい、大きなうろこをもっています。口の中が黒いので、ノドグロともよばれます。■20cm ■北海道南部、本州～九州など／西太平洋など ■水深60～600mの大陸棚・大陸斜面 ■魚、エビ ■ノドグロ

オオクチイシナギ ［イシナギ科］ 危 食

成長とともに深場に移動し、産卵期をむかえると浅場まで上がってきます。■2m ■北海道～九州など／朝鮮半島南部・東部など ■水深400～600mの岩礁 ■魚、イカ ■イシナギ ■肝臓にビタミンAを多くふくむ（食べると中毒の危険あり）

ハタのなかま

ハタのなかま

お魚トーク 全長2mをこえる巨大なものから、成長しても3cmほどの小さなものもいる。多くのものが、メスからオスに性転換(→P.85)をする。世界の海に約480種、日本には約140種がいるぞ。

お魚トーク 肉食で寿命が長いといわれていて、巨大な老成魚もよく見られる。ほとんどのものが食用にされるぞ。

カスリハタ 食

体の大きな黒いはん点が特徴です。オーストラリアには、とても人間になれた個体が数多くいます。■120cm ■和歌山県、高知県、鹿児島県、沖縄諸島／西太平洋、インド洋 ■沿岸の岩礁・サンゴ礁 ■魚、甲殻類 ■ポテトコッド

マハタ 食

■90cm ■北海道西部、本州～九州など／東シナ海、南シナ海 ■沿岸の岩礁 ■魚、甲殻類、イカ ■ハタ

ヤイトハタ 食

幼魚は、汽水域でも見られます。■82cm ■神奈川県～高知県、島根県、屋久島、琉球列島など／西太平洋、インド洋 ■沿岸の岩礁 ■魚、甲殻類

クエ 食

なべ料理の食材として知られている高級魚です。■80cm ■青森県、千葉県・新潟県～屋久島、琉球列島など／東シナ海、南シナ海 ■沿岸の岩礁・藻場・砂底 ■魚、甲殻類 ■アラ、モロコ

アラ 食

■80cm ■北海道南部、本州～九州／東シナ海、南シナ海 ■沿岸の岩礁・砂れき底 ■魚、甲殻類

タマカイ 食

もっとも大きくなるハタのなかまです。体重400kgになるものもいます。■2m ■和歌山県、山口県、鹿児島県など／西・中央太平洋、インド洋など ■沿岸の岩礁・サンゴ礁 ■魚、甲殻類、イカやタコ ■ジャイアント・グルーパー

大きさチェック

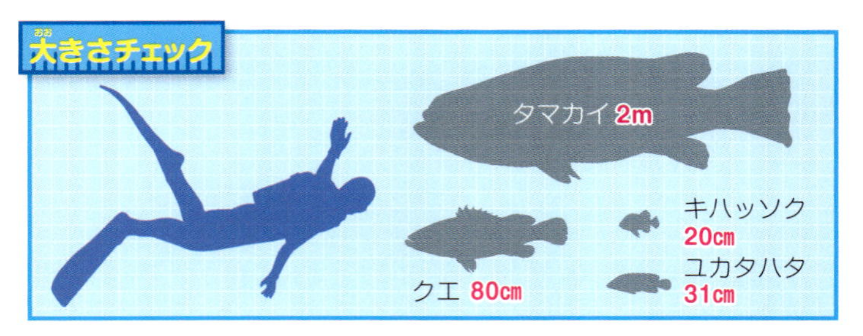

※ここで紹介している魚は、すべてハタ科です。

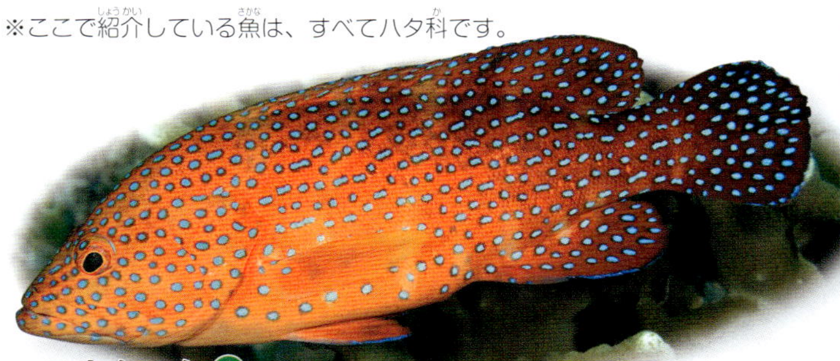

ユカタハタ 食

体の青いはん点は、成長するにつれて増えていきます。■31cm ■静岡県～屋久島、琉球列島など／西・中央太平洋、インド洋 ■沿岸の岩礁・サンゴ礁 ■魚、小動物

アザハタ 食

オレンジ色、赤、赤紫など、個体によって体色はさまざまです。■41cm ■琉球列島など／西・中央太平洋、インド洋 ■沿岸の岩礁・サンゴ礁 ■魚、小動物

サラサハタ 食

■47cm ■神奈川県～高知県、山口県、沖縄諸島など／西太平洋、東インド洋 ■サンゴ礁 ■魚、小動物

▼幼魚

アゴハタ

下あごに皮ふが変化した突起（皮弁）があります。■30cm ■和歌山県、高知県、鹿児島県、琉球列島など／西・中央太平洋、東インド洋 ■沿岸の岩礁・サンゴ礁 ■魚、小動物

▼コガネシマアジ（→P.97）をひきつれて泳ぐタマカイ。

ルリハタ

■25cm ■神奈川県～高知県、長崎県など／西・中央太平洋、インド洋 ■沿岸の岩礁 ■魚、小動物

カンモンハタ

■25cm ■神奈川県～屋久島、琉球列島など／西・中央太平洋、インド洋 ■サンゴ礁 ■魚、小動物

▼幼魚

ヌノサラシ

■25cm ■岩手県、神奈川県～高知県、屋久島、琉球列島など／西・中央太平洋、インド洋 ■沿岸の岩礁・サンゴ礁 ■魚、小動物

キハッソク

■20cm ■神奈川県～高知県、九州、琉球列島など／西太平洋、東インド洋 ■沿岸の岩礁・サンゴ礁 ■魚、小動物

マメ知識 ヌノサラシやルリハタ、キハッソクなどは、身を守るために皮ふから毒のある粘液を出します。

ハナダイのなかま

スズキ目

お魚トーク 宝石のようなあざやかな色合いが美しい。オスとメスでは、体色や模様がちがう。サンゴ礁で、はなやかな群れをつくるぞ。

見てみよう！ DVD 海水浴場の魚たち
海中をいろどるキンギョハナダイの群れ

キンギョハナダイ [ハタ科]
オスは背びれの一部が長くのび、胸びれにピンク色の水玉模様があります。■11cm ■神奈川県・山口県以南／西太平洋、インド洋 ■沿岸の岩礁・サンゴ礁 ■プランクトン

▲オス ▶メス

アカネハナゴイ [ハタ科]
オスはあざやかな赤い背びれと、長い腹びれがあります。■7cm ■久米島、宮古列島、八重山列島／西・中央太平洋など ■サンゴ礁 ■プランクトン

◀オス

◀オス

ハナゴイ [ハタ科]
オスは吻がとがり、背びれに赤い模様が入ります。■12cm ■神奈川県〜高知県、屋久島、琉球列島など／西・中央太平洋 ■沿岸の岩礁・サンゴ礁 ■プランクトン

▲オス

▲メス

スミレナガハナダイ [ハタ科]
オスは、体の中央に四角い模様が入ります。メスは、全身黄色です。■9cm ■静岡県〜高知県、屋久島、琉球列島など／西・中央太平洋 ■沿岸の岩礁・サンゴ礁 ■プランクトン

アカオビハナダイ [ハタ科]
オスの体に太めの赤い横帯があります。■7cm ■神奈川県〜高知県、鹿児島県など／西太平洋 ■沿岸の岩礁・サンゴ礁 ■プランクトン

▲オス

◀そり返った岩壁の近くで、背泳ぎをするようすがよく見られます。

ハナゴンベ [ハタ科]
■8cm ■静岡県〜高知県、琉球列島など／西太平洋 ■沿岸の岩礁・サンゴ礁 ■プランクトン

大きさチェック

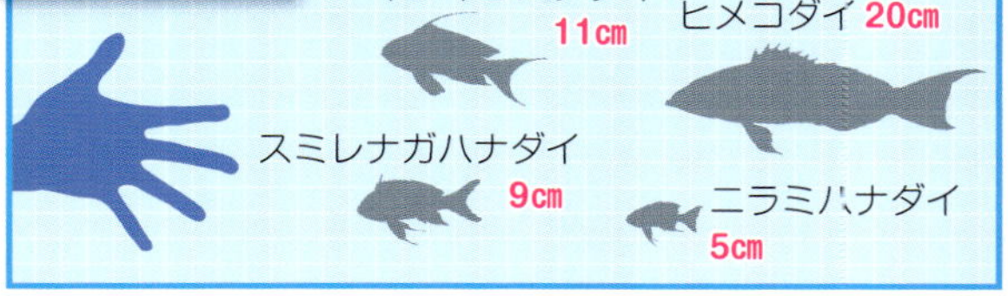

キンギョハナダイ 11cm
ヒメコダイ 20cm
スミレナガハナダイ 9cm
ニラミハナダイ 5cm

■体長 ■分布 ■生息域 ■食べ物 ■別名 ■危険な部位 危 危険な魚 食 食用魚 絶 絶滅危惧種

サクラダイ [ハタ科]
オスは名前のとおり、赤い体に桜の花びらのような模様があります。メスの体色はオレンジ色で、背びれの中央に黒いはん点があります。■14cm ■茨城県・兵庫県～九州など／朝鮮半島南部、台湾南部など ■沿岸の岩礁 ■プランクトン

ニラミハナダイ [ハタ科]
オスは体の上半分に赤紫色のはん点があり、尾びれの中央が赤色です。■5cm ■奄美諸島、慶良間列島など／西・中央太平洋 ■沿岸の岩礁・サンゴ礁 ■プランクトン

シキシマハナダイ
[シキシマハナダイ科] 食
浅場から深場まで、幅広い海域でくらしています。■20cm ■神奈川県・秋田県～九州／東シナ海など ■水深 45 ～ 320m の岩礁 ■甲殻類

ヒメコダイ [ハタ科] 食
■20cm ■神奈川県・福井県～九州など／東シナ海、南シナ海 ■沿岸から沖合の砂底・砂泥底 ■魚、甲殻類

性転換って、なんだろう？

性転換は、オスからメスに、あるいはメスからオスに性別が変わることです。いきなり変わるわけではなく、時間をかけてゆっくりと体が変化していきます。魚の世界では、けっしてめずらしいことではありません。性転換する理由は、群れの中でもっとも大きくて強い個体が子孫を残すためと考えられています。そのため、性転換した個体が死んでしまうと、次に大きい個体が性転換します。

メスからオスへ性転換

生まれたときはすべてメスで、一部のものがオスに変わります。ハタやハナダイのなかまのほかに、ベラのなかま（→ P.124）やブダイのなかま（→ P.128）にもこのタイプの魚がいます。

▲性転換中のスミレナガハナダイ。メスの体に、オスの特徴が出てきています。

オスからメスへ性転換

オスとして育ち、体の大きいものがメスとなり産卵します。クマノミのなかま（→ P.118）やコチのなかま（→ P.80）、ハナヒゲウツボ（→ P.43）などが、このタイプです。

▲同じイソギンチャクでくらす群れの中で、もっとも大きい個体がメスになるクマノミ。

オス、メスのどちらにも性転換

ハゼのなかま（→ P.144）の一部は、オスからメス、メスからオスの、どちらにも性転換することができます。

▲オスとメスのどちらにも変われるオキナワベニハゼ。

マメ知識 ハナダイのなかまは、1 ぴきまたは少数のオスと、数多くのメスが集まって群れをつくります。このような群れを「ハーレム」といいます。

メギス、タナバタウオなどのなかま

お魚トーク　サンゴ礁のサンゴの下や、浅場の石の下や岩かげにひそんでいる。メギスのなかまとタナバタウオのなかまは体つきが似ているが、タナバタウオのなかまのほうが背びれのとげ（棘条）の数が多いことで区別できるぞ。

スズキ目

▶オス

メギス［メギス科］
12cm 琉球列島／西太平洋 浅場のサンゴ礁 魚、底生の小動物

クレナイニセスズメ［メギス科］
5cm 琉球列島／西・中央太平洋 浅場のサンゴ礁 プランクトン

ロイヤル・ドティバック［メギス科］
7cm（全長）西太平洋 サンゴ礁、岩礁 プランクトン

タナバタウオ［タナバタウオ科］
7cm 静岡県、高知県、大分県、屋久島、琉球列島など／西・中央太平洋、インド洋など サンゴ礁、潮だまり 小型の甲殻類

ツバメタナバタウオ［タナバタウオ科］
そり返った岩壁や岩穴の中で、背泳ぎをするようすがよく見られます。5cm 琉球列島／台湾南部 サンゴ礁 プランクトン

チョウセンバカマ［チョウセンバカマ科］
海底近くでくらしています。浮き袋をふるわせて、音を出すことができます。20cm 千葉県・新潟県～九州／西太平洋など 水深30～400mの砂泥底 底生の小動物 トゲナガイサキ

▲幼魚

シモフリタナバタウオ［タナバタウオ科］
14cm 和歌山県、琉球列島など／西・中央太平洋、インド洋など サンゴ礁 小魚、甲殻類

強いウツボに変身!?

シモフリタナバタウオは、頭を岩穴のほうに向け、尾をゆらゆらさせることがあります。これは、体の模様がよく似たハナビラウツボ（→P.43）に擬態（→P.163）していると考えられています。自分より強く大きな魚のふりをすることで、敵におそわれないようにしているのです。

▲シモフリタナバタウオ

▲ハナビラウツボ

体長　分布　生息域　食べ物　別名　危険な部位　危険な魚　食用魚　絶滅危惧種

▲興奮したときなどに、体色が銀から赤へ、赤から銀へと変わります。

キントキダイのなかま

お魚トーク　体は卵形で平たく、大きな目は光の当たり具合で、金や赤にかがやく。キンメダイ(→P.65)とまちがわれることがあるが、背びれが長いことなどで区別できる。世界の海に約20種、日本には約10種がいるぞ。

キントキダイ [キントキダイ科] 食

■25cm ■本州～九州／西太平洋、東インド洋 ■水深 30 ～ 370m の底層 ■甲殻類

ホウセキキントキ [キントキダイ科] 食

サンゴ礁で、大きな群れをつくることがあります。■25cm ■神奈川県～高知県、九州、琉球列島など／西・中央太平洋、インド洋など ■岩礁、サンゴ礁 ■魚、小動物 ■イキグサラー

チカメキントキ [キントキダイ科] 食

■25cm ■北海道南部、本州～九州など／西太平洋、インド洋 ■水深 80 ～ 340m の底層 ■魚、甲殻類、イカやタコ ■カゲキヨ

▼若魚

クルマダイ [キントキダイ科] 食

■18cm ■神奈川県・新潟県～九州／西・中央太平洋など ■水深 80 ～ 230m の砂底 ■小魚、甲殻類

ムツ、ヤセムツなどのなかま

お魚トーク　体はやや長く、大きな口には犬歯状の歯がついている。幼魚のうちは浅場に現れることもあるが、成長とともに深場へと移動していくぞ。

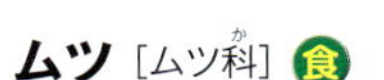

ムツ [ムツ科] 食

■50cm ■北海道～九州など／東シナ海、南アフリカなど ■沿岸の浅場、大陸斜面上部の岩礁 ■魚、甲殻類、イカ

ヤセムツ [ヤセムツ科]

うろこが、ひじょうにはがれやすくなっています。■12cm ■静岡県、三重県、宮崎県、沖縄トラフ／タスマニア海、カリブ海など ■水深 100 ～ 750m の底層 ■プランクトン

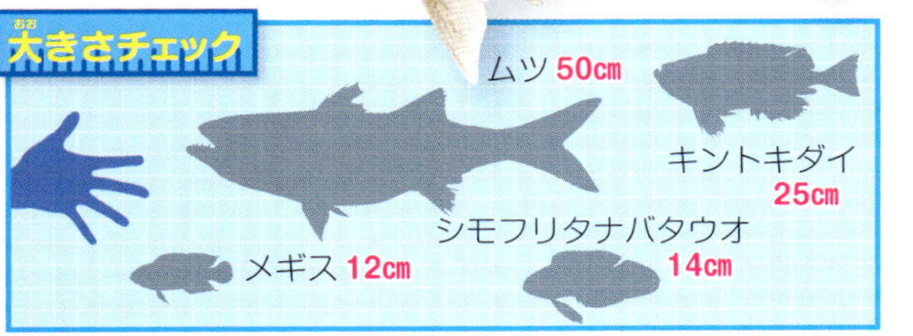

ヤエギス [ヤエギス科]

深海の中層を泳ぎまわっています。■30cm ■北海道南部～九州南部、福井県、京都府／北太平洋、東太平洋(北部) ■外洋の水深 500 ～ 1420m

▼幼魚。まれに浅場に現れます。成魚は深海にいるため、ほとんど見られません。

アゴアマダイのなかま

お魚トーク 大きな口で砂や小石などを器用に動かし、砂れき底に巣穴を掘り、その中でくらしている。頭の大きさは、親指くらいのものから、にぎりこぶしほどのものまで、さまざま。いつも巣穴から顔だけ出して、あたりをきょろきょろ見まわしているぞ。

カエルアマダイ [アゴアマダイ科]
体色や模様は、個体によってさまざまです。大きな目が特徴です。■5cm ■和歌山県、愛媛県、長崎県／西太平洋 ■浅場の砂れき底 ■プランクトン

▼黄色個体

ゴールドスペック・ジョーフィッシュ [アゴアマダイ科]
目の一部分の、金色の模様が特徴です。■10cm ■フィリピン、インドネシアなど ■浅場の砂れき底 ■プランクトン

▼巣穴から飛び出し、流れてくるプランクトンを食べます。

イエローヘッド・ジョーフィッシュ [アゴアマダイ科]
■10cm（全長）■メキシコ湾、カリブ海など ■浅場の砂れき底 ■プランクトン

ニラミアマダイ
[アゴアマダイ科]
■7cm ■千葉県、神奈川県、三重県、高知県、新潟県、兵庫県、山口県、長崎県など ■浅場の砂れき底 ■プランクトン

ジャイアント・ジョーフィッシュ [アゴアマダイ科]
頭が大人のにぎりこぶしくらいある、巨大なアゴアマダイのなかまです。■51cm（全長）■カリフォルニア湾～コスタリカ北西部など ■砂れき底 ■底生の小動物、プランクトン

大きさチェック
キツネアマダイ 35cm
ジャイアント・ジョーフィッシュ 51cm
アカアマダイ 35cm
カエルアマダイ 5cm

■体長 ■分布 ■生息域 ■食べ物 ■別名 ■危険な部位 危 危険な魚 食 食用魚 絶 絶滅危惧種

アマダイ、キツネアマダイのなかま

お魚トーク アマダイのなかまは、平たい体で細長く、額が張り出している。海底に穴を掘ってくらすものが多い。キツネアマダイのなかまは、細長い円筒状の体をしている。岩の下などに穴を掘り、その中にかくれるぞ。

口内保育～卵を守る魚のうら技～

魚の卵は、産み出された瞬間から、多くの敵にねらわれます。一部の魚たちは、ぜったいに卵を食べられないようにするうら技をもっています。それが、口内保育（マウスブルーディング）です。メスが卵を産むと、オスはあっという間に卵を口に入れます。そして、そのまま卵がふ化するまで、口の中で卵を守ります。

ゴールドスペック・ジョーフィッシュの口内保育

アゴアマダイのなかまがつくる巣穴は、入り口はせまく、中は広くなっています。メスが巣穴の中で産卵すると、オスは卵に精子をかけて口に入れます。口内保育する魚の多くは、卵がふ化するまでなにも食べません。しかし、アゴアマダイのなかまには安全な巣穴があるので、ときおり巣穴の中に卵を置いてプランクトンを食べる姿が見られます。

▶卵をくわえたオス。プランクトンを食べるときや、巣を直すときは、卵を巣の中に置きます。

▶オスの口の中で成長する卵。目が見えています。

▶ふ化すると、口の中からいっせいに仔魚が飛び出します。

アカアマダイ ［アマダイ科］ 食

35cm 茨城県・青森県～九州など／東シナ海 大陸棚の砂泥底 底生の小動物、イカ アマダイ

シロアマダイ ［アマダイ科］ 食

40cm 茨城県・福井県～九州など／東シナ海、南シナ海など 大陸棚の砂泥底 底生の小動物、イカ アマダイ

▼成魚

▼幼魚

キツネアマダイ ［キツネアマダイ科］

上あごに、犬歯状のとがった歯をもっています。 35cm 神奈川県～高知県、屋久島、琉球列島／西・中央太平洋、インド洋 サンゴ礁の砂れき底 底生の小動物

オキナワサンゴアマダイ ［キツネアマダイ科］

13cm 屋久島、琉球列島など／西・中央太平洋、西インド洋 水深30～55mのサンゴ礁の砂れき底 底生の小動物

アカオビサンゴアマダイ ［キツネアマダイ科］

10cm 沖縄島／西太平洋 水深50～70mのサンゴ礁・岩礁の砂泥底 プランクトン

マメ知識 アゴアマダイのなかまは、その特徴的な姿から、英名でも「ジョーフィッシュ（あごの魚）」とよばれています。

テンジクダイのなかま

お魚トーク 体が小さく、肉食の魚におそわれやすい。多くのものがサンゴ礁や岩礁で大きな群れをつくり、産卵期が近づくとペアをつくる。オスは、メスが産んだ卵を口内保育(→P.89)する。世界の海に約270種、日本には約100種がいるぞ。

スカシテンジクダイ
体がとうめいで体の中がすけて見えるので、この名がつきました。■5cm ■三重県、和歌山県、九州南部、琉球列島など／西・中央太平洋、インド洋 ■サンゴ礁、内湾の岩礁 ■プランクトン

テンジクダイ 食
体の黒い横帯は、地域によって数や太さが異なります。■8cm ■茨城県・新潟県〜九州、八重山列島など／西太平洋 ■水深100mまでの砂泥底 ■小型の甲殻類

ネンブツダイ
■11cm ■本州〜九州、慶良間列島、宮古島／西太平洋など ■内湾の岩礁 ■小型の甲殻類

ヤライイシモチ
両あごに、するどい犬歯状の歯があります。■9cm ■静岡県〜高知県、屋久島、琉球列島など／西・中央太平洋、インド洋など ■サンゴ礁、岩礁 ■小型の甲殻類

オオスジイシモチ
大きな群れはつくりません。夜行性。■11cm ■茨城県・島根県以南／西太平洋など ■沿岸の岩礁 ■小型の甲殻類

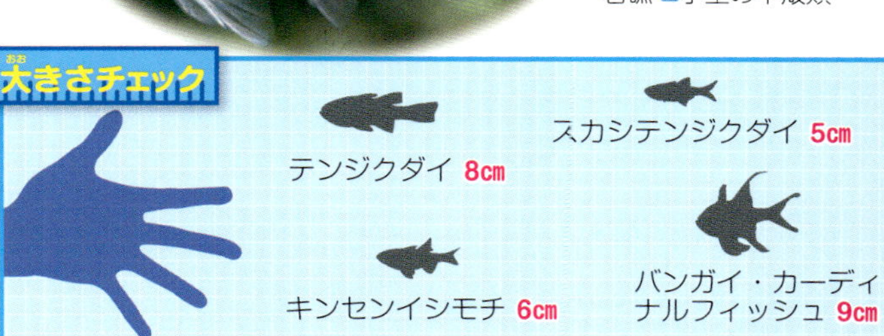

クロオビアトヒキテンジクダイ
サンゴの枝のあいだで、大きな群れをつくります。■6cm ■琉球列島／西太平洋など ■サンゴ礁 ■プランクトン

※ここで紹介している魚は、すべてテンジクダイ科です。

キンセンイシモチの口内保育

テンジクダイのなかまの多くは、口内保育を行います。オスは口の中で、1週間ほど卵を守ります。ふ化直前には、顔の形が変わるくらいに卵が大きくなります。

▲メスの産卵が近づくと、オスは何度も口を大きく開け、卵を口に入れる準備をします。

▲口内保育中は、なにも食べません。ときどき口を開いて、卵に新鮮な酸素を送りこみます。

キンセンイシモチ

■6cm ■神奈川県～高知県、屋久島、琉球列島など／西・中央太平洋、インド洋 ■沿岸の岩礁・サンゴ礁 ■小型の甲殻類

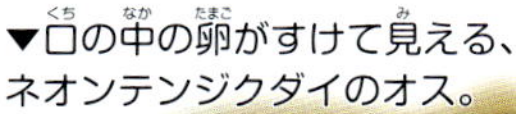

▼口の中の卵がすけて見える、ネオンテンジクダイのオス。

ネオンテンジクダイ

■4cm ■屋久島、琉球列島／西太平洋 ■内湾の岩礁 ■プランクトン

▲幼魚。テンジクダイのなかまの幼魚には、肉食の魚におそわれないように、とげのあるガンガゼや、毒をもつイソギンチャクの近くで成長するものが多くいます。

◀成魚

バンガイ・カーディナルフィッシュ

サンゴの枝のあいだ、ガンガゼ（ウニのなかま）やイソギンチャクのまわりで、群れをつくります。■9cm（全長）■バンガイ諸島（インドネシア）など ■サンゴ礁、砂底の藻場 ■プランクトン ■アマノガワテンジクダイ

マンジュウイシモチ

サンゴの枝のあいだで、群れをつくります。■6cm ■琉球列島／西太平洋、東インド洋 ■サンゴ礁 ■プランクトン

▼成魚

▼幼魚

ヒカリイシモチ

ガンガゼのとげのあいだにかくれてくらします。腹部には発光器があります。■4cm ■屋久島、琉球列島など／西・中央太平洋、インド洋 ■サンゴ礁、岩礁 ■プランクトン

イトヒキテンジクダイ

サンゴの枝のあいだで、大きな群れをつくります。背びれのとげ（棘条）の一部が糸状に長くのびます。■5cm ■琉球列島／西・中央太平洋、インド洋など ■サンゴ礁 ■プランクトン

海の魚はなにを食べている?

広い海でくらす魚たちは、生きていくために、いろいろなものを食べています。魚たちが、どんなものを食べているかを見てみましょう。

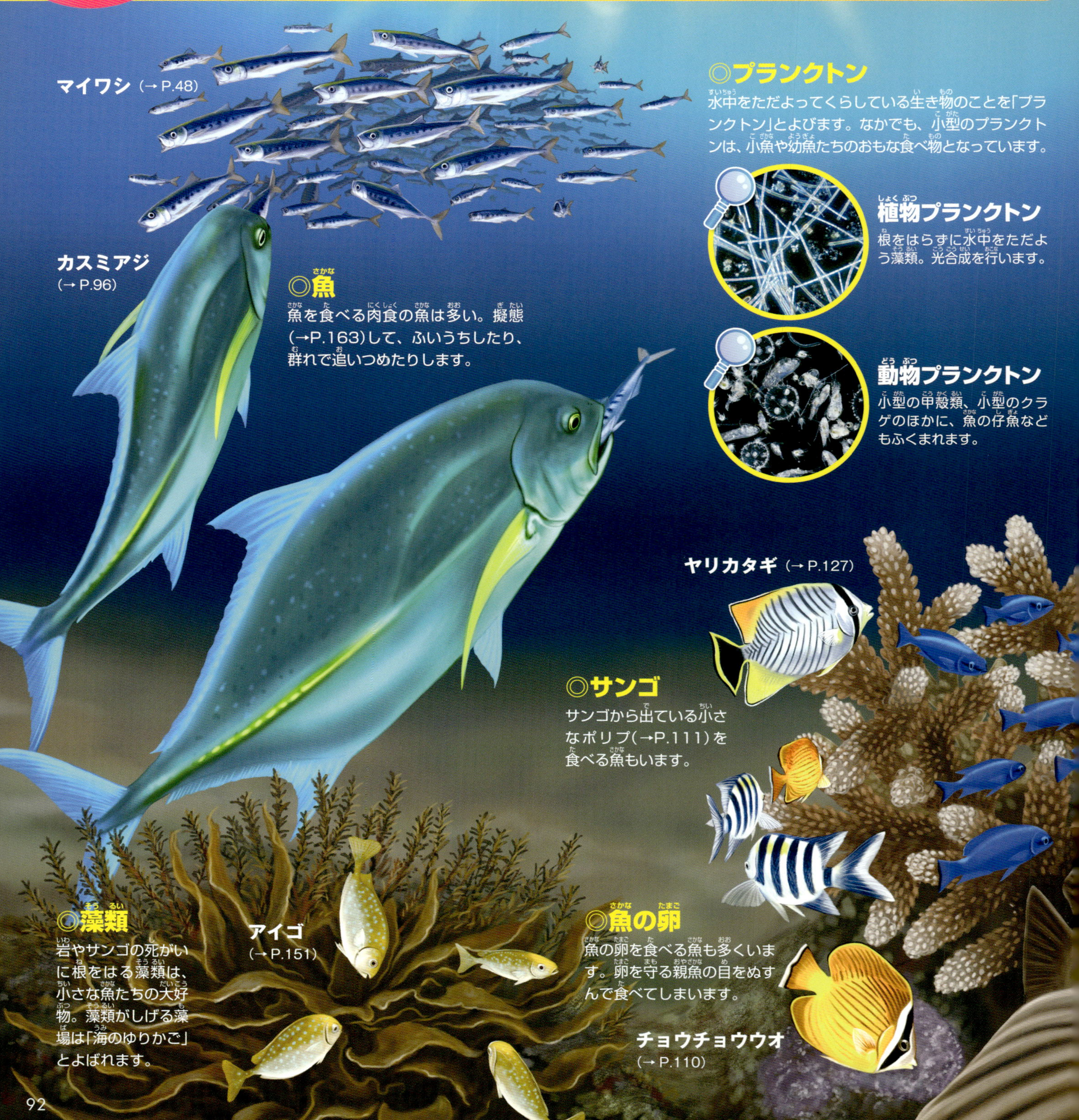

◎プランクトン

水中をただよってくらしている生き物のことを「プランクトン」とよびます。なかでも、小型のプランクトンは、小魚や幼魚たちのおもな食べ物となっています。

植物プランクトン

根をはらずに水中をただよう藻類。光合成を行います。

動物プランクトン

小型の甲殻類、小型のクラゲのほかに、魚の仔魚などもふくまれます。

◎魚

魚を食べる肉食の魚は多い。擬態(→P.163)して、ふいうちしたり、群れで追いつめたりします。

◎サンゴ

サンゴから出ている小さなポリプ(→P.111)を食べる魚もいます。

◎藻類

岩やサンゴの死がいに根をはる藻類は、小さな魚たちの大好物。藻類がしげる藻場は「海のゆりかご」とよばれます。

◎魚の卵

魚の卵を食べる魚も多くいます。卵を守る親魚の目をぬすんで食べてしまいます。

魚たちは生き物ならなんでも食べる

魚は、海の中のありとあらゆる生き物を食べ、そして自分たちもほかの魚の食べ物となっています。食べたり、食べられたりすることで、海の生態系が成り立っているのです。

◎クラゲ

触手に毒をもつクラゲを食べてしまう魚もいます。

◎ウミガメ・海生ほ乳類

ウミガメや海生ほ乳類をおそう、ホホジロザメのような魚もいます。

◎イカ

海中を群れで泳ぎまわるイカは、回遊魚の大好物です。

◎底生の小動物

底生の魚は、砂底にかくれる甲殻類（エビやカニのなかま）やゴカイなどを好んで食べます。

◎タコ

海底の岩場にかくれているタコを見つけ出して食べる、ウツボのような魚もいます。

◎寄生虫

魚の皮ふや口の中につく寄生虫を食べる魚もいます。

アジのなかま

ブリ、コバンアジなどのなかま

お魚トーク　ブリのなかまは、群れをつくり、季節によって生息域を変える回遊魚だ。コバンアジのなかまは、波打ちぎわでよく見られるぞ。

胸びれ
腹びれ

ブリ 食
季節によって日本の沿岸部を南北に回遊します。上あごのはしが角ばっていて、胸びれと腹びれの長さが同じです。 ■100cm ■北海道～九州など／朝鮮半島など ■沿岸の中層・底層 ■魚

ヒラマサ 食
ブリに似ていますが、上あごのはしが丸みをおびていること、腹びれが胸びれより長いことで見分けられます。■100cm ■北海道～九州など／太平洋、インド洋、大西洋（南部）■沿岸の中層・底層 ■魚、イカ

お魚トーク　肉食のものが多く、群れをなして猛スピードで小さな魚の群れにアタックをしかける姿が、よく見られる。体つきは、平たい体をしたものと、丸みをおびた流線形の体をしたものに分けられる。重要な食用魚で、養殖されているものも多い。世界では約140種、日本には約60種がいるぞ。

地方でちがう、ブリの出世！

ブリもスズキ(→P.81)と同じ出世魚です。地方ごとのよび名が多く、日本中でさまざまな名前でよばれています。また、流れ藻につくブリの稚魚（モジャコ）を集めて、養殖がさかんに行われています。養殖されたブリは、関西地方でいうハマチと同じ大きさで出荷されていたので、ハマチとよばれるようになりました。

◀10cm未満　モジャコ（関西）

◀20cm未満　ワカシ（関東）、ツバス（関西）

◀30cm未満　イナダ（関東）、ハマチ（関西）

◀60cm未満
ワラサ（関東）
メジロ（関西）

◀70cm以上
ブリ（関東、関西）

※よび名や大きさは代表的なものです。同じ地方でも異なる場合があります。

ツムブリ 食
■100cm ■本州以南／世界中の熱帯・温帯域など ■沿岸から沖合の表層 ■魚、甲殻類

※ここで紹介している魚は、すべてアジ科です。

▼成魚

◀幼魚。ブリのなかまの幼魚の多くは、流れ藻をすみかにして育ちます。

カンパチ 食

両目の上にななめに入る模様を上から見ると、漢字の「八」に見えるので、この名がつきました。■150cm ■北海道南部、本州〜九州、沖縄島など／世界中の熱帯・温帯域（東太平洋をのぞく）など ■沿岸の中層・底層 ■魚 ■シオ・ショッコ（若魚）、アカハナ（老成魚）

▶カンパチの頭部の模様。

ヒレナガカンパチ 食

カンパチよりも体高が高く、第2背びれとしりびれの先が鎌のように長く成長します。■100cm ■神奈川県・石川県以南／世界中の熱帯・温帯域 ■沿岸の中層・底層 ■魚

アイブリ

幼魚は6本の黒いしま模様があり、成長するにつれてうすくなります。群れはつくりません。■40cm ■茨城県・新潟県〜九州、沖縄島／西太平洋、インド洋 ■沖合の岩礁 ■魚、エビ ■シオノオバサン

マルコバン 食

マナガツオ（→P.123）によく似ていますが、腹びれがあることで見分けられます。■50cm ■屋久島、沖縄島など／西・中央太平洋、インド洋 ■沿岸の浅場の底層 ■魚、甲殻類

▼サメやエイのなかまなど、大型の魚について泳ぐ習性があります。

ブリモドキ

■50cm ■北海道南部以南／世界中の熱帯・温帯域など ■沖合から沿岸の表層 ■大型魚の食べ残し

イケカツオ 食

皮ふの下に、槍のようなうろこがついています。幼魚は、汽水域にも現れます。■50cm ■茨城県・石川県以南／西・中央太平洋、インド洋 ■沿岸から沖合の表層 ■魚

コバンアジ 食

■30cm ■神奈川県〜高知県、九州、琉球列島など／西・中央太平洋、インド洋 ■沿岸の浅場の砂底 ■魚、甲殻類

大きさチェック

マメ知識 イケカツオは名前にカツオとありますが、カツオ（→P.156）とは別のグループの魚です。魚のうろこをはがして食べる習性があります。

アジのなかま

お魚トーク 側線の上にあるうろこの一部、または全部が、「ぜいご（ぜんご）」とよばれるとげ状のうろこ（稜鱗）になっている。大型のアジは肉食で、平たい体で体高が高い。南の海域でくらすものはシガテラ毒をもつ場合がある。小型のアジは細長い体で、とても大きな群れをつくるぞ。

▲老成した大型のものは、体の色が黒くなります。

▲成魚

ぜいご

▼稚魚

ロウニンアジ 食

アジのなかまの中で、もっとも大きくなります。幼魚は内湾や河口で群れをつくりますが、成魚になるとサンゴ礁へ移り、単独でくらすようになります。■100cm ■茨城県～高知県、九州、琉球列島など／西・中央太平洋、インド洋 ■沿岸のサンゴ礁、内湾 ■魚、甲殻類 ■ジャイアント・トレヴァリー（GT）

シガテラ毒に注意！

シガテラ毒は、毒素をもつ藻類を食べ続けることで体にたまる毒です。熱帯域でくらす一部の肉食の魚は、藻類を食べる小魚を食べ物とするため、体の中に毒素がたまり、強いシガテラ毒をもつことがあります。シガテラ毒は、人体に入るとはげしい中毒症状が現れるので、注意が必要です。

カスミアジ 危 食

■50cm ■神奈川県～高知県、九州、琉球列島など／太平洋、インド洋 ■沿岸のサンゴ礁、内湾 ■魚 ■シガテラ毒をもつ場合がある

大きさチェック

ロウニンアジ 100cm
イトヒキアジ 100cm
ギンガメアジ 50cm

カッポレ 食

■50cm ■琉球列島など／世界中の熱帯域 ■サンゴ礁 ■小魚

▲▶体色が、黒みが強いものと明るいものがいます。

■体長 ■分布 ■生息域 ■食べ物 ■別名 ■危険な部位 危危険な魚 食食用魚 絶絶滅危惧種

※ここで紹介している魚は、すべてアジ科です。

◀沿岸の表層で、とても大きな群れをつくります。

▲ギンガメアジのペア。オスは、繁殖期になると婚姻色（→ P.127）が現れ、黒くなります。

ギンガメアジ 食

幼魚は、内湾や汽水域でくらし、ときには河川にも入ります。■50㎝ ■青森県・福井県以南／太平洋、インド洋 ■沿岸のサンゴ礁、内湾 ■魚、甲殻類 ■メッキ

カイワリ 食

■25㎝ ■北海道～九州／西・中央太平洋、インド洋など ■沿岸の底層 ■甲殻類、魚

▲若魚のうちは、ほかの魚について泳ぐ習性があります。

コガネシマアジ

黒い横じま模様がありますが、成長するにつれて、うすれていきます。■100㎝ ■鹿児島県、琉球列島など／太平洋、インド洋 ■沿岸のサンゴ礁、内湾 ■魚、小動物

▲幼魚。金色で、大型魚について泳ぐ習性があります。

イトヒキアジ 食

幼魚のときは、背びれとしりびれが糸のように長いので、この名がつきました。■100㎝ ■日本各地／世界中の熱帯域など ■沿岸、内湾 ■魚、イカ、甲殻類

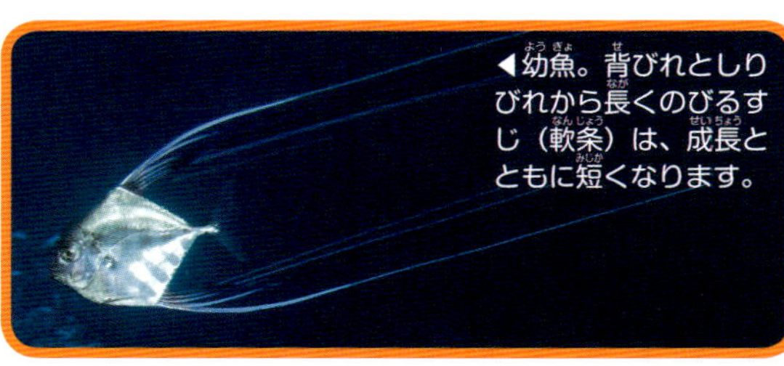

◀幼魚。背びれとしりびれから長くのびるすじ（軟条）は、成長とともに短くなります。

ホシカイワリのチームプレイ

アジのなかま

スズキ目

マアジ［アジ科］食

沿岸にすみつくもの（黄色みが強く、体高が高い）と、沖合を回遊するもの（体色が黒っぽく、体が細長い）がいます。■30cm ■日本各地／東シナ海、南シナ海など ■沿岸から沖合の中層・底層 ■小魚、甲殻類、イカ ■アジ

さかなクンのギョギョ魚魚トーク

マアジをいろいろな角度から見てみよう！

ふだんお魚を見るときは、真横からが多いですよね？　お魚屋さんでマアジを買ってきたら、おいしくいただく前にいろんな角度から観察してみましょう！　大きな目は、まわりがよく見える位置にあることがわかります。口やひれも、ひっぱって観察してみましょうね！

マアジを動かしてみよう

▲口が前にビヨーンとのびます。（さかなクン）

大きさチェック

シマアジ［アジ科］食

体に黄色いたてじま模様があるので、この名がつきました。海底の砂を口で掘り返し、ゴカイ類や甲殻類を食べます。■60cm ■青森県・新潟県以南／世界中の温帯域（東太平洋をのぞく）■沿岸の中層・底層 ■底生の小動物、甲殻類 ■オオカミ（老成魚）

ムロアジ［アジ科］食

背びれとしりびれの後ろに、分離した小さなひれ（小離鰭）があります。■40cm ■日本各地／太平洋（北部をのぞく）、東インド洋など ■沿岸 ■プランクトン

オアカムロ［アジ科］食

小離鰭があります。■35cm ■北海道南部〜九州、奄美大島、沖縄島など／西・中央太平洋、インド洋、西大西洋など ■沿岸から外洋 ■甲殻類、魚

オニアジ［アジ科］食

小離鰭が多くあります。■30cm ■本州〜九州／西太平洋、インド洋 ■沿岸の表層 ■小魚

メアジ［アジ科］食

■25cm ■本州以南／世界中の熱帯・亜熱帯域 ■沿岸の中層・底層 ■プランクトン

ヒイラギ、シマガツオなどのなかま

お魚トーク　ヒイラギのなかまは、浅場の魚ではめずらしく、食道のまわりに発光器をもっている。シマガツオのなかまは極端に平たい体をしていて、外洋の表層から深海まで、幅広くくらしているぞ。

▲吻をななめ下に向けて管状にのばし、海底にすむ生き物をとらえて食べます。

ヒイラギ［ヒイラギ科］食

うろこはとても小さく体は粘液でおおわれています。■9cm ■本州～九州、沖縄島／東シナ海、南シナ海など ■沿岸の浅場、河川の汽水域にも現れる ■底生の小動物 ■ニロギ

オキヒイラギ［ヒイラギ科］食

■7cm ■茨城県・秋田県～九州／東シナ海 ■沿岸の浅場 ■底生の小動物 ■ギラ

ヒメヒイラギ［ヒイラギ科］

ほおにうろこがあります。■9cm ■神奈川県・石川県～九州／西太平洋、インド洋 ■沿岸の浅場 ■底生の小動物

シマガツオ［シマガツオ科］食

はがれにくいうろこをもち、背びれとしりびれにもうろこがついています。夜になると深場から表層まで上がってきます。■40cm ■北海道～高知県・山口県、九州北西部など／東シナ海、北・東太平洋など ■沖合から外洋の表層・中深層 ■魚、甲殻類、イカ ■エチオピア

◀生きているうちは銀白色の体色ですが、釣り上げられると黒くなります。

ヒレジロマンザイウオ［シマガツオ科］

■60cm ■北海道西部、本州、四国、沖縄トラフなど／西・中央・東太平洋、インド洋 ■沖合から外洋の表層・中深層 ■魚、イカ

尾びれのふちが白くなっているので、この名がつきました。

ひれを閉じた状態。背中と腹部には、ひれを収納するみぞがあります。

背びれ

しりびれ

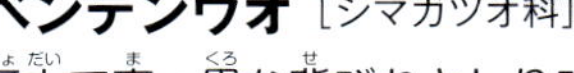

ベンテンウオ［シマガツオ科］

巨大で真っ黒な背びれとしりびれが、体全体をおおうようについています。■45cm ■岩手県～琉球列島、新潟県～山口県／中央・東太平洋など ■水深100mまでの表層

吻

前に向けてのばすことができます。

ギンカガミ［ギンカガミ科］食

体はとてもうすく、うろこはありません。幼魚は、汽水域に入ることもあります。■20cm ■茨城県・青森県～九州、琉球列島／西太平洋、インド洋 ■沿岸の浅場、内湾

スズキ目

タカサゴ、ハチビキのなかま

お魚トーク 体は細長いものが多く、上あごをのばすことができる。大きな群れをつくり、沿岸のサンゴ礁や岩場のまわりでくらしている。釣り上げられると、体色が変わるものが多いぞ。

▼水中でのタカサゴ。

見てみよう！ DVD 魚の寝る技

▲釣り上げられた後のタカサゴ。体色が赤紫に変わります。

タカサゴ ［タカサゴ科］ 食

30cm 神奈川県～高知県、九州、琉球列島など／西太平洋、東インド洋 岩礁、サンゴ礁 プランクトン グルクン

ササムロ ［タカサゴ科］ 食

35cm 神奈川県～屋久島、琉球列島など／西・中央太平洋、インド洋 岩礁、サンゴ礁 プランクトン

ウメイロモドキ ［タカサゴ科］ 食

ウメイロ（→ P.107）に似ていますが、背びれとしりびれのつけ根近くが、うろこでおおわれていることで区別できます。 35cm 神奈川県～高知県、屋久島、琉球列島など／西・中央太平洋、インド洋 岩礁、サンゴ礁 プランクトン

▲ウメイロモドキの群れ。

体長 分布 生息域 食べ物 別名 危険な部位 危 危険な魚 食 食用魚 絶 絶滅危惧種

クマササハナムロ［タカサゴ科］食

■25㎝ ■三重県～屋久島、琉球列島など／西・中央太平洋、インド洋 ■岩礁、サンゴ礁 ■プランクトン

ユメウメイロ［タカサゴ科］食

ウメイロモドキに似ていますが、体高が高く、目の色が赤みがかっているので見分けられます。■35㎝ ■島根県、琉球列島など／西太平洋、東インド洋 ■岩礁、サンゴ礁 ■プランクトン

▲釣り上げられた後のハチビキ。体色が赤紫に変わります（腹部のもとの色は白）。

ハチビキ［ハチビキ科］食

タカサゴのなかまに似ていますが、別のグループです。深場でくらしています。■37㎝ ■本州以南／東シナ海、南シナ海、西インド洋など ■水深100～350mの岩礁 ■プランクトン

タカサゴは沖縄の県の魚

県の花や県の鳥と同じように、多くの都道府県では「県の魚（県魚）」を定めています。タカサゴは、沖縄県では「グルクン」とよばれ、古くから食用魚として親しまれているため、県の魚に制定されています（日本で最初の県の魚）。このような県の魚のほかに、季節ごとにおいしい魚として、「旬の魚」を制定している都道府県もあります。

▲青森県・茨城県の県の魚「ヒラメ」（→ P.160）

▲高知県の県の魚「カツオ」（→ P.156）

大きさチェック

タカサゴ 30㎝

ウメイロモドキ 35㎝

ハチビキ 37㎝

▶クマササハナムロの群れ。

ハナタカサゴ［タカサゴ科］

■35㎝ ■琉球列島など／西太平洋、インド洋 ■岩礁 ■小動物、プランクトン ■コージャヒラー

イサキ、クロサギなどのなかま

お魚トーク 成長するにつれて、色や模様が大きく変わるものが多い。幼魚と成魚とでは、別の魚のように見える。イサキのなかまは、小さなとげのついたうろこ(櫛鱗)をもち、感触がざらついている。世界に約150種、日本には20種がいるぞ。

▼成魚

イサキ [イサキ科] 食
藻類の多い岩礁を好み、大きな群れをつくってくらします。■40cm ■宮城県・新潟県～屋久島など／東シナ海、南シナ海 ■浅場の岩礁 ■小魚、プランクトン ■イサギ

◀幼魚。藻場でよく見られます。

▲下あごに肉質のひげが生えています。

ヒゲダイ [イサキ科] 食
■40cm ■福島県・山形県～九州、奄美大島など ■大陸棚の砂泥底 ■底生の小動物

▶成魚

コロダイ [イサキ科] 食
成長とともに、体色や模様が大きく変わります。■60cm ■茨城県・新潟県以南／西太平洋、インド洋 ■浅場の岩礁・サンゴ礁・砂底 ■甲殻類

▲稚魚　▲幼魚

くねくねダンスは、なんのため!?

コロダイやコショウダイのなかまの幼魚は、つねに体をくねらせて泳いでいます。これは、ヒラムシという海中生物のふりをしているといわれています(擬態、→P.163)。ヒラムシは、フグのなかまと同じテトロドトキシンという毒をもっています。おそわれやすい幼魚たちは、毒をもつ生物のまねをすることで、身を守っているのです。

▲ヒラムシ

コショウダイ [イサキ科] 食
■50cm ■本州～九州など／東シナ海、南シナ海、インド洋 ■浅場の岩礁・砂底 ■底生の小動物

▲幼魚。頭を下に向け、体をくねらせて泳ぎます。

チョウチョウコショウダイ [イサキ科] 食
■35cm ■九州南部～琉球列島など／西太平洋、インド洋 ■浅場の岩礁・サンゴ礁 ■底生の小動物

▼幼魚

ムスジコショウダイ [イサキ科]
■40cm ■和歌山県～高知県、九州南部、琉球列島など／西・中央太平洋、インド洋 ■浅場の岩礁・サンゴ礁 ■底生の小動物

大きさチェック

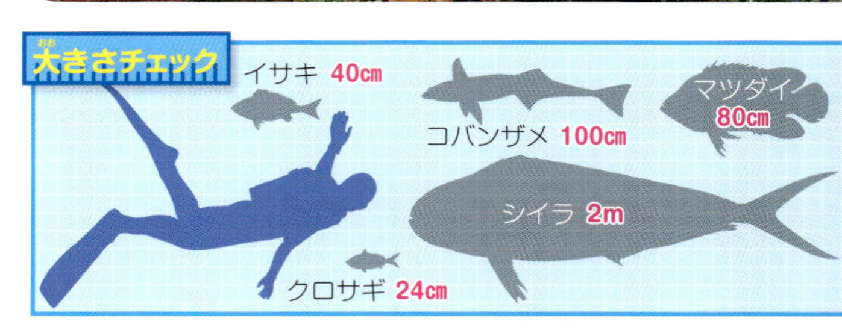

■体長 ■分布 ■生息域 ■食べ物 ■別名 ■危険な部位 危 危険な魚 食 食用魚 絶 絶滅危惧種

クロサギ [クロサギ科] 食
下向きに長くのびる吻で、砂の中の小動物をとらえて食べます。幼魚は、汽水域にも入ります。■24㎝ ■千葉県・新潟県〜屋久島／朝鮮半島南部 ■沿岸の砂底 ■底生の小動物 ■アマギ

◀幼魚。枯れ葉のふり（擬態）をしながら、表層をただようように、くらしています。

マツダイ [マツダイ科] 食
漂流物のそばで待ちぶせして、近づく小魚をとらえて食べます。■80㎝ ■日本各地／太平洋・インド洋・大西洋の熱帯・温帯域（東太平洋をのぞく）など ■内湾、外洋の表層、汽水域にも現れる ■小魚

コバンザメなどのなかま

お魚トーク コバンザメのなかまは、頭にある小判のような形の吸ばんで、大型魚やクジラ、ウミガメなどの体に吸いつく。これは、身を守るためだけではなく、大型魚などの食べ物のおこぼれをもらうためでもある。スギのなかまには吸ばんはないが、大型魚などによりそって泳いでいることが多いぞ。

コバンザメ [コバンザメ科]
体が小さいうちは、頭にある吸ばんで大型魚に吸いついてくらします（片利共生、→ P.148）。成長すると、自分で泳ぐこともあります。■100㎝ ■日本各地／世界中の暖海域（東太平洋をのぞく）など ■沿岸の浅場 ■小魚、甲殻類、イカ

▲コバンザメの吸ばん。第1背びれが変形したものです。

▲アオウミガメにつくコバンザメ。

▲オニイトマキエイ（→ P.34）の腹面についたクロコバン。

クロコバン [コバンザメ科]
■26㎝ ■北海道〜九州／世界中の暖海域など ■外洋 ■小魚、甲殻類

スギ [スギ科] 食
■150㎝ ■日本各地／西太平洋、インド洋、大西洋など ■沿岸から沖合の表層 ■小魚、甲殻類 ■クロカンパチ、コバンザメ／コバン／トレタウオ

シイラのなかま

お魚トーク 体は板のように平たく、細長い。背びれは、頭の上から尾びれの近くまで続く。幼魚は流れ藻、成魚は流木の下に集まる習性がある。群れをつくり、魚をとらえて食べるぞ。

▼成魚（メス）

▼幼魚

シイラ [シイラ科] 食
オスの成魚は、頭部が前につき出ています。■2m ■日本各地／太平洋、インド洋、大西洋 ■沿岸から沖合の表層 ■魚 ■マンビキ、マンリキ

▼ジャンプして海上に出るシイラ（オス）。

タイのなかま

お魚トーク　姿が立派で味もよいので、昔から縁起のよい魚とされている。両あごに臼歯(すりつぶすための平たい歯。キダイのなかまにはない)があり、貝やエビなどの殻をかみくだいて、身を食べる。性転換(→P.85)する魚で、オスからメスに変わるものが多い(マダイなど、一部はメスからオスに変わる)。世界の海に約120種、日本には13種がいるぞ。

▼天然のマダイ（メス）。体色はあざやかな赤です。

▼幼魚

▼養殖のマダイ（オス）。浅場で育てられるので、日焼けしてやや黒くなります。

▼老成魚。頭にこぶができ、頭部が黒くなります。

マダイ ［タイ科］ 食

■100cm ■日本各地／東シナ海、南シナ海など ■水深 30 ～ 200m の岩礁・砂れき底・砂底 ■甲殻類、貝、魚、イカ

えらぶたのふちが赤いのが特徴です。

チダイ ［タイ科］ 食

背びれのとげ（棘条）が２本長くのびます。■40cm ■北海道南西部、本州～九州／朝鮮半島 ■大陸棚の岩礁・砂れき底・砂底 ■甲殻類、貝、魚、イカ ■ハナダイ

ヘダイ ［タイ科］ 食

■35cm ■北海道西部、宮城県・新潟県以南／東シナ海、南シナ海、インド洋など ■沿岸の岩礁、内湾 ■甲殻類、貝、魚、イカ

◀幼魚。6本の横帯があり、背びれのとげ（棘条）が１本だけ長くのびます。

▲成魚

タイワンダイ ［タイ科］ 食

やや深場でくらしています。背びれの５本のとげ（棘条）はやわらかい糸状で、長くのびます。■40cm ■高知県、琉球列島／西太平洋など ■サンゴ礁、沖合の岩礁の砂泥底 ■甲殻類、小動物

キダイ ［タイ科］ 食

マダイやチダイよりも、あたたかい海でくらしています。臼歯はありません。■35cm ■福島県・青森県～屋久島／西太平洋など ■大陸棚の砂底 ■甲殻類、貝、魚、イカ ■レンコダイ

■体長 ■分布 ■生息域 ■食べ物 ■別名 ■危険な部位 危危険な魚 食食用魚 絶絶滅危惧種

▼成魚

▶幼魚

クロダイ [タイ科] 食

■50cm ■北海道～九州／東シナ海、南シナ海など ■沿岸の岩礁、内湾、汽水域にも現れる ■甲殻類、貝、魚、イカ ■チヌ

浮き袋が飛び出すのはなぜ？

浮き袋は、魚が水中でスムーズに運動するのを助ける器官で、中には気体が入っています。魚の体は水よりも密度が高い(重い)ため、水中では浮き袋の中の気体を調節(増やしたり、減らしたり)して、密度を水と同じくらいに合わせているのです。しかし、浮き袋の調節はすぐにはできないので、深いところから浅いところへ急に上がってしまうと、圧力がかからなくなった中の気体がふくれあがります。それで、浮き袋が口から飛び出してしまうのです。

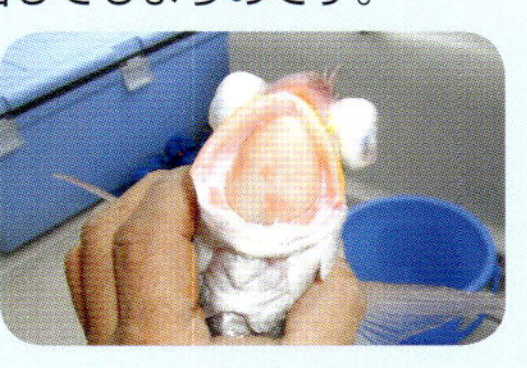

▶浮き袋と目が飛び出したキダイ（→左ページ）。深いところにいる魚が釣り上げられると、目玉や浮き袋が飛び出ることがあります。

イトヨリダイのなかま

お魚トーク　イトヨリダイのなかまは、泳いでは一時停止して、また泳ぐのをくり返す、変わった生態をもつ。世界の海に約70種、日本には約20種がいるぞ。

イトヨリダイ [イトヨリダイ科] 食

二またに分かれた尾びれの上の先たんが、糸状に長くのびています。■35cm ■茨城県・新潟県～九州など／西太平洋 ■水深 40 ～ 250m の砂泥底 ■底生の小動物 ■イトヨリ

タマガシラ [イトヨリダイ科] 食

4本の赤い横帯が体にあります。■20cm ■千葉県・鳥取県～九州、沖縄島／西太平洋、東インド洋 ■岩礁、砂れき底 ■小動物

キツネウオ [イトヨリダイ科] 食

■18cm ■屋久島、琉球列島／西太平洋など ■サンゴ礁 ■底生の小動物、プランクトン

▲成魚

◀幼魚。3本の黒いたてじま模様は、成長するとななめのしま模様に変わります。

フタスジタマガシラ [イトヨリダイ科] 食

■16cm ■静岡県～高知県、屋久島、琉球列島など／西太平洋、インド洋 ■サンゴ礁の砂れき底 ■小魚、底生の小動物 ■アンマヌー

▲成魚

◀幼魚。青い体色や、黄色のしま模様は、成長とともにうすくなります。

ヤクシマキツネウオ [イトヨリダイ科]

■22cm ■和歌山県、高知県、屋久島、琉球列島など／西太平洋など ■サンゴ礁の砂底 ■底生の小動物、プランクトン

カメンタマガシラ [イトヨリダイ科]

■17cm ■琉球列島／西太平洋、インド洋 ■サンゴ礁 ■甲殻類

フエダイのなかま

お魚トーク 両あごにするどい歯をもち、肉食で口に入る小動物ならどんなものでも食べてしまう。熱帯地方では重要な食用魚だが、なかにはシガテラ毒(→P.96)をもつものもいる。世界の海に約100種、日本には約50種がいるぞ。

フエダイ ［フエダイ科］ 食
■35cm ■茨城県〜九州南部、琉球列島など／南シナ海など ■岩礁、サンゴ礁 ■魚、小動物 ■ホシフエダイ

ヨスジフエダイ ［フエダイ科］ 食
サンゴ礁や岩礁で大きな群れをつくります。■30cm ■神奈川県〜屋久島、富山県、琉球列島など／西・中央太平洋、インド洋 ■岩礁、サンゴ礁 ■魚、小動物 ■スジタルミ、スジフエダイ

バラフエダイ ［フエダイ科］ 危 食
■100cm ■和歌山県〜屋久島、琉球列島など／西・中央太平洋、インド洋 ■岩礁、サンゴ礁 ■魚、小動物 ■シガテラ毒をもつ場合がある

身を守りつつ、おなかもいっぱい!?

バラフエダイの幼魚は、姿が似ているスズメダイ(→P.120)などの群れに、まぎれこんでくらします(擬態、→P.163)。群れの中にいるほうが、大きい魚にねらわれる確率が低くなるからです。また、群れに入れば、警戒されずにスズメダイをおそうこともできます。このような弱い魚への擬態は、肉食の魚の幼魚に見られます。

▲バラフエダイの幼魚。

▲姿が似ているスズメダイ。

▼成魚

◀幼魚。背びれと腹びれが長くのびます。白と黒の模様は、成長すると消えてしまいます。

ホホスジタルミ ［フエダイ科］
■60cm ■琉球列島など／西・中央太平洋、インド洋 ■岩礁、サンゴ礁 ■魚、小動物

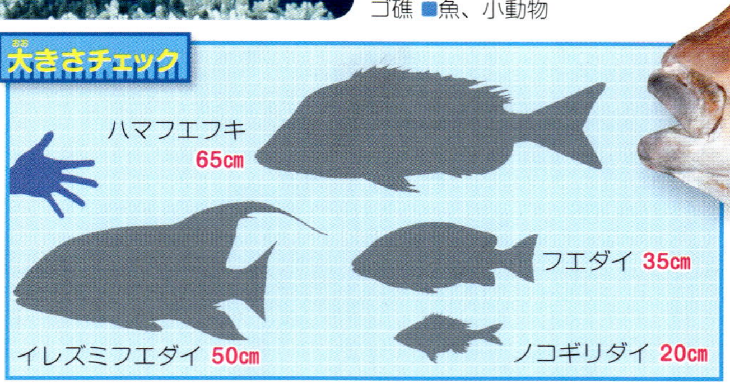

▶若魚。白い体に3本の赤い横帯が入ります。成長するにつれて体全体が赤くなり、横帯は目立たなくなります。

▼成魚

センネンダイ ［フエダイ科］ 食
■70cm ■和歌山県〜高知県、兵庫県、屋久島、琉球列島など／西・中央太平洋、インド洋など ■岩礁、サンゴ礁 ■魚、小動物

◀成魚

イレズミフエダイ ［フエダイ科］

成長とともに、体に青と黄のたてじま模様、顔にこげ茶の横じま模様が現れます。■50cm ■琉球列島／西太平洋、東インド洋 ■岩礁、サンゴ礁 ■魚、小動物

◀幼魚。白い体色で、顔から体にかけて1本のたてじま模様が入ります。

ウメイロ ［フエダイ科］ 食

深場の岩礁で、大きな群れをつくります。
■40cm ■神奈川県・山口県～屋久島、琉球列島など／西・中央太平洋、インド洋 ■岩礁 ■魚、小動物 ■ヒワダイ

ヒメダイ ［フエダイ科］ 食

■50cm ■神奈川県～高知県、九州、琉球列島など／西・中央太平洋、インド洋 ■水深100m以深の岩礁 ■魚、甲殻類、イカやタコ ■チビキモドキ

ハマダイ ［フエダイ科］ 食

■70cm ■茨城県～高知県、屋久島、琉球列島など／西・中央太平洋、インド洋 ■水深200m以深の岩礁 ■魚、甲殻類、イカやタコ ■オナガ

フエフキダイのなかま

お魚トーク　フエフキという名前のとおり、吻が前に長いものが多い。フエダイに似ているが、口にするどい歯がないことや、ほおにうろこがないことで区別できる。シガテラ毒をもつことがある。世界の海に約40種、日本には約30種がいるぞ。

ハマフエフキ ［フエフキダイ科］ 食

メスからオスに性転換（→P.85）します。■65cm ■神奈川県・新潟県以南／西太平洋、インド洋 ■岩礁、サンゴ礁、砂れき底 ■魚、甲殻類、イカやタコ ■クチビ、シモフリフエフキ、タマン

▼成魚

▲幼魚。3本の横じま模様は、成長すると消えます。

ヨコシマクロダイ ［フエフキダイ科］ 危 食

■45cm ■和歌山県、屋久島、琉球列島など／西・中央太平洋、インド洋 ■浅場の岩礁・サンゴ礁・砂れき底 ■ウニ、貝、甲殻類、魚 ■シガテラ毒をもつ場合がある

▲まだら模様が出たキツネフエフキ。

キツネフエフキ ［フエフキダイ科］ 危 食

ふだんの体色は灰色ですが、興奮すると一瞬で体にまだら模様が現れます。
■80cm ■屋久島、琉球列島／西・中央太平洋、インド洋 ■岩礁、サンゴ礁 ■魚、甲殻類、イカやタコ ■オモナガー ■シガテラ毒をもつ場合がある

ノコギリダイ ［フエフキダイ科］ 食

■20cm ■茨城県～高知県、屋久島、琉球列島など／西・中央太平洋、インド洋 ■沿岸の岩礁・サンゴ礁 ■小動物

ヒメジのなかま

お魚トーク 下あごに１対のひげがあるのが特徴で、このひげには食べ物の味などがわかる細胞がある。ひげを砂の中や岩のすき間にさしこんで、かくれている甲殻類などを探して食べる。世界の海に約60種、日本には約20種がいるぞ。

ヒメジ [ヒメジ科] 食
■18cm ■日本各地／東シナ海、南シナ海など ■沿岸の砂泥底 ■底生の小動物

アカヒメジ [ヒメジ科] 食
釣り上げられると体色が赤くなるので、この名がつきました。■38cm ■千葉県〜屋久島、山口県、琉球列島など／西・中央太平洋、インド洋 ■サンゴ礁 ■底生の小動物

オジサン [ヒメジ科] 食
■20cm ■千葉県・山口県以南／西・中央太平洋、東インド洋 ■サンゴ礁 ■底生の小動物

インドヒメジ [ヒメジ科] 食
■25cm ■千葉県〜高知県、山口県、屋久島、琉球列島など／西・中央太平洋など ■サンゴ礁の砂れき底、藻場 ■底生の小動物

マルクチヒメジ [ヒメジ科] 食
アジのなかまなどと群れをつくり、集団で小魚の群れをおそうことがあります。■50cm ■静岡県〜高知県、屋久島、琉球列島など／西・中央太平洋、インド洋 ■サンゴ礁 ■魚

ニベ、キスなどのなかま

お魚トーク ニベのなかまは、大きな耳石(頭の骨の一部で、体のバランスを保つ働きがある)をもつので「イシモチ」ともよばれる。キスのなかまは物音にびんかんで、危険を感じると砂の中にもぐる。ヒメツバメウオとアオバダイのなかまは、それぞれ日本で１種のみが知られているぞ。

シログチ [ニベ科] 食
よく発達した浮き袋を使って、グーグーという大きな音を出します。■30cm ■本州〜九州／東シナ海、南シナ海など ■沿岸の砂泥底 ■魚、甲殻類 ■イシモチ、グチ

ニベ [ニベ科] 食
■40cm ■岩手県〜九州南部、新潟県〜島根県など／朝鮮半島南部など ■沿岸の泥底 ■ゴカイ類、甲殻類、貝

オオニベ [ニベ科] 食
■150cm ■神奈川県、高知県〜九州南部など／西太平洋、インド洋 ■岩礁、砂底、河口にも現れる ■魚、甲殻類

シロギス［キス科］食

■27cm ■北海道～九州／東シナ海、南シナ海など ■沿岸の砂底 ■ゴカイ類、甲殻類 ■キス

アオギス［キス科］ 食 絶

かつては東京湾や伊勢湾にもいましたが、今ではごく一部の地域でしか見られません。■30cm ■山口県、福岡県、大分県など／朝鮮半島南部、台湾 ■内湾 ■ゴカイ類、甲殻類

▼幼魚。河川をさかのぼることもあります。

ヒメツバメウオ

［ヒメツバメウオ科］

名前にツバメウオとついていますが、ツバメウオのなかま（→ P.149）とは別のグループです。■14cm ■屋久島、琉球列島／西・中央太平洋、インド洋など ■内湾の砂泥底、河川の汽水域・淡水域にも現れる ■プランクトン

アオバダイ［アオバダイ科］ 食

やや深場の岩礁でくらしています。■37cm ■鳥取県、島根県、愛媛県、高知県、九州など／西太平洋など ■沖合の岩礁 ■魚、甲殻類、イカやタコ

ハタンポのなかま

お魚トーク 夜行性で、昼間は岩かげにひそんでいる。目が大きく、背びれは１つで、しりびれは長い。浮き袋を使って音を出すものや、発光腺をもつものがいる。世界の海に約30種、日本には５種がいるぞ。

ツマグロハタンポ［ハタンポ科］

あまり大きな群れはつくりません。背びれ、しりびれの先が黒くなっています。■15cm ■茨城県～高知県、九州など／東シナ海など ■浅場の岩礁 ■プランクトン ■アゴナシ、ハタンポ

ミナミハタンポ［ハタンポ科］

若魚は、数千びきもの大きな群れをつくることがあります。■13cm ■福島県～高知県、九州、琉球列島など／西太平洋、インド洋 ■沿岸の岩礁 ■プランクトン

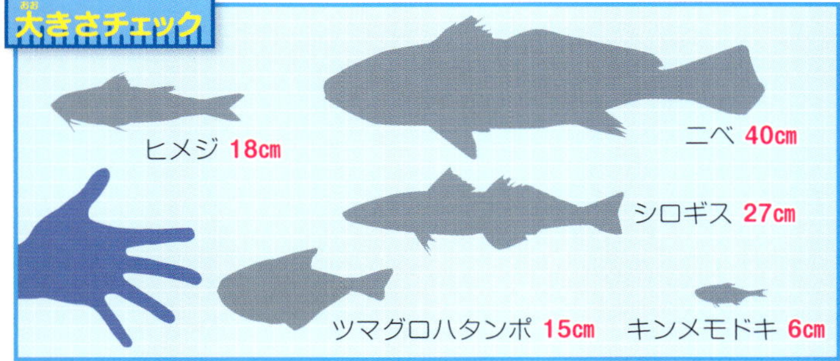

キンメモドキ［ハタンポ科］

岩やサンゴのかげで、大きな群れをつくります。胸部と腹部に細い発光腺があります。■6cm ■千葉県～高知県、九州、琉球列島／西・中央太平洋、インド洋 ■浅場の岩礁・サンゴ礁 ■プランクトン ■ナガサキキンメモドキ

チョウチョウウオのなかま

スズキ目

お魚トーク　世界中のあたたかい海に分布し、あざやかな体色や模様で観賞魚としても人気がある。体は平たく円形で、つき出した小さな口には歯がなく、じゅうたんのような短い毛がついている。多くがペア、または群れをつくってくらしている。世界の海に約120種、日本には約50種がいるぞ。

ユウゼン

あざやかな体色を友禅染（着物などの染め物）にたとえて、この名がつきました。■15cm ■伊豆諸島、神奈川県、和歌山県、高知県、沖縄島、小笠原諸島など ■岩礁、サンゴ礁 ■底生の小動物

見てみよう！ DVD 魚は眠るの!?

チョウチョウウオ

低めの水温でもくらせるため、日本の多くの地域で見ることができます。■20cm ■本州以南／東シナ海、南シナ海 ■岩礁、サンゴ礁 ■底生の小動物、サンゴのポリプ、魚の卵

▶成魚

◀幼魚。チョウチョウウオのなかまの幼魚には、黒いはん点（眼状斑、→ P.121）があるものが多くいます。

トゲチョウチョウウオ

■23cm ■愛知県～屋久島、琉球列島など／西・中央太平洋、インド洋など ■岩礁、サンゴ礁 ■サンゴのポリプ、イソギンチャク類、ゴカイ類

ハクテンカタギ

■16cm ■高知県、屋久島、琉球列島など／西・中央太平洋 ■岩礁、サンゴ礁 ■サンゴのポリプ

▼成魚

▶幼魚

フウライチョウチョウウオ

■20cm ■神奈川県～屋久島、琉球列島など／西・中央太平洋、インド洋 ■岩礁、サンゴ礁 ■サンゴのポリプ、底生の小動物

チョウハン

■25cm ■和歌山県～屋久島、琉球列島など／西・中央太平洋、インド洋など ■岩礁、サンゴ礁 ■底生の小動物

オウギチョウチョウウオ

■18cm ■屋久島、琉球列島など／西・中央太平洋、インド洋など ■サンゴ礁 ■サンゴのポリプ

ヤスジチョウチョウウオ

■12cm ■高知県、奄美大島／西太平洋、東インド洋 ■内湾の岩礁・サンゴ礁 ■サンゴのポリプ

◀体色が濃い黄色のものもいます。

大きさチェック

ベニオチョウチョウウオ 12cm

チョウチョウウオ 20cm

セグロチョウチョウウオ 30cm

■体長 ■分布 ■生息域 ■食べ物 ■別名 ■危険な部位 危危険な魚 食食用魚 絶絶滅危惧種

※ここで紹介している魚は、すべてチョウチョウウオ科です。

ウミヅキチョウチョウウオ

■18㎝ ■神奈川県、和歌山県、宮崎県、屋久島、琉球列島など／西・中央太平洋、インド洋 ■岩礁、サンゴ礁 ■サンゴのポリプ、底生の小動物

セグロチョウチョウウオ

チョウチョウウオのなかまとしては大型です。■30㎝ ■和歌山県、高知県、屋久島、琉球列島など／西・中央太平洋、東インド洋 ■岩礁、サンゴ礁 ■サンゴのポリプ、藻類、底生の小動物

ミカドチョウチョウウオ

■15㎝ ■和歌山県、高知県、屋久島、琉球列島など／西・中央太平洋、東インド洋 ■岩礁、サンゴ礁

シラコダイ

低い水温に強く、本州の中部でも見られます。■13㎝ ■千葉県〜屋久島など／東シナ海、南シナ海 ■岩礁 ■底生の小動物、プランクトン

ベニオチョウチョウウオ

■12㎝ ■琉球列島など／西・中央太平洋 ■サンゴ礁 ■サンゴのポリプ、底生の小動物

サンゴのポリプって、なに？

多くの魚の食べ物となるサンゴのポリプは、ひとことでいうとサンゴそのものです。サンゴは、石灰質のかたい骨格をもっています。そこにはいくつもの穴があいていて、その穴の中にはイソギンチャクを小さくしたような虫(サンゴ虫)がくらしています。これがポリプです。海辺などで目にすることのあるサンゴのかけらは、ポリプがなくなってしまったあとのぬけがらなのです。

▲ポリプの形はサンゴによってちがいます。

ハタタテダイ

背びれのとげの一部が大きくのびるので、この名がつきました。熱帯域では食用にされます。■20㎝ ■青森県、千葉県・富山県以南など／西・中央太平洋、インド洋 ■岩礁、サンゴ礁 ■藻類、底生の小動物

フエヤッコダイ

長くのびた吻で、サンゴのすき間や岩の穴にひそむ小動物を食べます。■18㎝ ■神奈川県〜高知県、屋久島、琉球列島など／西・中央太平洋、インド洋 ■岩礁、サンゴ礁 ■ゴカイ類、甲殻類、魚の卵

ゲンロクダイ

■17㎝ ■茨城県・青森県〜九州、沖縄島など／東シナ海、南シナ海 ■岩礁 ■底生の小動物

ミナミハタタテダイ

■16㎝ ■高知県、愛媛県、屋久島、琉球列島など／西・中央太平洋、東インド洋 ■岩礁、サンゴ礁 ■サンゴのポリプ

カスミチョウチョウウオ

■16㎝ ■静岡県〜高知県、屋久島、琉球列島など／西・中央太平洋、東インド洋 ■岩礁、サンゴ礁 ■プランクトン

◀潮通しのよい岩礁では、大きな群れをつくります。

キンチャクダイのなかま

お魚トーク　体は平たいが、やや厚みがあり、えらぶたの下に大きなとげがある。成魚と幼魚、オスとメスで、体の模様が異なるものが多い。生まれたときはメスで、一部がオスに性転換(→P.85)するものも多い。世界の海に80種以上、日本には約30種がいるぞ。

サザナミヤッコ

単独、またはペアでくらしています。熱帯域では食用にされます。■33cm ■神奈川県～屋久島、琉球列島など／西・中央太平洋、インド洋 ■サンゴ礁、岩礁 ■藻類、カイメン類、ホヤ類

▶成魚

▶幼魚。体に横じま模様が入ります。

ロクセンヤッコ

日本のキンチャクダイのなかまの中では、もっとも大きくなります。■38cm ■琉球列島など／西太平洋、東インド洋 ■サンゴ礁 ■藻類、カイメン類、ホヤ類

アデヤッコ

単独でくらしています。■35cm ■慶良間列島、西表島など／西太平洋、インド洋 ■岩礁、サンゴ礁 ■藻類、カイメン類、ホヤ類

ワヌケヤッコ

ペア、または小さな群れでくらしています。■25cm ■西太平洋、インド洋 ■サンゴ礁 ■藻類、カイメン類、ホヤ類

タテジマキンチャクダイ

■31cm ■茨城県～屋久島、琉球列島など／西・中央太平洋、インド洋 ■サンゴ礁、岩礁 ■カイメン類、ホヤ類

タテジマキンチャクダイの成長

なぜ幼魚と成魚は姿がちがうの？

キンチャクダイのなかまの成魚はなわばり意識が強いものが多く、同じなかまを見つけると攻撃することがあります。幼魚は成魚から攻撃されないように、ちがう姿になっているといわれています。

▲1～2cmの小さな稚魚。

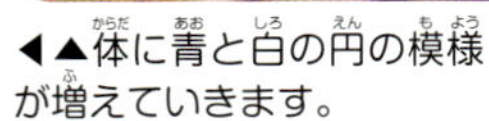

◀▲体に青と白の円の模様が増えていきます。

▶円の模様がうすれ、体色は黄みがかっていきます。

◀円の模様が消え、たてじま模様が浮きあがってきます。

▶きれいなたてじま模様の成魚。

■体長 ■分布 ■生息域 ■食べ物 ■別名 ■危険な部位 危危険な魚 食食用魚 絶絶滅危惧種

※ここで紹介している魚は、すべてキンチャクダイ科です。

▶成魚

▼幼魚

キンチャクダイ

低い水温に強く、日本海側でも見られます。ペア、または小さな群れでくらしています。■19cm ■宮城県、千葉県・山形県～九州など／東シナ海、南シナ海 ■岩礁 ■カイメン類、ホヤ類

◀オス。尾びれの両はしが糸状に長くのびます。

▲メス

タテジマヤッコ

■16cm ■高知県、屋久島、琉球列島など／西太平洋、インド洋 ■サンゴ礁、岩礁 ■プランクトン

▶成魚

▲幼魚。黒いはんてん点（眼状斑、→P.121）があります。

ニシキヤッコ

■21cm ■屋久島、琉球列島など／西・中央太平洋、インド洋 ■サンゴ礁、岩礁 ■カイメン類、ホヤ類

◀オス

◀メス

トサヤッコ

■15cm ■和歌山県、高知県、屋久島、琉球列島など／西太平洋 ■サンゴ礁、岩礁 ■プランクトン

▼吻が青く、目の上にまゆげのような黒い点があります。

シテンヤッコ

■26cm ■和歌山県、高知県、屋久島、琉球列島など／西・中央太平洋、インド洋 ■サンゴ礁、岩礁 ■カイメン類、ホヤ類

アブラヤッコ

■15cm ■静岡県～高知県、屋久島、琉球列島など／西太平洋、東インド洋 ■サンゴ礁、岩礁 ■藻類、魚のふん

ソメワケヤッコ

■12cm ■静岡県～屋久島、琉球列島など／西・中央太平洋、東インド洋 ■サンゴ礁、岩礁 ■藻類

ルリヤッコ

地域や個体によって、体色にちがいが見られます。■8cm ■和歌山県、琉球列島など／西・中央太平洋、インド洋 ■岩礁、サンゴ礁 ■藻類、カイメン類、ホヤ類

大きさチェック

キンチャクダイ 19cm

タテジマキンチャクダイ 31cm

シテンヤッコ 26cm

ルリヤッコ 8cm

レンテンヤッコ

雑食性で、ほかの魚のふんも食べます。■13cm ■神奈川県～宮崎県、慶良間列島、小笠原諸島など／台湾、ハワイ諸島 ■サンゴ礁、岩礁 ■藻類、ハナダイやスズメダイのなかまのふん

マメ知識 キンチャクダイのなかまで名前に「ヤッコ」とつくものが多いのは、えらぶたのとげが、凧などに描かれる「奴」のひげに似ているためです。

カワビシャ、エノプロススのなかま

お魚トーク　カワビシャのなかまは、平たい体で体高が高く、頭部に骨が露出している部分がある。エノプロススのなかまは、世界にオールド・ワイフの１種しかいない。オーストラリア南部の海域で見ることができるぞ。

テングダイ［カワビシャ科］
岩礁で群れをつくります。下あごに、短いひげが生えています。
■50cm ■北海道～九州南部・新潟県、伊江島など／西・中央太平洋 ■水深 20 ～ 250m の砂底・岩礁 ■小動物

▲幼魚。くすんだ黄色の体色で、黒くて細い虫食い模様があります。

オールド・ワイフ［エノプロスス科］危
背びれに、毒のあるとげをもちます。■50cm（全長）■オーストラリア南部 ■沿岸から沖合の岩礁、藻場 ■小動物 ■背びれのとげに毒

ツボダイ［カワビシャ科］食
■25cm ■北海道南部、青森県～高知県、新潟県、島根県、九州など／西・中央太平洋 ■水深 100 ～ 950m の底層 ■魚

ゴンベ、タカノハダイのなかま

お魚トーク　胸びれのすじ（軟条）は長くて厚みがあり、海底で体を支えることができる。ゴンベのなかまは、サンゴや岩の上、あるいはサンゴの枝のあいだでくらしている。タカノハダイのなかまは、下向きについている吻で、砂や藻類の中の小動物を食べるぞ。

サラサゴンベ［ゴンベ科］
■7cm ■静岡県、高知県、屋久島、琉球列島など／西・中央太平洋、インド洋 ■サンゴ礁、岩礁 ■甲殻類、プランクトン

ベニゴンベ［ゴンベ科］
■9cm ■琉球列島など／西・中央太平洋 ■サンゴ礁 ■甲殻類、プランクトン

クダゴンベ［ゴンベ科］
イソバナやヤギ（ともにサンゴのなかま）の枝のあいだでくらしています。■13cm ■千葉県、静岡県、高知県、琉球列島など／太平洋、インド洋 ■岩礁 ■小動物、プランクトン

メガネゴンベ［ゴンベ科］
■14cm ■和歌山県、屋久島、琉球列島など／西・中央太平洋、インド洋 ■サンゴ礁 ■甲殻類、プランクトン

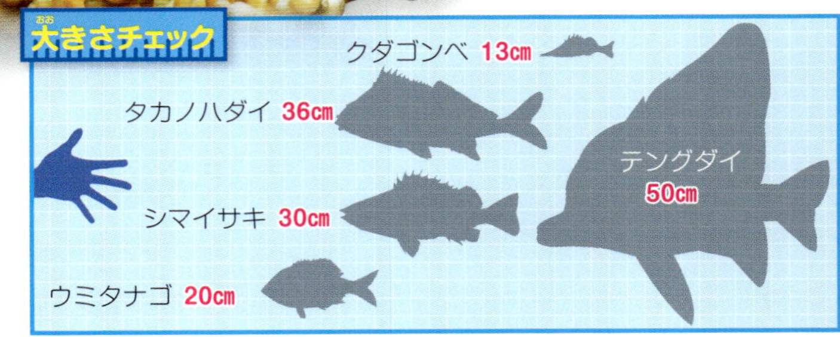

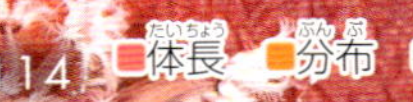

■体長 ■分布 ■生息域 ■食べ物 ■別名 ■危険な部位 危 危険な魚 食 食用魚 絶 絶滅危惧種

タカノハダイ
［タカノハダイ科］食
幼魚は尾びれに水玉模様がなく、流れ藻などにつきます。■36㎝ ■本州〜九州など／東シナ海、南シナ海 ■浅場の岩礁 ■底生の小動物 ■ヒダリマキ、タカッパ

ミギマキ［タカノハダイ科］
■27㎝ ■千葉県〜屋久島、新潟県〜山口県など／台湾 ■浅場の岩礁 ■底生の小動物 ■オケイサン

シマイサキなどのなかま

お魚トーク　えらぶたの骨に2本のするどいとげがある。浮き袋を使って、「グーグー」と音を出すものもいるぞ。

シマイサキ
［シマイサキ科］食
■30㎝ ■本州〜九州、久米島／西太平洋 ■沿岸の浅場、河口の汽水域にも現れる ■底生の小動物 ■シマイサギ

コトヒキ［シマイサキ科］食
■30㎝ ■日本各地／西・中央太平洋、インド洋 ■沿岸の浅場、河口の汽水域にも現れる ■底生の小動物、魚 ■ヤガタイサギ、ヤガタイサキ

イッテンアカタチ［アカタチ科］食
ふだんは、砂泥底に掘った穴にひそんでいます。穴のまわりで立ち泳ぎをしながら、えものをとらえます。■50㎝（全長）■神奈川県・富山県〜九州、西表島／東シナ海、南シナ海など ■水深80〜100mの砂泥底 ■小魚、甲殻類

ウミタナゴのなかま

お魚トーク　胎生で、稚魚はかなり大きな体になってから産み出される。一度に10ぴき以上産むこともあるぞ。

ウミタナゴ
［ウミタナゴ科］食
■20㎝ ■青森県〜福島県・九州西部など／東シナ海など ■岩礁、砂底 ■プランクトン ■タナゴ

◀ウミタナゴのなかまの出産。尾から生まれます。

3種に分けられたウミタナゴ

ウミタナゴとそのなかまのマタナゴ、アカタナゴは、もとは同じウミタナゴとして考えられていました。しかし、2007年に、メバル（→P.76）と同じように、3つの種に分けられました。もとのウミタナゴに加え、体色が青みがかったものはマタナゴ、赤みがかったものはアカタナゴと、新たに名づけられました。

▲マタナゴ　▲アカタナゴ

海からジャンプ！

海の魚たちは、えものをおそうときや敵から逃げるときに、海から飛び出して大きなジャンプをすることがあります。そんな瞬間を切り取って、迫力のある姿を見てみましょう。

▲えもの（オットセイに似せた人形）をくわえてジャンプするホホジロザメ（→ P.28）。海面にいるえものをおそうときは、体を回転させながら食いついて、海上に飛び出します。

▼するどい吻でシイラ（→P.103）をくし刺しにする、カジキのなかま（→P.152）。

▼海中を飛び出し、グライダーのように滑空するトビウオのなかま（→P.65）。

▲高速で泳ぎながら、海中を飛び出したクロマグロ（→P.156）。

スズメダイのなかま

お魚トーク　小型で体色のきれいなものが多く、世界中のサンゴ礁や岩礁でくらしている。体は卵形で、平たい。小さな口で、プランクトンや小動物、藻類を食べる。世界の海に約350種、日本には約110種がいるぞ。

カクレクマノミ

ハタゴイソギンチャクと共生しています。■8㎝ ■琉球列島／西太平洋、東インド洋 ■浅場のサンゴ礁 ■藻類、甲殻類

▲カクレクマノミの稚魚。

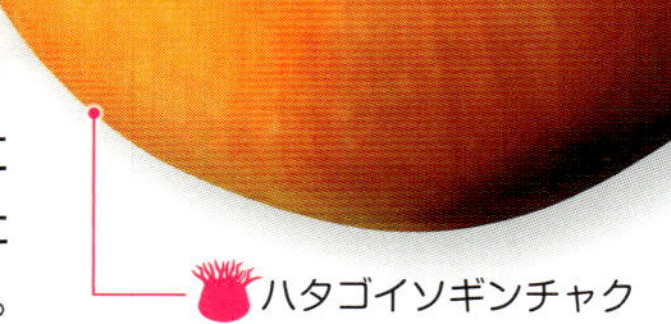

ハタゴイソギンチャク

クマノミのなかま

お魚トーク　イソギンチャクをすみかにして、危険を感じると、触手のあいだにかくれて身を守る。すみかにするイソギンチャクは、種ごとに決まっている。生まれたときはすべてオスで、群れの中でいちばん大きな個体がメスに性転換(→P.85)するぞ。

クマノミ

サンゴイソギンチャク、イボハタゴイソギンチャクなど、大型のイソギンチャクと共生しています。■10㎝ ■千葉県～高知県、九州、琉球列島など／西・中央太平洋、インド洋 ■サンゴ礁 ■藻類、甲殻類

見てみよう！ DVD 魚は眠るの!?

サンゴイソギンチャク

▼幼魚

イソギンチャクとくらすクマノミのなかま

イソギンチャクは毒のとげ(刺胞)を発射する触手をもち、毒でまひした魚などをとらえます。しかしクマノミは、体をおおう特殊な粘液のおかげで毒のとげに刺されないので、イソギンチャクにおそわれることはありません。そして、いっしょにくらすことで、おたがいの役に立っています(相利共生、→P.148)。

クマノミ

- イソギンチャクをすみかにすることで、敵が近よってこなくなり、安全にくらせる。

イソギンチャク

- 触手を食べようとする魚を、クマノミが追いはらってくれる。
- クマノミが触手のあいだを泳ぐことが刺激となって、成長しやすくなる。

■体長 ■分布 ■生息域 ■食べ物 ■別名 ■危険な部位 危危険な魚 食食用魚 絶絶滅危惧種

※ここで紹介している魚は、すべてスズメダイ科です。

ハナビラクマノミ

シライトイソギンチャクと共生しています。■8cm ■和歌山県、屋久島、琉球列島など／西・中央太平洋、東インド洋 ■サンゴ礁 ■藻類、プランクトン

セジロクマノミ

ハタゴイソギンチャクや、シライトイソギンチャクと共生しています。■11cm ■琉球列島／西太平洋、東インド洋 ■サンゴ礁 ■藻類、プランクトン

トウアカクマノミ

イボハタゴイソギンチャクと共生しています。■10cm ■琉球列島／西太平洋など ■内湾の砂底 ■藻類

◀砂底でくらしているので、産卵期にはイソギンチャクのそばに小石や貝殻を運んできて、卵を産みつけます。

◀成魚

ハマクマノミ

タマイタダキイソギンチャクと共生しています。■11cm ■静岡県、高知県、琉球列島など／西太平洋など ■浅場のサンゴ礁 ■藻類、魚の卵、プランクトン

▲幼魚。3本の白い横帯がありますが、成長すると1本だけになります。

世界のクマノミを見てみよう！

クマノミのなかまは世界中に28種いて、どこの国でも愛されている、海の人気者です。日本ではそのうちの6種を見ることができます。

スパインチーク・アネモネフィッシュ

西・中央太平洋、インド洋で見られます。えらぶたに小さなとげがあります。

ホワイトスナウト・アネモネフィッシュ

オーストラリアの一部の島の周辺でのみ見られます。黒い体に白い横帯が入ります。

サドル・アネモネフィッシュ

西太平洋、東インド洋で見られます。完熟トマトのような体色で、「トマト・アネモネフィッシュ」ともよばれます。

ホワイトボンネット・アネモネフィッシュ

西・中央太平洋で見られます。特徴的な白い模様があります。

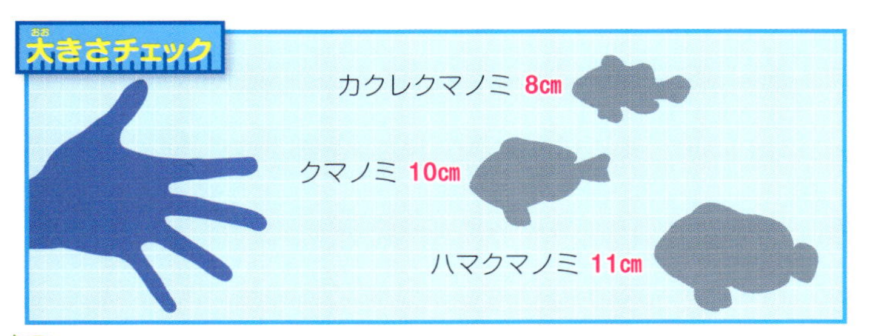

マメ知識 クマノミのなかまは、イソギンチャクの近くで群れてくらしますが、それぞれがたまたまそこにたどり着いただけで、血のつながりはありません。

スズメダイのなかま

お魚トーク サンゴや岩のまわりで大きな群れをつくり、海中をいろどる魚だ。オスは岩のくぼみなどに産卵場所をつくり、メスに産卵させ、ふ化するまで卵を守るぞ。

スズメダイ 食

低い水温に強く、日本海でも見られます。■10cm ■本州以南／東シナ海、南シナ海など ■沿岸の岩礁・サンゴ礁 ■プランクトン

フタスジリュウキュウスズメダイ

サンゴのまわりで群れをつくります。■7cm ■静岡県、和歌山県、屋久島、琉球列島など／西・中央太平洋、東インド洋 ■サンゴ礁 ■プランクトン、魚の卵、藻類

ミスジリュウキュウスズメダイ

サンゴのまわりで群れをつくります。■7cm ■和歌山県、高知県、屋久島、琉球列島など／西・中央太平洋、インド洋 ■サンゴ礁 ■プランクトン、魚の卵、藻類、カイメン類、底生の小動物

▼成魚

▼幼魚

アマミスズメダイ

幼魚と成魚とでは、体色と模様が大きく異なります。■14cm ■静岡県〜高知県、屋久島、琉球列島など／西・中央太平洋、インド洋 ■サンゴ礁、岩礁 ■プランクトン

▼成魚

◀幼魚。幼魚のうちは、クマノミのなかま(→P.118)と同じようにイソギンチャクと共生します。

ミツボシクロスズメダイ

■11cm ■千葉県〜屋久島、琉球列島など／西・中央太平洋、インド洋 ■サンゴ礁、岩礁 ■プランクトン、藻類

◀くちびるが厚く、めくれあがっているので、この名がつきました。

アツクチスズメダイ

■6cm ■琉球列島など／西太平洋、東インド洋 ■サンゴ礁 ■サンゴのポリプ

▼成魚

▼幼魚

ヤマブキスズメダイ

■17cm ■和歌山県、屋久島、琉球列島／西・中央太平洋、東インド洋 ■サンゴ礁、岩礁 ■プランクトン

デバスズメダイ

サンゴのまわりで大きな群れをつくります。■7cm ■高知県、屋久島、琉球列島など／西・中央太平洋、インド洋 ■サンゴ礁 ■プランクトン

※ここで紹介している魚は、すべてスズメダイ科です。

ルリスズメダイ

■6cm ■神奈川県、高知県、屋久島、琉球列島など／西太平洋、東インド洋 ■サンゴ礁 ■プランクトン

ネッタイスズメダイ

■6cm ■和歌山県、高知県、屋久島、琉球列島など／西太平洋、東インド洋 ■サンゴ礁、岩礁 ■藻類

見てみよう！ DVD 海水浴場の魚たち

ソラスズメダイ

■7cm ■青森県、茨城県・新潟県以南／西・中央太平洋、東インド洋 ■岩礁、サンゴ礁のれき底 ■プランクトン

オヤビッチャ

■17cm ■本州以南／西・中央太平洋、インド洋 ■サンゴ礁、岩礁 ■プランクトン、魚の卵、藻類、カイメン類、底生の小動物

▲卵の世話をするオヤビッチャのペア。

肉食魚をあざむく眼状斑

体の一部に、眼状斑というはん点をもつ魚が多くいます。これは、目玉のような模様で、そこに頭があると思わせて、大切な頭部を敵から守っていると考えられています。

▲ニセネッタイスズメダイの幼魚。

イソスズメダイ

■14cm ■茨城県～屋久島、長崎県、琉球列島など／西太平洋、インド洋 ■浅場の岩礁 ■プランクトン、魚の卵、藻類、カイメン類、底生の小動物

クロスズメダイ

幼魚と成魚とでは、体色と模様が大きく異なります。■15cm ■屋久島、琉球列島など／西太平洋、インド洋 ■内湾の岩礁 ■プランクトン、底生の小動物、藻類

◀成魚

▶幼魚。成魚と幼魚は、昔は別の種類だと考えられていました。

▼成魚

▶幼魚。成魚と幼魚は、昔は別の種類だと考えられていました。

ヒレナガスズメダイ

幼魚と成魚とでは、体色と模様が大きく異なります。■9cm ■和歌山県、高知県、屋久島、琉球列島など／西太平洋、東インド洋 ■サンゴ礁 ■プランクトン、底生の小動物、藻類

クロソラスズメダイ

自分のなわばりの中でイトグサという藻類を育てて食べる、めずらしい生態の魚です。■12cm ■和歌山県、長崎県、琉球列島など／西・中央太平洋、インド洋 ■サンゴ礁 ■イトグサ類

◀婚姻色（→ P.127）の出たオス。

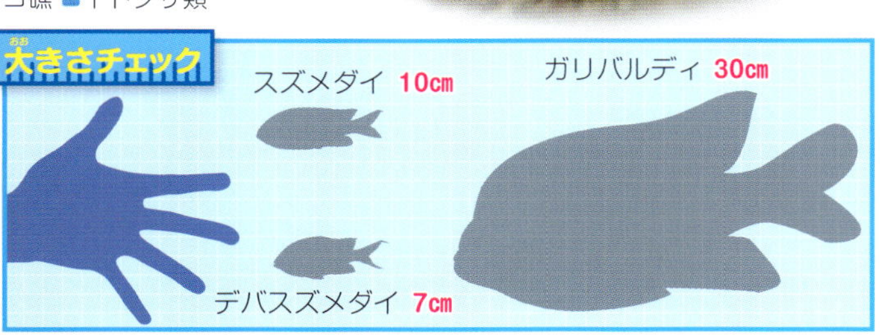

ガリバルディ

スズメダイのなかまとしては大型で、体長が 30cmをこえることもあります。■30cm ■東太平洋（中部） ■岩礁 ■藻類、底生の小動物

マメ知識 成魚と幼魚の姿が異なるため、昔は、クロスズメダイの幼魚をキンセンスズメダイ、ヒレナガスズメダイの幼魚をフタオビスズメダイとよんでいました。

イスズミ、イシダイなどのなかま

お魚トーク　イスズミとメジナのなかまは、ともに平たくて体高が高いが、歯の形にちがいがある。イシダイのなかまは、小さな歯が集まってできているかたい歯（融合歯）で、貝類やウニ、カニなどをかみくだいて食べるぞ。

見てみよう！ DVD 海水浴場の魚たち

イスズミ ［イスズミ科］食
幼魚は、流れ藻などの漂流物の下に集まる習性があります。■70cm（全長）■本州以南など／西・中央太平洋、インド洋 ■浅場の岩礁 ■底生の小動物、藻類 ■イズスミ、ゴクラクメジナ

メジナ ［メジナ科］食
■41cm ■千葉県・新潟県～九州など／東シナ海、南シナ海 ■沿岸の岩礁 ■甲殻類、藻類 ■グレ

▼成魚

▶稚魚

▶オスの老成魚（クチグロ）

イシダイ ［イシダイ科］食
オスが老成すると、体の模様がはっきりしなくなり、口のまわりが黒くなります。■50cm ■日本各地／東シナ海、南シナ海など ■沿岸の岩礁 ■甲殻類、貝、ウニ ■シマダイ、クチグロ（オスの老成魚）

タカベ ［タカベ科］食
タカサゴのなかま（→P.100）に似ていますが、別のグループの魚です。■22cm ■茨城県・福井県～九州など／朝鮮半島南部など ■沿岸の岩礁 ■プランクトン

▲オスの老成魚（クチジロ）

▶幼魚

◀成魚

カゴカキダイ ［カゴカキダイ科］
かつてはチョウチョウウオのなかま（→P.110）とされていましたが、別のグループに分類されました。■20cm ■本州以南／西・中央太平洋、東インド洋 ■岩礁 ■小動物、プランクトン

イシガキダイ

［イシダイ科］食
オスが老成すると、体の模様がはっきりしなくなり、口のまわりが白くなります。■60cm ■日本各地／東シナ海、南シナ海など ■沿岸の岩礁 ■甲殻類、貝、ウニ ■クチジロ（オスの老成魚）

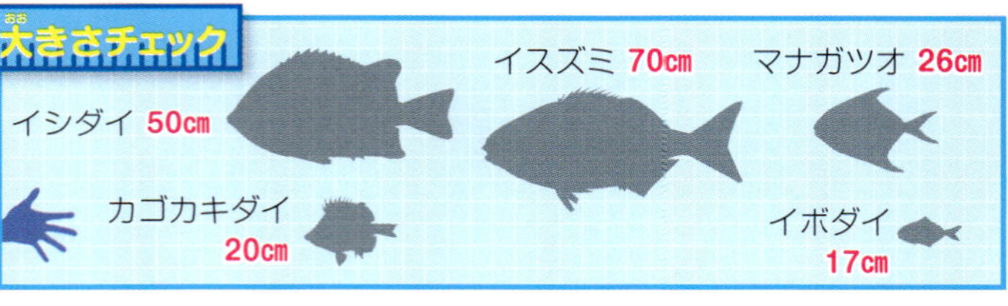

ギンユゴイ ［ユゴイ科］
■21cm ■茨城県～高知県、九州、琉球列島など／太平洋・インド洋の熱帯・亜熱帯域 ■沿岸の岩礁 ■プランクトン

イボダイ、エボシダイなどのなかま

お魚トーク イボダイやエボシダイのなかまは、幼魚のうちは海面を流れる海藻や漂流物、クラゲなどについて表層でくらし、成長すると深層へ移動するぞ。

メダイ [イボダイ科] 食
■72cm ■北海道〜九州など／東シナ海、ハワイ諸島など ■水深100m以深の底層 ■大型のプランクトン

イボダイ [イボダイ科] 食
ふだんは深海の底層でくらしていますが、夜になるとやや浅いほうへ上がってきます。■17cm ■北海道〜九州／朝鮮半島、南シナ海 ■大陸棚の底層 ■クラゲ類、甲殻類、プランクトン ■エボダイ

▶とても大きな目をもちます。

オオメメダイ [オオメメダイ科]
■35cm ■北海道西部、神奈川県〜高知県、福井県、兵庫県、沖縄トラフなど／西・中央太平洋、大西洋の熱帯域など ■水深180〜370mの底層

◀若魚

はがれやすい、小さなうろこがついています。

マナガツオ [マナガツオ科] 食
名前にカツオとありますが、カツオ（サバのなかま、→P.156）とは別のグループの魚です。腹びれはありません。■26cm ■神奈川県〜高知県、新潟県〜九州西部など／東シナ海など ■大陸棚の砂泥底 ■甲殻類、クラゲ類

かたくてはがれにくい、ひし形のうろこがついています。

ドクウロコイボダイ [ドクウロコイボダイ科]
■36cm ■北海道南部〜高知県、鳥取県、島根県など／太平洋・大西洋の熱帯・温帯域など ■外洋の中深層・深層 ■クラゲ類

ボウズコンニャク [エボシダイ科]
■21cm ■北海道南部、千葉県・新潟県〜九州／西太平洋・インド洋の熱帯・温帯域 ■水深150m以深の底層 ■クラゲ類、甲殻類

ツバメコノシロ [ツバメコノシロ科] 食
■45cm ■福島県・福井県以南／西・中央太平洋、インド洋 ■沿岸の砂底・どろ底、河口域にも現れる ■底生の小動物

▲下あごが短く、細長いすじ（軟条）がばらばらになった胸びれをもちます。

胸びれ

ハナビラウオ [エボシダイ科]
幼魚の体は半とうめいですが、成魚になると黒っぽくなります。■47cm ■北海道南部〜高知県、新潟県〜長崎県など／太平洋・インド洋・大西洋の熱帯・温帯域 ■クラゲ類、甲殻類、プランクトン

◀幼魚。クラゲ類について表層をただよいます。

マメ知識 イボダイやエボシダイのなかまの幼魚は、クラゲの毒のある触手のあいだにかくれて身を守り、クラゲを食べて成長します（寄生、→P.148）。

ベラのなかま

スズキ目

お魚トーク 海水魚では、ハゼのなかま(→P.144)の次に種の数が多いグループだ。体の大きさや形はさまざまで、成魚と幼魚、オスとメスで、体色や模様がちがうものが多い。メスからオスへ性転換(→P.85)する。世界の海に約500種、日本には約150種がいるぞ。

メガネモチノウオ 絶

もっとも大きくなるベラのなかまで、まれに体長が 2m をこえるものもいます。成長すると、額がこぶ状につき出します。■150cm ■和歌山県、屋久島、琉球列島など／西・中央太平洋、インド洋 ■岩礁、サンゴ礁 ■魚 ■ナポレオンフィッシュ

つき出した額。

▲成魚

▲吻がのびます。

▲幼魚

◀目の横に 2 本の黒い線があり、めがねをかけているように見えるので、この名がつきました。

ヤシャベラ

■35cm ■琉球列島／西・中央太平洋、インド洋 ■岩礁 ■底生の小動物

のばした吻。

▼黄色個体

ギチベラ

吻を長くつき出して、えものを吸いこみます。■35cm ■和歌山県、屋久島、琉球列島など／西・中央太平洋、インド洋 ■岩礁、サンゴ礁 ■小動物

▼成魚

テンス 食

危険を感じると砂の中にもぐります。■22cm ■千葉県・新潟県以南／西太平洋、東インド洋 ■砂底 ■底生の小動物

▲幼魚。背びれのとげ(棘条)が前につき出しています。海中をただよう枯れ葉のふりをします(擬態)。

▲成魚

◀幼魚。海中をただよう藻類のふりをします(擬態)。

オビテンスモドキ

危険を感じると砂の中にもぐります。■25cm ■和歌山県、高知県、屋久島、琉球列島など／太平洋、インド洋 ■砂れき底、岩礁、サンゴ礁 ■底生の小動物

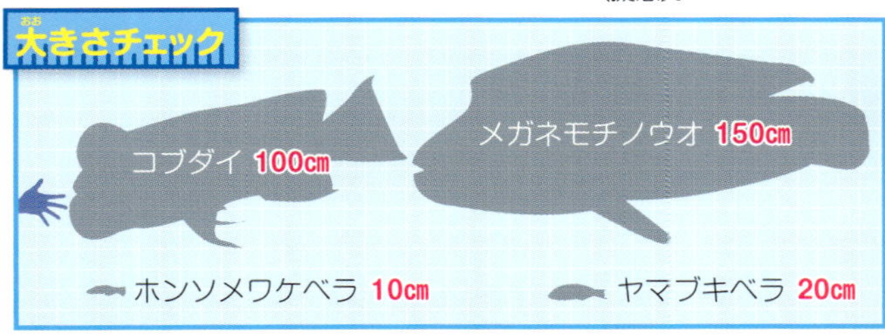

ニセモチノウオ

■9cm ■静岡県〜高知県、屋久島、琉球列島など／西・中央太平洋、インド洋 ■岩礁、サンゴ礁 ■プランクトン

■体長 ■分布 ■生息域 ■食べ物 ■別名 ■危険な部位 危危険な魚 食食用魚 絶絶滅危惧種

※ここで紹介している魚は、すべてベラ科です。

クジャクベラ

オスはメスに求愛するときに、あざやかな色の背びれを一瞬で閉じたり開いたりします。■8cm ■静岡県〜高知県、屋久島、琉球列島など／西太平洋 ■岩礁、サンゴ礁 ■プランクトン

イトヒキベラ

オスの腹びれが糸状に長くのびているので、この名がつきました。■9cm ■千葉県〜高知県、九州、琉球列島／西太平洋など ■岩礁、サンゴ礁 ■プランクトン

タキベラ

■80cm ■静岡県〜高知県、屋久島、琉球列島など／西・中央太平洋、インド洋 ■岩礁、サンゴ礁 ■甲殻類、底生の小動物

キツネダイ 食

■35cm ■千葉県〜高知県、富山県〜長崎県、琉球列島など／東シナ海、南シナ海 ■岩礁 ■底生の小動物 ■イノシシ

シチセンベラ 食

■30cm ■屋久島、琉球列島／西太平洋 ■岩礁、サンゴ礁 ■底生の小動物

スミツキベラ

■20cm ■静岡県〜高知県、屋久島、琉球列島など／西・中央太平洋、インド洋 ■岩礁、サンゴ礁 ■魚、プランクトン

ヒオドシベラ

■21cm ■静岡県、琉球列島など／西・中央太平洋、インド洋 ■岩礁、サンゴ礁 ■魚、プランクトン

見てみよう！ DVD 魚たちのバトル
オデコをぶつけて頭つき対決！

見てみよう！ DVD 魚のプロポーズ
メスのために優雅なダンス！

イラ 食

■40cm ■千葉県・新潟県〜九州など／東シナ海、南シナ海など ■岩礁 ■底生の小動物 ■ケサガケ

コブダイ 食

成長したオスは、額と下あごが大きくはり出してこぶ状になります。■100cm ■北海道〜九州／東シナ海、南シナ海など ■岩礁 ■貝、甲殻類 ■カンダイ

※ここで紹介している魚は、すべてベラ科です。

ベラのなかま

カンムリベラ

危険を感じたとき、または夜休むときは砂の中にもぐります。老成したオスの額は、こぶ状にはり出します。■100cm ■和歌山県、高知県、屋久島、琉球列島など／西・中央太平洋、インド洋 ■砂れき底、岩礁、サンゴ礁 ■甲殻類、貝

ヤマブキベラ

メスの体色がヤマブキのように黄色いことから、この名がつきました。■20cm ■千葉県〜屋久島、福岡県、琉球列島など／西・中央太平洋、インド洋 ■岩礁、サンゴ礁 ■小動物

▲水温が低い時期は、砂の中にもぐって冬眠します。

キュウセン 食

■30cm ■北海道西部、本州〜九州など／東シナ海、南シナ海など ■砂れき底、サンゴ礁 ■甲殻類、ゴカイ類 ■アオベラ（オス）、アカベラ（メス）

ホンソメワケベラ

ほかの魚についた寄生虫を食べる、「クリーニングフィッシュ」として有名です。■10cm ■千葉県・石川県以南など／西・中央太平洋、インド洋 ■岩礁、サンゴ礁 ■寄生虫 ■クロソメワケベラ

クギベラ

とがった口で、サンゴのあいだにひそむ小動物をとらえて食べます。■20cm ■静岡県〜屋久島、琉球列島など／西・中央太平洋、インド洋 ■岩礁、サンゴ礁 ■小動物 ■サンシキベラ

海で大人気のクリーニング屋さん

大きな魚が、気持ちよさそうに動きを止めていることがあります。そこにはたいてい、魚につく寄生虫をせっせと食べてそうじをする、ホンソメワケベラの姿があります。大きい魚は、体をきれいにしてもらうかわりに、ホンソメワケベラをおそうことはしません。ホンソメワケベラは、安全に好物の寄生虫を食べることができます（相利共生、→P.148）。

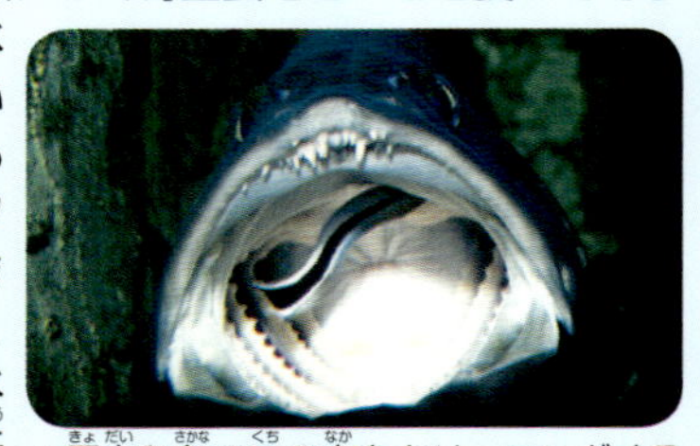

▲巨大な魚の口の中をクリーニングするホンソメワケベラ。

▼幼魚。海中をただよう海藻のふり（擬態）をしています。

ノドグロベラ

■12cm ■千葉県、和歌山県、高知県、屋久島、琉球列島など／西・中央太平洋、東インド洋 ■砂れき底、岩礁、サンゴ礁 ■底生の小動物

■体長 ■分布 ■生息域 ■食べ物 ■別名 ■危険な部位 危 危険な魚 食 食用魚 絶 絶滅危惧種

びっくり！おさかなコラム

魚の体色変化

魚の体色や模様の変化は、さまざまなきっかけで起こります。毎日の時間のうつり変わりで起こる日常的なもの、産卵期に現れる一時的なもの、成長とともに時間をかけて変化するものなど、魚の生態に深くかかわっています。

大人になると落ちつきます！

幼魚と成魚の体色が大きく異なる魚が多くいます。毒のある生物に似せた体色で身を守ったり、まわりの環境に似せた体色で敵に見つからないようにしたりするほかに、同じ種の成魚から身を守るためにまったくちがう体色になっているケースもあります。

▼幼魚

▼若魚

▼成魚

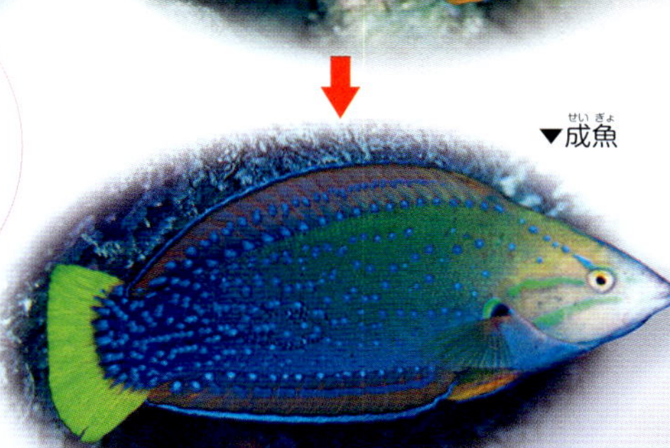

ベラのなかま、ツユベラの体色変化。幼魚のあざやかな体色は、成長とともに落ちついた色に変化していきます。

昼と夜は別の顔！

サンゴ礁でくらすあざやかな体色の魚たちの多くは、夜になると地味な体色に変わります。これは、夜行性の肉食の魚に見つからないようにするためと、考えられています。

▲昼の姿

▲夜の姿

チョウチョウウオのなかま、ヤリカタギの体色変化。黒くなって目立たなくなるだけではなく、目に似た白いはん点で、頭の位置をわからなくしています。

性転換で華麗に変身！

魚の中には、オスからメスへ、メスからオスへ性転換（→P.85）するものがいます。性転換は時間をかけて行われるので、体のつくりが変わるとともに体色もゆっくりと変わっていきます。

▼メス

▼中間

▼オス

サクラダイ（→ P.85）の体色変化。メスからオスに体のつくりが変わるとともに、体色や模様がゆっくりと変化していきます。

婚姻色でメスにアピール！

メスが産卵期をむかえると、オスはアピールするために、産卵期特有の体色（婚姻色）に変化します。また、それと同じような色が、興奮したときにも現れる場合があります。

ヒメギンポ（→ P.137）の体色変化。オスが婚姻色を出して、メスにアピールしています。

魚の体色変化の例は、ほかにもあります。

釣り上げによる体色変化　→タカサゴのなかま（→P.100）
まわりの環境による体色変化　→カレイのなかま（→P.160）

ブダイのなかま

お魚トーク　口にはオウムのくちばしのようながんじょうな歯をもち、さらにのどの奥にも食べ物をすりつぶすための歯(咽頭歯、→P.185)がある。メスからオスに性転換(→P.85)し、オス、メス、幼魚で体色がちがう。あたたかい地域では重要な食用魚だ。世界の海に約90種、日本には約40種がいるぞ。

▲幼魚

ブダイ 食

■40cm ■千葉県・兵庫県〜九州、吐噶喇列島、奄美大島など／朝鮮半島南部、台湾 ■藻場、れき底 ■藻類、底生の小動物

▲幼魚。頭部のオレンジ色の帯は、成長とともに色あせます。

イロブダイ 食

■80cm ■屋久島、琉球列島など／西・中央太平洋、インド洋 ■サンゴ礁 ■藻類

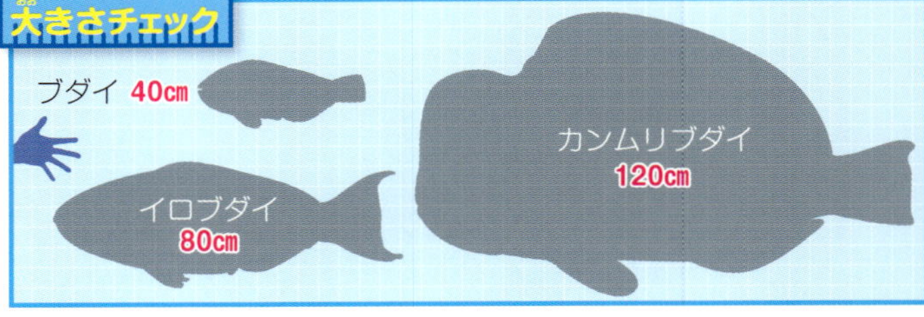

さかなクンのギョギョ魚魚トーク

サンゴ礁のきれいな砂をつくっていたのは、ブダイのなかまたち!?

ブダイのなかまは、とってもじょうぶな歯とあごをもっています。なんと!! サンゴのかたい骨格を、バリバリとかみくだきます。でも、多くのブダイのなかまがつねに食べ物にしているのは、生きたサンゴではありません。サンゴの死んだ骨格についている、藻類なのです。サンゴの骨格は消化することができないので、くだいて口に入れたサンゴの骨格は、さらに、のどの奥にある歯(咽頭歯)で細かくくだかれ、消化されずに、ふんとして出されます。じつは、それがサンゴ礁のまわりの細かい砂のもとにもなっているのです。ブダイのなかまのふんが、きれいな白い砂になるなんて、びっくりでギョざいますね！

▲ブダイのなかまは食欲がおうせい！ たくさん食べて、たくさんふんを出します！

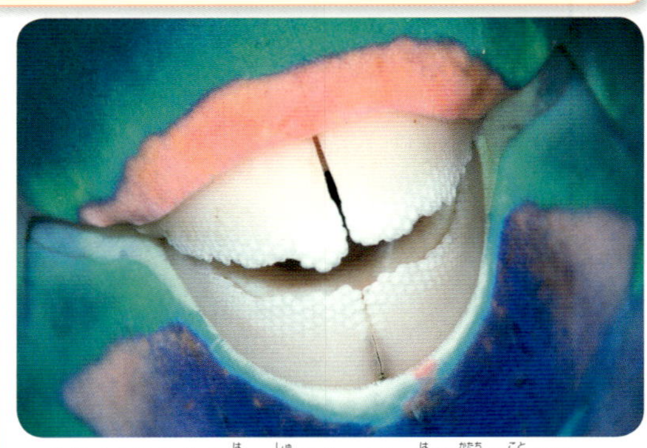

▲ブダイのなかまの歯。種によって、歯の形が異なる。

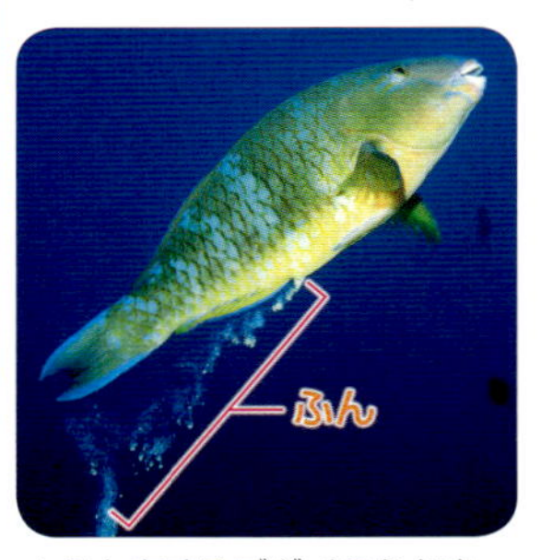

▲ふんをするブダイのなかま。

▲サンゴのかけらを多くふくむ砂。

■体長 ■分布 ■生息域 ■食べ物 ■別名 ■危険な部位 危危険な魚 食食用魚 絶絶滅危惧種

※ここで紹介している魚は、すべてブダイ科です。

ナンヨウブダイ 食

成長するにつれ、頭部がこぶ状にふくらみます。夜は岩かげなどで、粘液でつくった袋にくるまってねむります。
■70cm ■屋久島、琉球列島など／西・中央太平洋 ■サンゴ礁 ■藻類

見てみよう！ DVD 海水浴場の魚たち

ハゲブダイ 食

夜に、粘液でつくった袋にくるまって眠ります。
■30cm ■屋久島、琉球列島など／西・中央太平洋、インド洋 ■サンゴ礁、岩礁 ■藻類

アオブダイ 危 食

成長するにつれ、頭部がこぶ状にふくらみます。粘液でつくった袋にくるまって眠ります。■65cm ■千葉県～高知県、山口県、九州、吐噶喇列島など／東シナ海、南シナ海など ■岩礁 ■藻類 ■内臓に毒をもつ場合がある

▶粘液の袋にくるまるのは、においをとじこめて、夜行性の肉食魚に気づかれないようにするためといわれています。

カンムリブダイ 食

顔の正面は絶壁状で、頭部はこぶ状にふくれます。ほかのブダイのなかまとちがい、生きているサンゴも食べます。昼間はサンゴ礁の外側を群れで泳ぎまわり、夜は単独で岩やサンゴのかげで休みます。■120cm ■鹿児島県、八重山列島／西・中央太平洋、インド洋 ■サンゴ礁 ■藻類、サンゴ

見てみよう！ DVD 水中の名ハンター
生きたサンゴをかじる！

見てみよう！ DVD 魚の赤ちゃん
まったく似ていない赤ちゃん！

▲カンムリブダイの群れ。顔の傷は、サンゴをかじるときにできたものです。

カジカのなかま

お魚トーク　もとはカサゴ目というグループだったが、分類が変わり、スズキ目に組み入れられた。海でくらすもののほかに、河川でくらすものも多い。食用としても重要な魚たちだ。

アイナメ、ギンダラなどのなかま

お魚トーク　あたたかい海から冷たい海、浅場の岩礁から深海と、幅広く生息している。食用で、なじみの深い魚も多いぞ。

▲成魚

アイナメ [アイナメ科] 食

■30㎝ ■北海道〜九州／朝鮮半島〜ロシア南東部など ■浅場の岩礁 ■小魚、底生の小動物 ■アブラコ、アブラメ

▼オス。アイナメのなかまは、藻類や岩などに産みつけられた卵を、オスが守ります。

ホッケ [アイナメ科] 食

成長にともない、アオボッケ、ロウソクボッケ、ハルボッケ、ネボッケと、よび名が変わります。■60㎝ ■北海道〜和歌山県・山口県／朝鮮半島東部〜オホーツク海南部 ■大陸棚の岩礁 ■魚、甲殻類

ハタハタ [ハタハタ科] 食

産卵期になると深場から浅場の藻場へ移動し、いっせいに産卵します。■20㎝（全長）■北海道、青森県〜山口県など／朝鮮半島東部〜カムチャツカ半島など ■水深100〜400mの大陸棚・大陸斜面の砂泥底 ■甲殻類、イカ ■オキアジ、カミナリウオ

ギンダラ [ギンダラ科] 食

アメリカやカナダから多く輸入される、重要な食用魚です。■100㎝ ■北海道北東部、青森県〜神奈川県／北太平洋、東太平洋（北部）■水深300〜2700mのどろ底 ■小魚

アブラボウズ

[ギンダラ科]  危 食

■150㎝ ■北海道南部〜三重県など／北太平洋、東太平洋（北部）■水深700mまでの岩礁 ■小魚 ■オシツケ ■肉に脂肪分を多くふくむ（食べすぎると、下痢をする可能性あり）

   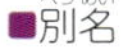   
■体長 ■分布 ■生息域 ■食べ物 ■別名 ■危険な部位 危 危険な魚 食 食用魚 絶 絶滅危惧種

カジカのなかま

お魚トーク　頭が大きく、体は小さなうろこや粘液、板状の骨(骨板)などでおおわれている。浮き袋はなく、海底でくらしている。すべて卵性だが、交尾をしてから産卵するものもいるぞ。

オニカジカ [カジカ科] 危

えらに数本のとげがあります。個体により体色が変わります。■28cm ■北海道～福島県・島根県／朝鮮半島東部～北太平洋 ■大陸棚の砂れき底 ■底生の小動物 ■オイランカジカ ■えらのとげ

アナハゼ [カジカ科]

藻類の多い場所を好みます。体色や模様はさまざまです。■18cm ■青森県～徳島県・長崎県、愛媛県など／朝鮮半島南部 ■沿岸の藻場 ■小魚、底生の小動物 ■ウミハゼ

ギスカジカ [カジカ科] 食

■40cm ■北海道、青森県、岩手県～茨城県／朝鮮半島東部～北太平洋 ■沿岸の岩礁、藻場 ■魚、小動物 ■イソカジカ、モカジカ、ゴモカジカ

アカドンコ [ウラナイカジカ科] 食

■30cm ■北海道南部～千葉県、三重県、和歌山県 ■水深270～1010mの底層 ■底生の小動物 ■エビナカジカ、ミズアンコウ

▲全身が、ぶよぶよとしたやわらかいゼラチン質でできています。

スイ [カジカ科]

体がうすく、頭部や背中にとげはありません。■12cm ■青森県～和歌山県・九州北部など／朝鮮半島南部 ■浅場の藻場 ■底生の小動物

クチバシカジカ [クチバシカジカ科]

頭が大きく、体の半分ほどあります。胸びれを使って、歩くように移動します。■8cm ■岩手県～神奈川県／北太平洋、東太平洋（北部）■岩礁 ■ヨコエビ類、ワレカラ類

ガンコ [ウラナイカジカ科]

大きな頭に、とげが数多く生えています。■30cm ■北海道、青森県～千葉県・島根県／朝鮮半島東部～北太平洋、東太平洋（北部）■水深850mまでの底層 ■底生の小動物

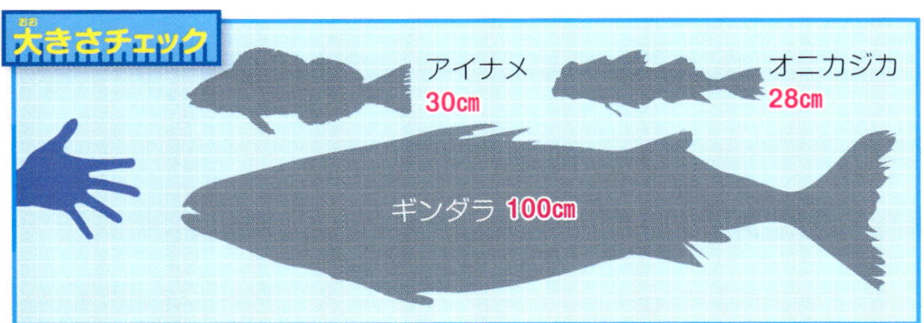

マメ知識　カジカのなかまは、汁物や鍋料理に使うと、よい出汁がとれます。鍋の底をつつきすぎてこわしてしまうほどおいしいので、「鍋こわし」ともよばれます。

カジカのなかま

イソバテング ［ケムシカジカ科］
■20㎝ ■北海道〜神奈川県・福井県／朝鮮半島東部〜北太平洋、東太平洋（北部）■沿岸の浅場の藻場 ■魚、甲殻類 ■サチコ

ケムシカジカ ［ケムシカジカ科］食
水を飲んでおなかをふくらませて泳ぐ習性があります。■30㎝ ■北海道〜千葉県・長崎県など／朝鮮半島〜北太平洋など ■水深540mまでの底層 ■魚、甲殻類

▲顔に、皮ふが変化した突起（皮弁）がたくさんあります。

トクビレのなかま

お魚トーク 体のほぼ全体が、板状の骨（骨板）でおおわれている。口のまわりや吻の先に、ひげをもつものが多いぞ。

アツモリウオ ［トクビレ科］
■17㎝ ■北海道〜宮城県・島根県など／朝鮮半島東部〜樺太、千島列島南部 ■水深100mまでの岩礁・砂泥底 ■底生の小動物

▲オス

トクビレ ［トクビレ科］食
特別に大きい背びれとしりびれをもっているので、この名がつきました。オスは、このひれを広げてメスに求愛します。
■35㎝ ■北海道〜静岡県・島根県／朝鮮半島東部〜オホーツク海 ■水深270mまでの岩礁・砂泥底 ■底生の小動物 ■ハッカク、サチ

ひげ

クマガイウオ ［トクビレ科］
■16㎝ ■北海道〜岩手県・島根県／朝鮮半島東部〜樺太 ■水深140mまでの岩礁・砂泥底 ■底生の小動物

◀とても細長い体に、丸い尾びれをもちます。

タテトクビレ ［トクビレ科］
■16㎝ ■北海道、岩手県／ロシア南東部、北太平洋など ■水深500mまでの岩礁・砂泥底 ■底生の小動物

大きさチェック

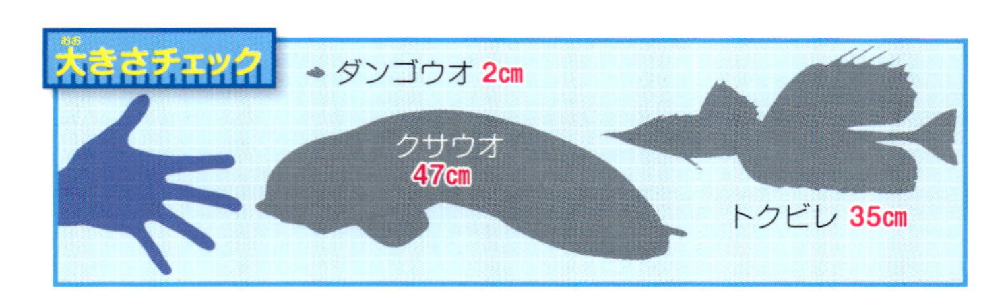

アツモリとクマガイ（平敦盛と熊谷直実）

アツモリウオとクマガイウオは、かたい骨板におおわれた姿が鎧武者のように見えるので、平安時代の武将の名前がつけられました。平敦盛は美しい若武者でしたが、戦に敗れ逃げている途中で、熊谷直実にとらえられました。直実はわが子と年の近い敦盛を、泣く泣く討ったと伝えられています。

▲古典『平家物語』の一場面。左が平敦盛、右が熊谷直実。明星大学所蔵。

ダンゴウオ、クサウオのなかま

お魚トーク 丸みをおびた体が特徴だ。腹部に、左右の腹びれが変化した吸ばんがついていて、この吸ばんで岩などに吸いつく。オスは、ふ化するまで卵を守るぞ。

フウセンウオ [ダンゴウオ科]
■6cm ■北海道、青森県、兵庫県、隠岐諸島、九州西部／朝鮮半島北東部、ロシア南東部～カムチャツカ半島など ■水深230mまでの岩礁 ■底生の小動物

ダンゴウオ
[ダンゴウオ科]
成長しても2cmほどの小さな魚です。黄色や緑、ピンク、赤など、体色はさまざまです。■2cm ■青森県～三重県・長崎県／千島列島南部など ■沿岸の浅場の藻場 ■ヨコエビ類、ワレカラ類

吸ばん

◀なんにでも吸いつくダンゴウオの吸ばん。

ホテイウオ 食
[ダンゴウオ科]
■25cm ■北海道～千葉県・長崎県など／朝鮮半島東部～北太平洋、東太平洋（北部）■大陸棚の岩礁 ■クラゲ類 ■ゴッコ

イボダンゴ [ダンゴウオ科] 食
体中に骨質でこぶ状の突起があります。■8cm ■北海道南部、岩手県、新潟県、富山県／北太平洋、東太平洋（北部）など ■岩礁 ■底生の小動物

ランプフィッシュ [ダンゴウオ科] 食
■61cm（全長）■大西洋（北部）■岩礁、藻場 ■クラゲ類、小型の甲殻類 ■ランプサッカー

アバチャン [クサウオ科]
口のたくさんのひげと、体中のオレンジ色の虫食い模様が特徴です。■35cm ■北海道～千葉県・島根県／朝鮮半島東部～ロシア南東部、カムチャツカ半島南東部など ■水深35～700mの底層 ■小動物

クサウオ [クサウオ科]
メスは産卵直後、オスはふ化するまで卵を保護した後で、一生を終えます。■47cm ■北海道南部、本州～九州など／東シナ海など ■大陸棚の底層 ■小魚、甲殻類

ゲンゲ、タウエガジなどのなかま

お魚トーク

体はウナギのように細長く、背びれと尾びれ、しりびれがつながっているものが多い。おもに冷たい海域の沿岸から深海でくらしている。南極海や北極海でも見られ、日本では東北地方や北海道など、北に向かうにつれて種類が多くなるぞ。

▼180度近く開く口で、押し合いながら、なわばり争いをします。

▼オオカズナギの全身。

オオカズナギ [タウエガジ科]

岩にあいた穴を巣にしてくらします。■11cm（全長）■愛知県〜和歌山県、京都府〜山口県、大阪府、淡路島、九州など／済州島 ■沿岸の岩礁・藻場 ■底生の小動物

タナカゲンゲ [ゲンゲ科] 食

頭部と腹部にはうろこがなく、体の模様は成長とともに変化します。■100cm（全長）■北海道、青森県〜山口県／朝鮮半島東部〜オホーツク海（西部）■水深120〜870mの砂泥底 ■底生の魚、甲殻類 ■キツネダラ、ババチャン

ノロゲンゲ [ゲンゲ科] 食

ゼラチン状のやわらかい体で、腹びれはありません。■30cm（全長）■北海道〜宮城県・山口県／朝鮮半島東部〜ベーリング海 ■水深140〜1980mの砂泥底 ■底生の小動物

タウエガジ [タウエガジ科] 危 食

■40cm ■北海道、青森県、新潟県／ロシア南東部、オホーツク海など ■水深500mまでの砂泥底 ■魚、甲殻類 ■ガジ、シャデ ■卵巣に毒

大きさチェック

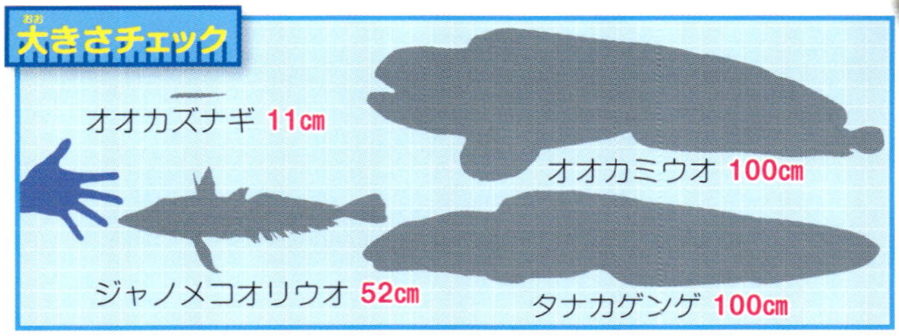

オオカズナギ 11cm
オオカミウオ 100cm
ジャノメコオリウオ 52cm
タナカゲンゲ 100cm

フサギンポ [タウエガジ科]

■50cm ■北海道〜茨城県・山口県など／朝鮮半島など ■岩礁、内湾 ■ナマコ類、イソギンチャク類、ゴカイ類、ウミウシ類、巻き貝 ■ガンジー

▲頭部、背びれ前部に、皮ふが変化したふさのような突起（皮弁）が多くあります。

オオカミウオ ［オオカミウオ科］危
犬歯状の歯でえものをとらえ、臼歯でかたい殻などをかみくだきます。■100cm（全長）■北海道～茨城県・新潟県／北太平洋など ■水深 50～100m の岩礁 ■ウニ、貝、タコ、甲殻類 ■歯

ハコダテギンポ ［ニシキギンポ科］
環境により体色が異なります。
■18cm ■北海道、青森県、岩手県、新潟県／朝鮮半島北東部、千島列島など ■沿岸の藻場 ■甲殻類

ギンポ ［ニシキギンポ科］食
岩かげや藻類の中に身をひそめます。関東地方では食用にされます。■29cm ■北海道～九州／朝鮮半島東部・南部 ■沿岸の岩礁・砂泥底、潮だまり ■底生の小動物 ■カミソリウナギ

▲成魚
▼稚魚

スミツキメダマウオ ［メダマウオ科］
岩の下やすき間に身をひそめます。
■15cm ■北海道、新潟県／朝鮮半島東部～オホーツク海 ■沿岸の岩礁 ■甲殻類

ナンキョクカジカのなかま

お魚トーク　ときに氷点下となる極寒の南極海でくらす魚たちだ。血液がとうめいで体が真っ白だったり、浮き袋をもたずに体の脂肪分で浮く力を調節したりと、体のつくりが特殊なものが多いぞ。

ボウズハゲギス ［ナンキョクカジカ科］
氷の下で群れをつくり、活発に泳ぎまわります。■28cm（全長）■南極海 ■表層（海氷の下）■オキアミ、小魚

▲血液の中の特殊なたんぱく質のおかげで、血液がこおりにくく、マイナス2℃でも活発に泳ぐことができます。

ジャノメコオリウオ ［コオリウオ科］
腹びれを使って、体を支えます。■52cm（全長）■南極海（南極半島～スコシア海）■海底 ■オキアミ、魚

▲大きく口を開けた、ジャノメコオリウオ。血液がとうめいなので、体の中も白い。

マメ知識　コオリウオ科の魚の血液は、赤い色素をもつヘモグロビンなどがふくまれていないため、まるで水のように無色とうめいです。

トラギス、ミシマオコゼなどのなかま

スズキ目

お魚トーク　トラギスのなかまは、やや細長く、丸みをおびた体つきをしている。メスからオスに性転換(→P.85)する。ミシマオコゼのなかまは砂の中に全身をかくし、大きな口で小魚や小動物を丸飲みにするぞ。

トラギス［トラギス科］食

■18㎝ ■千葉県・新潟県～九州など／東シナ海、南シナ海、東インド洋 ■浅場の砂れき底 ■魚、底生の小動物

オキトラギス［トラギス科］食

■17㎝ ■茨城県・新潟県～九州など／東シナ海など ■大陸棚の砂泥底 ■魚、底生の小動物 ■オキノゴモ、ホシゴモ

船の帆のようなオスの第1背びれ。開いたり、閉じたりします。

ウサギトラギス

［ホカケトラギス科］

■6㎝ ■神奈川県、静岡県、兵庫県／済州島、台湾 ■沿岸の砂底 ■底生の小動物

オグロトラギス［トラギス科］

■20㎝ ■和歌山県、高知県、愛媛県、屋久島、琉球列島など／西・中央太平洋 ■浅場のサンゴ礁・砂れき底 ■魚、底生の小動物

◀ふくらんだ胃のようすがわかるようにしたはく製。

オニボウズギス［クロボウズギス科］

大きな口にするどい歯が生えていて、とらえたえものを逃がしません。胃は大きくふくらむようになっていて、自分の体より大きいえものでも、飲みこむことができます。■25㎝ ■静岡県、沖ノ鳥島／インド洋、大西洋 ■中深層 ■魚 ■キャスモドン

ワニギス［ワニギス科］

■12㎝ ■宮城県・新潟県～九州／東シナ海、オーストラリア南東部など ■大陸棚の砂泥底 ■小魚、甲殻類、イカ

イカナゴ［イカナゴ科］食

内湾の砂底で大きな群れをつくります。水温が15℃をこえると、砂にもぐって「夏眠」をします。■25㎝ ■北海道、青森県～茨城県・九州北部など／東シナ海など ■内湾の砂底 ■プランクトン ■コウナゴ、メロウド

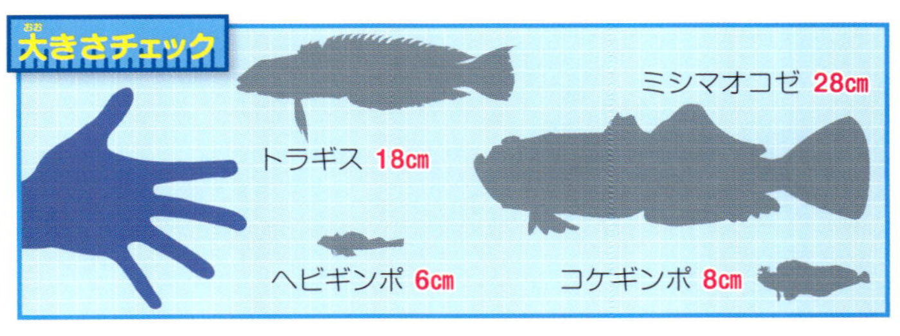

コンビクト・ブレニー［フォリディクティス科］

子が親の世話をするめずらしい生態の魚で、数千びきの幼魚とその親がいっしょにくらします。親は幼魚を口の中へ入れ、幼魚がとってきたプランクトンを食べています。■34㎝（全長）■西太平洋 ■サンゴ礁 ■プランクトン ■囚人魚

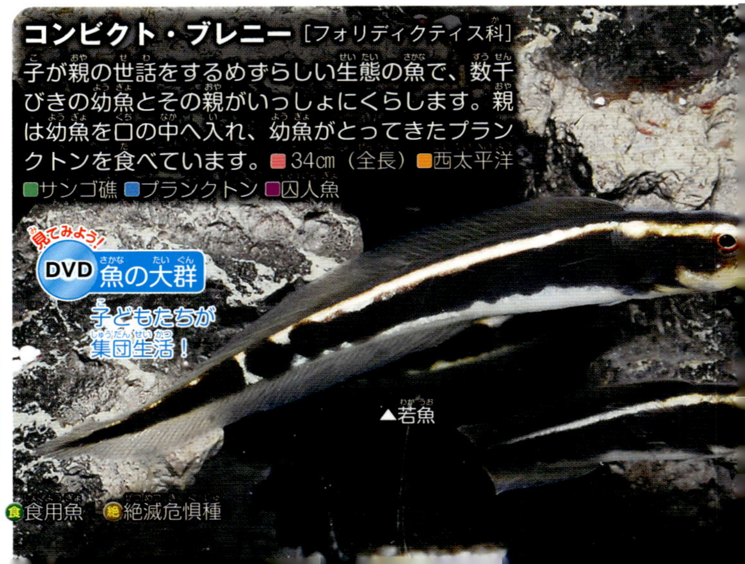

▲若魚

▲背びれのすじ(軟条)が、糸のように長くのびます。

リュウグウベラギンポ［ベラギンポ科］
海底から少し上で動きを止めているようすが、よく見られます。危険を感じると、砂の中にかくれます。■18cm ■高知県、琉球列島／西・中央太平洋、インド洋 ■沿岸の砂底 ■小動物

ミシマオコゼ［ミシマオコゼ科］危 食
■28cm ■北海道南部、本州〜九州／東シナ海など ■水深35〜260mの砂泥底 ■底生の小動物、魚 ■エダアンコウ、ミシマフグ、モクギョ、ヨメソシリ ■えらぶたの上のとげ

▼体をふるわせて全身を砂底にもぐらせ、目と口だけ出して、えものを待ちぶせします。

メガネウオ［ミシマオコゼ科］危 食
■30cm ■千葉県〜九州南部、富山県、琉球列島／西太平洋など ■水深100mまでの砂れき底 ■甲殻類、魚 ■えらぶたの上のとげ

ヘビギンポ、コケギンポのなかま

お魚トーク おくびょうな性格で体も小さく、岩のすき間や穴、貝殻の中などにかくれながら、くらしている。コケギンポのなかまは、目の上や頭の上に、皮ふが変化した突起(皮弁)がついているぞ。

ヘビギンポ［ヘビギンポ科］
ヘビギンポのなかまはオスとメスで体色が異なり、オスは繁殖期になると体色が変わります（婚姻色、→P.127）。■6cm ■本州以南／東シナ海、南シナ海など ■岩礁 ■藻類、小動物 ■ツバメ（繁殖期の黒いオス）

タテジマヘビギンポ［ヘビギンポ科］
■4cm ■静岡県〜高知県、屋久島、琉球列島など／西・中央太平洋、東インド洋 ■サンゴ礁 ■甲殻類、ゴカイ類

ヒメギンポ［ヘビギンポ科］
■5cm ■北海道北東部、本州〜九州／西太平洋 ■岩礁 ■小動物

▲ふだんは穴やすき間から顔だけ出しています。

コケギンポ［コケギンポ科］
目の上にふさのような皮弁があります。■8cm ■北海道西部、千葉県・青森県〜九州／朝鮮半島南部 ■岩礁、潮だまり ■甲殻類、藻類

トウシマコケギンポ［コケギンポ科］
目と頭の上にふさのような皮弁があります。■6cm ■千葉県〜和歌山県 ■岩礁 ■甲殻類

イソギンポのなかま

お魚トーク　ふだんは岩のまわりを動きまわっているが、危険を感じると岩やサンゴのすき間にかくれる。目の上や顔のまわりには、皮ふが変化した突起（皮弁）がある。世界の海に約360種、日本には約80種がいるぞ。

スズキ目

◀オオヘビガイの殻に入るナベカ。しっぽから入ります。

皮弁

イソギンポ ［イソギンポ科］ 危

上あごに犬歯のようなするどくとがった歯があります。■6cm ■北海道南部・西部、本州～九州、奄美大島／東シナ海など ■沿岸の岩礁、潮だまり ■甲殻類、小動物 ■歯

ナベカ ［イソギンポ科］ 危

産卵期になると、メスは赤い卵をオオヘビガイの殻の中や岩穴に産み、オスが卵を守ります。■6cm ■北海道～九州／朝鮮半島など ■沿岸の岩礁、潮だまり ■甲殻類、小動物 ■歯

カエルウオ ［イソギンポ科］

危険を感じると、岩の上をカエルのようにジャンプして逃げます。■12cm ■千葉県・兵庫県～屋久島など／済州島 ■沿岸の岩礁、潮だまり ■藻類、甲殻類 ■テカグリ、トビハゼ

フタイロカエルウオ ［イソギンポ科］

■7cm ■屋久島、琉球列島／西太平洋・東インド洋の熱帯域など ■サンゴ礁 ■藻類

モンツキカエルウオ ［イソギンポ科］

■9cm ■屋久島、琉球列島／西太平洋・中央太平洋・インド洋の熱帯域 ■沿岸の岩礁・サンゴ礁 ■藻類

▲顔に赤いはん点がたくさんついています。

セダカギンポ ［イソギンポ科］

サンゴの中でくらしています。目にも体と同じような模様があります。■10cm ■和歌山県、高知県、琉球列島など／西太平洋・中央太平洋・インド洋の熱帯域 ■沿岸の岩礁、サンゴ礁 ■サンゴにつく藻類

イシガキカエルウオ ［イソギンポ科］

■5cm ■屋久島、琉球列島など／西太平洋・東インド洋の熱帯域 ■サンゴ礁 ■藻類

◀笑っているように見えるイシガキカエルウオ。

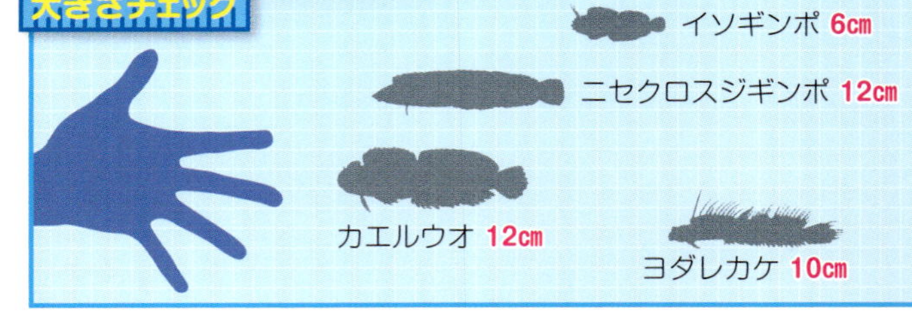

■体長 ■分布 ■生息域 ■食べ物 ■別名 ■危険な部位 危危険な魚 食食用魚 絶絶滅危惧種

見てみよう！
DVD 海水浴場の魚たち

ニジギンポ［イソギンポ科］危

小さな群れをつくり、活発に泳ぎまわります。
■11cm ■北海道南部、本州以南／西太平洋・インド洋の熱帯・温帯域 ■沿岸の岩礁 ■藻類、甲殻類 ■歯

オウゴンニジギンポ
［イソギンポ科］

■6cm ■静岡県～高知県、屋久島、琉球列島など／西・中央太平洋の熱帯域 ■サンゴ礁 ■プランクトン

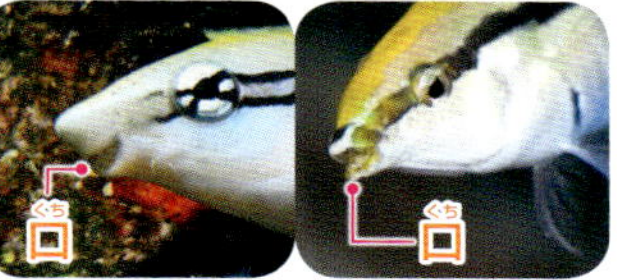

▼ニセクロスジギンポ（左）は頭部の下側に口がありますが、ホンソメワケベラ（右）は頭部の正面に口があるので、口の位置で見分けることができます。

ニセクロスジギンポ［イソギンポ科］

ホンソメワケベラ（→ P.126）によく似た姿で、クリーニングするふりをして近づき（擬態、→ P.163）、ひれや皮ふの一部をかじりとって食べます。■12cm ■神奈川県～高知県、屋久島、琉球列島など／西・中央太平洋の熱帯域 ■サンゴ礁、岩礁 ■魚のうろこやひれ、皮ふ

ヨダレカケ［イソギンポ科］

波のしぶきがかかるような岩の上にいて、水中にはほとんど入りません。移動するときも、体をぬらさないように、岩の表面か、水面を飛びはねて移動します。■10cm ■屋久島、琉球列島／台湾、インドネシア ■岩礁 ■藻類

見てみよう！
DVD 驚きの産卵術
水から逃げる魚!?

▶岩のすき間にかくれているハナダイギンポ。

ハナダイギンポ［イソギンポ科］

ハナダイのなかま（→ P.84）の群れにまじって、泳ぎまわります。
■8cm ■屋久島、琉球列島／西太平洋・中央太平洋・インド洋の熱帯域 ■沿岸の岩礁、サンゴ礁 ■プランクトン

かくれんぼの達人のひみつ！

イソギンポやコケギンポのなかまは、かくれんぼの達人です。細長い体で岩の穴やサンゴのすき間など、せまいところにするりと入りこみます。体にうろこがなく、全身が粘液におおわれているため、ひっかかることなく、いろいろなところにかくれられるのです。

◀ときには、ゴカイのすみかのあとなどに入ることもあります。

イレズミコンニャクアジのなかま

お魚トーク　イレズミコンニャクアジは世界に１種だけで、水深1000m付近の深海でくらしている。体がひじょうにやわらかく、うろこはない。若魚は沿岸の表層でも見られ、成長にともなって深層へと移動するぞ。

▲成魚

イレズミコンニャクアジ
［イレズミコンニャクアジ科］

■2m ■北海道北東部～神奈川県、高知県など／北太平洋、東太平洋（北部） ■沖合の深層 ■魚、イカ

▲若魚。腹びれがあり、全身に紫色のはん点があります。成魚になると、腹びれもはん点もなくなります。

魚はどうやって子どもを産む?

魚たちは、どのように子どもを増やしていくのでしょうか。受精の仕方(体外受精と体内受精)や、子どもの産み方(産卵と産仔)に注目しましょう。

体の外で受精する

魚類のほとんどは、メスが卵を産んで(産卵)、オスが精子をかけます(放精)。体の外で卵と精子がくっつくので、「体外受精」といいます。

◎卵をばらまく①

つねに中層を泳ぎ続けるクロマグロは、卵も泳ぎながら産みます。メスの後をオスが追いかけ、メスが大量の卵をばらまくと、同時にオスも精子を出して、海中で受精します。

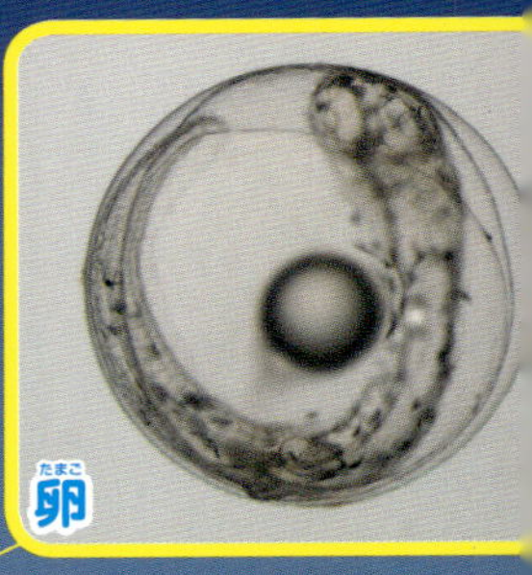

▶クロマグロの卵。受精後は海中をただよう。このような卵を「浮性卵」といいます。

クロマグロ (→P.156)

▲メス

◀オス

◎卵を産みつける

クマノミのなかまは、イソギンチャクがついている海底の岩場に卵を産みます。メスが卵をひとつずつ産みつけ、オスが精子をかけていきます。

◎卵をばらまく②

カエルアンコウのなかまは、メスが細長い卵のかたまりを産むと、オスがすばやく精子をかけます。

カエルアンコウ (→P.62)

▼メス

◀オス

◀オス

▶メス

カクレクマノミ (→P.118)

卵

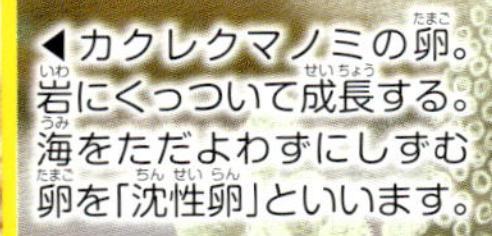

◀カクレクマノミの卵。岩にくっついて成長する。海をただよわずにしずむ卵を「沈性卵」といいます。

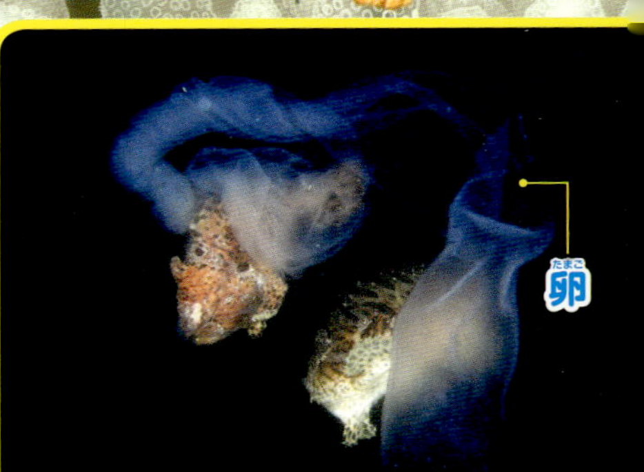

▶カエルアンコウの卵。浮性卵で、かたまりのまま海をただよいます。

産んだ後の子育て

魚類の子育ては、繁殖のしかたによって異なります。卵を海中にばらまくタイプの魚は、卵を産んだらすぐにどこかへ行ってしまいます。卵を産みつけるタイプの魚の中には、ふ化するまで卵を守るものもいますが、それもふ化するまでのことです。仔魚を産むタイプの魚も、産んだら親子はべつべつにくらします。

▲卵を守るダンゴウオ（→P.133）。卵の近くにいて、ほかの魚をよせつけないようにしています。

▲キンセンイシモチ（→P.91）の口の中から飛び出す仔魚たち。オスは、卵を口の中に入れて守ります。

体の中で受精する

オスとメスが交尾して、メスの体の中で受精することを「体内受精」といいます。体内受精する魚には、仔魚を産む魚と、卵を産む魚がいます。

産仔 メスの体内から、仔魚が生まれてきます。

◎交尾して仔魚を産む

サメやエイのなかまの多くは、オスとメスが交尾をします。メスは受精した卵を体内でふ化させて、仔魚が成長してから出産します（産仔）。

交尾 オスがメスにかみついて、体を固定し、交尾します。

◀オスの腹びれ。１対の交接器（クラスパー）がついています。

◀メスの腹びれ。交接器はありません。

◎交尾して卵を産む

サメやエイのなかまの一部は、交尾をした後に、仔魚ではなく卵を産みます（産卵）。

◀ガンギエイのなかまの卵。かたい殻におおわれていて、細いつめが岩などに引っかかります。

ウバウオのなかま

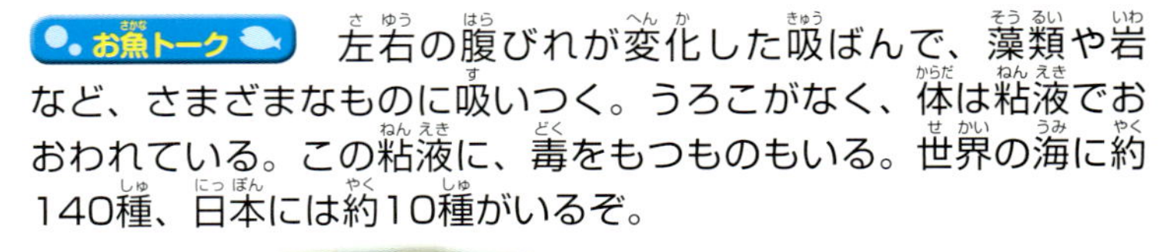

お魚トーク　左右の腹びれが変化した吸ばんで、藻類や岩など、さまざまなものに吸いつく。うろこがなく、体は粘液でおおわれている。この粘液に、毒をもつものもいる。世界の海に約140種、日本には約10種がいるぞ。

ウバウオ［ウバウオ科］
岩礁に生える藻類に、吸ばんで吸いつきます。岩のすき間や、石の下などでも見られます。■5cm ■千葉県～和歌山県、富山県～長崎県、愛媛県など ■浅場の岩礁 ■小型の甲殻類

▲アンコウウバウオの吸ばん。

アンコウウバウオ［ウバウオ科］
アンコウ（→P.58）に似て、頭と体が上から押しつぶされたように平らなので、この名がつきました。■4cm ■千葉県～屋久島、長崎県、奄美大島／台湾 ■岩礁 ■小型の甲殻類

ウミシダウバウオ
［ウバウオ科］
ウミシダ類に、吸ばんで吸いつきます。■4cm ■琉球列島／西太平洋、東インド洋 ■サンゴ礁

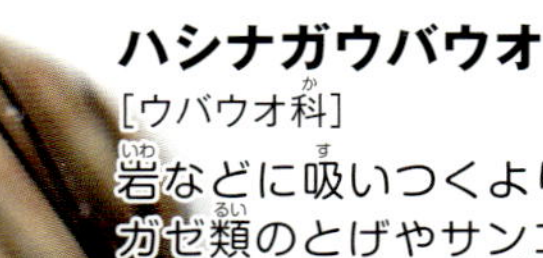

ハシナガウバウオ
［ウバウオ科］
岩などに吸いつくよりも、ガンガゼ類のとげやサンゴの枝のあいだを泳ぎまわる姿が、よく見られます。■6cm ■千葉県～高知県、愛媛県、琉球列島など／西太平洋、インド洋 ■浅場の岩礁 ■小動物

ネズッポのなかま

お魚トーク　体は上から押しつぶされたように平たく、下を向いた口をのばして、海底の小動物を食べる。産卵期をむかえると、ペアで海面近くまで上昇し、産卵と放精を行う。世界の海に約180種、日本には約40種がいるぞ。

オスは、第１背びれのふちが黒くなっています。

▲オス

▼上から見たネズミゴチ。

メスは、第１背びれに黒いはん点があります。

▼メス

ネズミゴチ［ネズッポ科］食
体にうろこがなく、粘液でおおわれています。■17cm ■北海道南部、本州～九州など／東シナ海、南シナ海 ■内湾の浅場の砂底 ■甲殻類、ゴカイ類、貝 ■メゴチ

トビヌメリ［ネズッポ科］食
■16cm ■北海道～九州北部／朝鮮半島南東部 ■内湾の浅場の砂底 ■甲殻類、ゴカイ類

▼オス

オスは、第１背びれのすじ（軟条）がのびる。

ヨメゴチ［ネズッポ科］
■22cm ■千葉県・新潟県～九州など／西太平洋、オーストラリア北西部 ■水深20～200mの砂泥底 ■甲殻類、ゴカイ類

■体長 ■分布 ■生息域 ■食べ物 ■別名 ■危険な部位 危危険な魚 食食用魚 絶絶滅危惧種

▼なわばり争いをするヤマドリのオス。

第１背びれ

▲メス

◀オス。第１背びれは大きく広がり、ひれのつけ根に青い目のような模様（眼状斑）があります。

ヤマドリ［ネズッポ科］
■7cm ■千葉県～高知県、北海道西部～長崎県など／済州島 ■岩礁の砂底 ■底生の小動物

第１背びれ

▼オス。第１背びれには、めがねのような模様があります。

▲メス

ミヤケテグリ［ネズッポ科］
■6cm ■静岡県～鹿児島県、琉球列島など／西・中央太平洋、東インド洋 ■岩礁の砂底 ■底生の小動物

▶幼魚

△成魚（メス）

イッポンテグリ［ネズッポ科］
腹びれの一部が、１本の指のように独立していて、これを使って歩くように移動します。■10cm ■静岡県、愛媛県、琉球列島／西太平洋 ■浅場の砂泥底、サンゴ礁 ■底生の小動物

大きさチェック

ネズミゴチ 17cm
ヤマドリ 7cm
ニシキテグリ 4cm
ウバウオ 5cm

ニシキテグリ［ネズッポ科］
サンゴの枝のあいだに身をひそめます。■4cm ■琉球列島／西・中央太平洋など ■サンゴ礁 ■底生の小動物

ニシキテグリの産卵と放精

産卵期になると、体中のひれをめいっぱいに広げて、メスに求愛する（メスの気を引く）オスの姿が見られます。ペアができあがると、オスとメスはよりそいながら上昇します。おたがいの腹部を合わせると、メスが産んだ卵めがけて、オスは放精（精子を放出）します。

▶メスに求愛するオス。体の大きいほうがオスです。

▶ペアでよりそいながら上昇し、産卵と放精を行います。

ベニテグリ［ネズッポ科］食
■17cm ■静岡県・兵庫県～九州／東シナ海、南シナ海 ■大陸棚の砂底や砂泥底 ■甲殻類

▼オス

マメ知識 ネズッポのなかまは、えらが背中のほうにあり、小さな穴になっています。

ハゼのなかま

お魚トーク　ハゼのなかまは、魚類の中で最大のグループだ。世界に約2200種、日本には約520種もいるだけに、体形や体色、生態もさまざま。さらに、海では沿岸から深海まで、陸では河川から干潟までと、すんでいる場所も幅広いぞ。

スズキ目

マハゼ 食

■20cm ■北海道西部、本州～九州／東シナ海、南シナ海など ■内湾や河口の砂泥底、若魚は汽水域にも現れる ■底生の小動物、小魚など ■ハゼ

ドロメ

■15cm ■千葉県・北海道西部～九州など／東シナ海など ■沿岸の岩礁、砂れき底、潮だまり ■小動物

イレズミハゼ

腹びれが変化した吸ばんで、岩やサンゴのがれきにはりつきます。■2cm ■和歌山県、屋久島、琉球列島など／西・中央太平洋、インド洋など ■サンゴ礁 ■小動物

イソハゼ

■3cm ■千葉県・青森県以南／済州島、台湾 ■岩礁、れき底 ■小動物

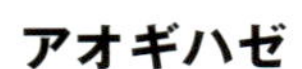

アオギハゼ

群れをつくり、岩のまわりや岩にあいた穴で、背泳ぎをする姿がよく見られます。■3cm ■和歌山県、高知県、屋久島、琉球列島など／台湾 ■サンゴ礁 ■プランクトン

チゴベニハゼ

サンゴのまわりや岩の穴でくらしています。■3cm ■屋久島、琉球列島／西・中央太平洋、インド洋 ■サンゴ礁 ■プランクトン

キイロサンゴハゼ

サンゴの枝のあいだでくらしています。■3cm ■和歌山県、高知県、琉球列島など／西太平洋 ■内湾、サンゴ礁 ■小動物

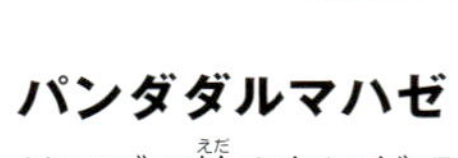

パンダダルマハゼ

サンゴの枝のあいだでくらしています。■2cm ■和歌山県、高知県、屋久島、琉球列島など／西・中央太平洋、インド洋 ■サンゴ礁 ■小動物

アカテンコバンハゼ

サンゴの枝のあいだでくらしています。■4cm ■屋久島、琉球列島 ■サンゴ礁 ■小動物

ガラスハゼ

細長くのびるサンゴのなかまにくっついて、ペアでくらしています。■3cm ■千葉県～屋久島、琉球列島／西・中央太平洋、インド洋 ■岩礁、サンゴ礁 ■プランクトン

◀卵も、くらしているサンゴのなかまに産みつけます。

アカメハゼ

ふだんはサンゴのまわりで群れをつくって浮いていますが、危険を感じると、いっせいにサンゴの枝にくっつきます。■2cm ■屋久島、琉球列島／西・中央太平洋、インド洋など ■サンゴ礁 ■プランクトン

海水浴場で見られるハゼ　DVD　砂地にすむサビハゼ

■体長 ■分布 ■生息域 ■食べ物 ■別名 ■危険な部位 危危険な魚 食食用魚 絶絶滅危惧種

※ここで紹介している魚は、すべてハゼ科です。

▲太平洋型。体の横帯は6本。

▶日本海型。体の横帯は7本。

キヌバリ

すんでいる地域によって、太平洋型と日本海型に分けられ、体色と体の横帯の数がちがいます。■10cm ■〈太平洋型〉千葉県〜三重県、瀬戸内海、大分県、宮崎県〈日本海型〉北海道南東部、青森県〜宮城県・長崎県／朝鮮半島南部 ■内湾の岩礁・藻場・れき底 ■小動物

チャガラ

すんでいる地域によって、太平洋型と日本海型に分けられますが、見た目のちがいはほとんどありません。■8cm ■〈太平洋型〉千葉県〜和歌山県、瀬戸内海〈日本海型〉青森県〜九州西部／朝鮮半島南部 ■内湾の岩礁・藻場・れき底 ■小動物

キンセンハゼ

海底近くで、泳ぎまわります。水中でぴたりと止まっている姿も見られます。■4cm ■和歌山県、琉球列島など／西太平洋、インド洋など ■内湾の砂れき底・砂泥底 ■プランクトン

▲砂ごとえものを食べて、えらあなから砂だけを出します。

アカハチハゼ

■13cm ■千葉県〜屋久島、琉球列島など／西・中央太平洋、インド洋 ■内湾、サンゴ礁の砂れき底・砂泥底 ■底生の小動物、魚

オキナワハゼ

サンゴや岩の下にもぐりこんでくらしています。■5cm ■千葉県〜屋久島、長崎県、琉球列島／西・中央太平洋、東インド洋 ■岩礁、サンゴ礁 ■底生の小動物

▼海底に落ちている貝殻、空き缶、空きびんなどの中に、ペアで入りこみます。

ミジンベニハゼ

■3cm ■千葉県〜愛媛県、兵庫県、福岡県〜鹿児島県／西太平洋など ■沿岸の砂れき底 ■小動物

ホムラハゼ

ほむら（炎）のようなあざやかな模様が特徴です。■2cm ■和歌山県、高知県、屋久島、琉球列島／西・中央太平洋、インド洋など ■内湾やサンゴ礁の砂れき底・砂泥底 ■底生の小動物

大きさチェック

マハゼ 20cm
アカメハゼ 2cm
ホムラハゼ 2cm　キヌバリ 10cm

ツインスポット・ゴビー

日本にはいないハゼで、正式な和名はまだありませんが、背びれにある、目のように見える黒いはんてん点（眼状斑、→P.121）と、前後に少しずつ移動する動きが、カニのように見えることから、「カニハゼ」とよばれています。■10cm ■西太平洋 ■サンゴ礁の砂泥底・砂れき底 ■底生の小動物 ■カニハゼ

マメ知識 キイロサンゴハゼやアカテンコバンハゼは、体にうろこがほとんどなく、粘液でおおわれています。この粘液には毒があり、敵から身を守るのに役立っています。

ハゼのなかま

テッポウエビと共生するハゼ

ハゼのなかまの一部には、テッポウエビのなかまといっしょにくらすものがいます（相利共生、→P.148）。テッポウエビに巣穴をつくってもらうかわりに、ハゼが巣穴の見張りをします。

ニチリンダテハゼ ［ハゼ科］

■5㎝ ■琉球列島／西・中央太平洋 ■サンゴ礁の砂底 ■小動物

ダテハゼ ［ハゼ科］

■9㎝ ■千葉県・島根県～屋久島 ■内湾の砂底 ■小動物 ■キジハゼ

ホタテツノハゼ ［ハゼ科］

コトブキテッポウエビと共生しています。■2㎝ ■伊豆大島、高知県、屋久島、琉球列島／西太平洋 ■砂底 ■小動物

ヒレナガネジリンボウ ［ハゼ科］

体に横帯がななめに入り、背びれの一部が長くのびるので、この名がつきました。■4㎝ ■千葉県～高知県、琉球列島／西太平洋など ■砂底 ■小動物

ヤシャハゼ ［ハゼ科］

コトブキテッポウエビと共生しています。■4㎝ ■伊豆諸島、高知県、琉球列島／西太平洋など ■サンゴ礁の砂底 ■小動物

オニハゼ ［ハゼ科］

ニシキテッポウエビなどと共生しています。■8㎝ ■千葉県・島根県以南／西太平洋など ■岩礁・サンゴ礁の砂底 ■小動物

▶体色が、黒いものと黄色いものがいます。

ギンガハゼ ［ハゼ科］

トウゾクテッポウエビなどと共生しています。■5㎝ ■八重山列島／西太平洋、東インド洋 ■内湾の砂底 ■小動物

オイランハゼ ［ハゼ科］

ニシキテッポウエビなどと共生しています。■7㎝ ■屋久島、琉球列島／西太平洋、東インド洋 ■内湾や河口の砂泥底 ■小動物

大きさチェック

ハタタテシノビハゼ［ハゼ科］
コシジロテッポウエビなどと共生しています。■5cm ■琉球列島／西・中央太平洋 ■サンゴ礁の砂れき底 ■小動物

オドリハゼ［ハゼ科］
巣穴の上で、ひれをゆらしておどるように浮いているので、この名がつきました。■3cm ■和歌山県、屋久島、琉球列島／西・中央太平洋など ■サンゴ礁の砂れき底 ■小動物

ハタタテハゼ［クロユリハゼ科］
海底の巣穴の近くで遊泳しています。危険を感じると、すばやく巣穴にかくれます。■6cm ■静岡県～屋久島、琉球列島など／西・中央太平洋、インド洋 ■サンゴ礁の砂れき底・砂泥底 ■プランクトン

アケボノハゼ［クロユリハゼ科］
■6cm ■静岡県、高知県、屋久島、琉球列島など／西・中央太平洋、インド洋 ■サンゴ礁の砂れき底・れき底 ■プランクトン

シコンハタタテハゼ［クロユリハゼ科］
■5cm ■高知県、琉球列島など／西・中央太平洋 ■岩礁・サンゴ礁の砂れき底 ■プランクトン

ハナハゼ［クロユリハゼ科］
危険を感じると、テッポウエビなどと共生しているほかのハゼの巣穴に逃げこみます。■12cm ■千葉県～高知県、富山県、九州／朝鮮半島南部、サモア諸島 ■岩礁の砂底・砂れき底 ■プランクトン

尾びれの一部が、糸のように長くのびます。

クロユリハゼ［クロユリハゼ科］
海底から少しはなれた中層を、群れ、またはペアで泳ぎまわります。危険を感じると、すばやく巣穴にかくれます。■8cm ■千葉県～屋久島、琉球列島など／西・中央太平洋、インド洋など ■サンゴ礁、岩礁の砂底・砂れき底 ■プランクトン

スジクロユリハゼ［クロユリハゼ科］
■9cm ■静岡県、高知県、屋久島、琉球列島など／西太平洋 ■サンゴ礁、岩礁の砂底・砂れき底

ゼブラハゼ［クロユリハゼ科］
■8cm ■神奈川県、静岡県、琉球列島など／西・中央太平洋、インド洋など ■サンゴ礁、岩礁の砂底・砂れき底 ■プランクトン

オオメワラスボ［オオメワラスボ科］
体をくねらせるようにして泳ぎます。危険を感じると、砂の中に頭からもぐりこみます。■5cm ■琉球列島／西・中央太平洋 ■内湾、河口のサンゴ礁・砂底 ■プランクトン

マメ知識 ハゼといっしょにくらすテッポウエビの種類は、どれでもよいわけではなく、ハゼの種類ごとに決まっています。

びっくり！おさかなコラム

魚と共生

魚たちは、身を守るためのさまざまな知恵をもっています。そのうちのひとつが、ほかの生物とくらす「共生」です。おたがいを支え合うような共生や、片方だけが得をする共生など、いろいろな共生関係があります。

おたがいが得をする！（相利共生）
～ハゼのなかまとテッポウエビ～

共生をすることでおたがいが利益を得る関係を「相利共生」といいます。相利共生でとくに相性がよいのが、ハゼのなかまとテッポウエビのコンビ（→P.146～）です。ハゼはテッポウエビがつくった安全な巣穴の中でくらすかわりに、視力の弱いテッポウエビが巣穴の外に出るときに見張り役をつとめます。おたがいの足りないところをおぎない合う、ベストパートナーです。

▲ギンガハゼ（→ P.146）とテッポウエビのなかま。テッポウエビが巣穴に入ってくる砂をかき出すときや、食べ物を探しに外に出るときは、ハゼもいっしょについていって、敵におそわれないように見張りをします。

片方だけが得をする!?（片利共生）
～ガンガゼと幼魚たち～

片方は利益を得るが、もう片方は利益も不利益もない関係を「片利共生」といいます。ガンガゼ（ウニのなかま）は、長いとげに毒があります。マンジュウイシモチ（→P.91）などの幼魚は、あえて針のあいだでくらすことで、肉食魚から身を守っています。近くにいるだけで悪さはしないので、ガンガゼは得も損もしません。

片方は損をする!?（寄生）
～クラゲと幼魚たち～

片方は利益を得るが、もう片方は不利益をこうむる関係を「寄生」といいます。イボダイやエボシダイのなかま（→P.123）などは、幼魚のうちは毒をもつクラゲといっしょにくらして、身を守ります。幼魚はクラゲを食べて育つため、クラゲにとってはよいパートナーとはいえませんが、これも共生関係のひとつです。

マンジュウダイなどのなかま

お魚トーク　体は平たい円ばん状で、トランプのスペードのマークのような形をしている。幼魚は、成魚と体形や体色が大きく異なり、枯れ葉やヒラムシなどのふり（擬態、→P.163）をしているぞ。

▶成魚の群れ。

▲幼魚。成魚とは体形が大きく異なります。

ツバメウオ

［マンジュウダイ科］

沿岸の中層で、大きな群れをつくります。幼魚の泳ぐ姿が、ツバメが羽を広げて飛ぶ姿に似ているので、この名がつきました。■61㎝ ■北海道南部、本州以南／西太平洋、インド洋 ■沿岸 ■藻類、小動物

◀真下から見たツバメウオのなかまの幼魚。飛んでいるツバメのように見えます。

ナンヨウツバメウオ ［マンジュウダイ科］

■42㎝ ■岩手県～屋久島、鳥取県、琉球列島／西・中央太平洋、インド洋 ■沿岸のサンゴ礁 ■藻類、小動物

◀幼魚。枯れ葉のふり（擬態）をしながら、表層をただようくらしを送ります。汽水域にも入りこみます。

▲成魚

アカククリ ［マンジュウダイ科］

幼魚のうちは、サンゴのすき間にかくれ、ひれをひらひらと動かします。この動きは、コショウダイのなかまの幼魚（→P.102）と同じように、毒をもつヒラムシのふり（擬態）をしていると考えられています。■29㎝ ■千葉県、琉球列島／西太平洋、インド洋 ■サンゴ礁 ■藻類、小動物

◀幼魚。汽水域や淡水域でも見られます。

クロホシマンジュウダイ

［クロホシマンジュウダイ科］危

水のにごった内湾を好みます。■35㎝ ■千葉県・秋田県以南／西・中央太平洋、インド洋 ■内湾 ■藻類、小動物 ■背びれのとげに毒

▲成魚

アカククリの成長

アカククリは、幼魚のうちは特徴のある姿ですが、成長するとともに、ほかのツバメウオのなかまの姿に近づいていきます。

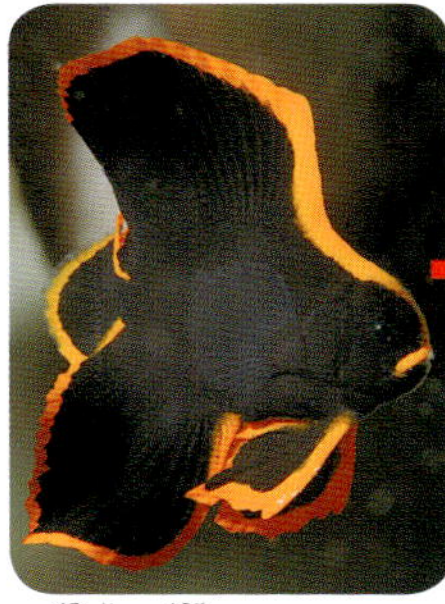

▲黒地の体に、オレンジ色のふちどりがあります。

▲背びれとしりびれがのび、黒地の体に灰色がまじります。

▲体の黒地が少なくなり、成魚に近い姿になります。

■体長 ■分布 ■生息域 ■食べ物 ■別名 ■危険な部位 危危険な魚 食食用魚 絶絶滅危惧種

ニザダイのなかま

お魚トーク　小さい口にするどい歯がついていて、サンゴや岩の表面についている藻類などをかじりとって食べる。尾びれのつけ根に、ナイフのようにするどい突起（骨質板）をもつ。世界に約60種、日本には約40種がいるぞ。

ニザダイ［ニザダイ科］危 食

■40cm ■本州以南／東シナ海、南シナ海 ■岩礁、サンゴ礁 ■藻類 ■サンノジ ■尾部の突起

パウダーブルー・サージョンフィッシュ［ニザダイ科］危

サンゴ礁で、大きな群れをつくります。■54cm（全長）■西太平洋、インド洋 ■サンゴ礁、岩礁 ■藻類 ■尾部の突起

ニジハギ［ニザダイ科］危

■29cm ■静岡県～高知県、長崎県、屋久島、琉球列島など／西・中央太平洋、インド洋 ■岩礁、サンゴ礁 ■藻類 ■尾部の突起

キイロハギ［ニザダイ科］危

■15cm ■神奈川県～高知県、琉球列島など／西・中央太平洋 ■岩礁、サンゴ礁 ■藻類 ■尾部の突起

▼アオウミガメについた藻類を食べる（クリーニング、→P.126）シマハギ。

◀成魚

▼幼魚

ヒレナガハギ［ニザダイ科］危

成魚と幼魚では、体色が大きく異なります。■20cm ■神奈川県～高知県、屋久島、琉球列島など／西・中央太平洋、インド洋 ■岩礁、サンゴ礁 ■藻類 ■尾部の突起

シマハギ

［ニザダイ科］危 食

浅場で、大きな群れをつくります。■21cm ■千葉県～九州南部、新潟県、琉球列島など／太平洋、インド洋など ■岩礁、サンゴ礁 ■藻類 ■尾部の突起

ツマリテングハギ［ニザダイ科］危

頭部の角のような突起が特徴です。■60cm ■千葉県～高知県、青森県、富山県、愛媛県、屋久島、琉球列島など／西・中央・東太平洋、インド洋 ■岩礁、サンゴ礁 ■藻類 ■尾部の突起

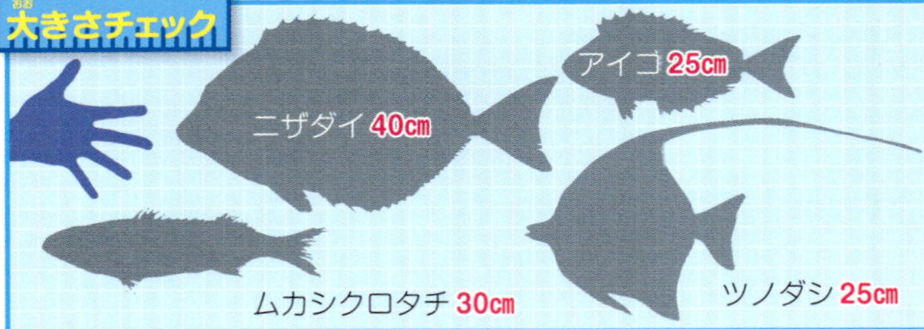

魚はどうやって眠る？　DVD　ミヤコテングハギの眠り方

■体長 ■分布 ■生息域 ■食べ物 ■別名 ■危険な部位 危 危険な魚 食 食用魚 絶 絶滅危惧種

▲成魚

ナンヨウハギ ［ニザダイ科］危

サンゴ礁の潮の流れのよい場所で、くらしています。■25cm ■静岡県〜高知県、屋久島、琉球列島など／西・中央太平洋、インド洋 ■岩礁、サンゴ礁 ■プランクトン ■オアカレエ、ジュリグワークスク ■尾部の突起

◀幼魚。サンゴのまわりで群れをつくり、危険を感じるとサンゴの枝のあいだに逃げこみます。

アイゴのなかま

お魚トーク 背びれ、腹びれ、しりびれのとげに毒があり、刺されると、かなり痛い。熱帯地方では、重要な食用魚とされている。世界に約30種、日本には12種がいるぞ。

▲成魚

▲幼魚

アイゴ ［アイゴ科］危 食

■25cm ■本州以南／西太平洋、東インド洋 ■岩礁、サンゴ礁 ■藻類 ■バリ ■ひれのとげに毒

ゴマアイゴ ［アイゴ科］危 食

■33cm ■和歌山県、鹿児島県、琉球列島／西太平洋、東インド洋 ■岩礁、サンゴ礁、汽水域にも現れる ■藻類、小動物 ■ひれのとげに毒

見てみよう！ DVD 魚の寝る技

▶成魚

▲幼魚

ヒフキアイゴ ［アイゴ科］危

体の黒いはん点は、1ぴきごとに形がちがいます。■18cm ■琉球列島など／西太平洋など ■サンゴ礁 ■藻類 ■ガラサーアケー ■ひれのとげに毒

ツノダシのなかま

お魚トーク ツノダシのなかまは、世界に1種だけだ。ハタタテダイ（→P.111）によく似ているが、チョウチョウウオのなかまではなく、ニザダイのなかまに近いぞ。

ツノダシ ［ツノダシ科］

熱帯地方では食用にされます。■25cm ■青森県・山口県〜九州、琉球列島など／太平洋、インド洋 ■岩礁、サンゴ礁 ■カイメン類、藻類、エビ

ムカシクロタチのなかま

お魚トーク ムカシクロタチは、世界に1種しかいない深海魚だ。幼魚のうちは外洋の表層でくらし、成長するにつれて深海へと移動していくぞ。

うろこは形も大きさもふぞろいで、はがれやすくなっています。

ムカシクロタチ ［ムカシクロタチ科］

■30cm（全長）■茨城県、沖縄トラフなど／世界中の暖海域（東太平洋・大西洋南東部をのぞく）■水深100〜990mの大陸棚・大陸斜面の底層 ■魚、イカ、甲殻類

マメ知識 キイロハギやヒレナガハギは、尾部の突起を折りたたむことができます。

魚はどうやって眠る？ DVD

ハナアイゴの眠り方

ヒメアイゴの寝る技

カジキのなかま

お魚トーク 体はやや長めで丸みをおびていて、とても長い吻が剣のようにつき出ている。この吻は、上あごの骨が発達したもので、魚の群れに突撃し、吻をふりまわして、魚にたたきつけたり、つき刺したりする。世界に12種、日本には6種がいるぞ。

スズキ目

見てみよう！
DVD 水中の名ハンター
猛スピードでイワシを追いつめる！

バショウカジキ ［マカジキ科］ 食

おもに外洋を泳ぎまわりますが、沿岸にも現れます。とても大きな第1背びれは、後ろ側がひときわ高くなっています。腹びれは糸状で、長くのびます。■3.3m（全長）■日本各地／西・中央太平洋、インド洋 ■外洋の表層 ■魚、イカ

マカジキ ［マカジキ科］ 食

背中は濃い藍色で、体には水色の横じま模様があります。日本近海では太平洋側に多く、日本海側にはあまりいません。■3.8m（全長）■日本各地／西・中央太平洋、インド洋 ■外洋の表層 ■魚、イカ ■ストライプドマーリン

◀カジキのなかまとしては吻が短く、後頭部の盛り上がりもありません。

フウライカジキ ［マカジキ科］ 食

■2.5m（全長）■宮城県、神奈川県、新潟県、琉球列島／西・中央太平洋、インド洋 ■外洋の表層 ■魚、イカ ■サンマカジキ

▲バショウカジキは、ふだんは銀色の体色ですが、えものをおそうときは虹のような、きれいな体色になります。

シロカジキ ［マカジキ科］ 食

生きているときは、背中側が濃い青色ですが、釣り上げられると全身が白くなります。■4.5m（全長）■日本各地／西・中央太平洋、インド洋■外洋の表層■魚■シロカワ、ブラックマーリン

メカジキ ［メカジキ科］ 食

吻がとくに長く、目が大きいのが特徴です。魚も食べますが、とくにイカを好んで食べます。■4.5m（全長）■日本各地／世界中の熱帯・温帯域■外洋の表層～水深550mまでの中深層■魚、イカ

マメ知識 マカジキなどの吻の断面は円形ですが、メカジキの吻の断面は横長のだ円形で、細い剣のようになっています。

カマス、タチウオなどのなかま

スズキ目

お魚トーク　両あごにある、きばのようなするどい歯が特徴だ。カマスのなかまは、体が細長く丸みをおびている。大きな群れをつくるものが多い。タチウオやクロタチカマスのなかまは、細長いが平たい体をしているぞ。

アカカマス ［カマス科］食
大きな群れをつくります。■29㎝ ■日本各地／西太平洋、インド洋 ■沿岸の浅場の岩礁 ■魚

▲成魚

▲幼魚。マングローブのある汽水域や、内湾の浅場などで見られます。

▲オニカマスは、カマスの中でも、とくにするどい歯をもちます。

オニカマス ［カマス科］危
サンゴ礁に、単独でいる姿がよく見られます。群れをつくることもあります。■165㎝ ■神奈川県～高知県、福井県、長崎県、屋久島、琉球列島など／西・中央太平洋、インド洋、大西洋 ■浅場のサンゴ礁、内湾 ■魚 ■グレート・バラクーダ ■シガテラ毒をもつ場合がある

ヤマトカマス ［カマス科］食
■35㎝ ■北海道南部・新潟県～九州など／東シナ海、南シナ海など ■沿岸の浅場 ■魚

タチウオ ［タチウオ科］食
体を曲げずに、ひれを波打たせながら立ち泳ぎをします。ふだんは深場にいますが、夜になると表層に浮上します。■135㎝（全長）■北海道～九州／東シナ海など ■大陸棚 ■魚 ■タチ、ハクウオ

ブラックフィン・バラクーダ ［カマス科］
■170㎝（全長）■太平洋・インド洋の暖海域 ■沿岸 ■魚

◀迫力のあるブラックフィン・バラクーダの群れ。

▲沿岸を、とても大きな群れで泳ぎまわります。大きなうずをつくることもあります。

■体長 ■分布 ■生息域 ■食べ物 ■別名 ■危険な部位 危 危険な魚 食 食用魚 絶 絶滅危惧種

▶若魚

若いときにのみある、腹びれのとげ（棘）。

クロシビカマス
［クロタチカマス科］食

ふだんは深場にいますが、夜になると表層に浮上します。■43cm ■福島県～九州南部、鳥取県、島根県など／世界中の暖海域（東太平洋をのぞく）■大陸棚から大陸斜面の中層・底層 ■魚 ■スミヤキ

バラムツ ［クロタチカマス科］危

■150cm ■北海道南部、福島県～高知県、兵庫県など／世界中の熱帯・温帯域 ■外洋の大陸斜面の底層 ■魚、イカ ■肉にワックスを多くふくむ（食べると、下痢をする可能性あり）

うろこははがれにくく、骨質のとげが生えています。

サバのなかま

お魚トーク 高速で泳ぐのに適した流線形の体をしていて、世界中の海を大きな群れで泳ぎまわる回遊魚だ。サバやマグロなど、日本人になじみの深いものが多く、食用魚としてとても重要なグループだ。世界に約50種、日本には約20種がいるぞ。

小離鰭

サバのなかまには、背びれ・しりびれと尾びれのあいだに、小さなひれ（小離鰭）があります。

マサバ ［サバ科］食

背中に虫食いのような模様があります。■50cm（全長）■日本各地／西・中央太平洋、東太平洋（北部）■沿岸の表層 ■プランクトン、魚 ■サバ、ホンサバ、ヒラサバ

ゴマサバ ［サバ科］食

背中に虫食い模様、腹部には小さな黒いはん点が並んでいます。■50cm（全長）■日本各地／西・中央太平洋、東太平洋（中部）、アラビア半島など ■沿岸の表層 ■プランクトン、魚 ■マルサバ

体に、暗い色のはん点が多くあります。

グルクマ ［サバ科］食

■40cm（全長）■屋久島、琉球列島／西太平洋、インド洋 ■沿岸の表層 ■プランクトン、魚 ■アジャー、グルクマー

▼グルクマは口を開けて泳ぎ、えらでプランクトンや小魚をこしとって食べます。

サワラ ［サバ科］食

■100cm（全長）■北海道南部～九州／東シナ海、ロシア南東部など ■沿岸の表層 ■魚、イカ ■サゴシ

吻

カマスサワラ ［サバ科］食

とがった吻と大きな口、トラのような横じま模様が特徴です。■2.2m（全長）■本州以南／世界中の熱帯・温帯域 ■沖合の表層 ■魚、イカ ■オキザワラ

大きさチェック

オニカマス 165cm
マサバ 50cm
タチウオ 135cm
サワラ 100cm

サバのなかま

ヒラソウダ 食

■60㎝（全長）■日本各地／世界中の熱帯・温帯域（東太平洋をのぞく）■沿岸の表層 ■魚 ■メジカ、ローソク

カツオ 食

日本の太平洋沿岸を回遊するカツオは、春になると北上をはじめ、夏の終わりごろに南下します。その年の初夏にとれたカツオを「初鰹」といい、南下するカツオを「もどり鰹」といいます。■110㎝（全長）■日本近海（日本海ではまれ）／世界中の熱帯・温帯域 ■沿岸の表層 ■魚、甲殻類、イカ ■ホンガツオ、マガツオ

スマ 食

腹側にあるはん点がお灸のあとに見えるので、「ヤイト」（お灸のこと）ともよばれます。■100㎝（全長）■神奈川県・兵庫県以南／西太平洋・中央太平洋・インド洋の熱帯・温帯域 ■沿岸の表層 ■魚 ■ヤイト、ワタナベ

泳ぎつづけるカツオやマグロのひみつ

カツオやマグロは、海の中を泳ぎまわる回遊魚です。高速で、しかも長い時間泳ぐことができるひみつは、その体にあります。

ひれをしまって水の抵抗をカット

カツオやマグロの体は、水の抵抗を受けにくい流線形をしています。また、第1背びれ、腹びれを、ひれの根もとのくぼみにしまうことができ、さらに抵抗を少なくしています。

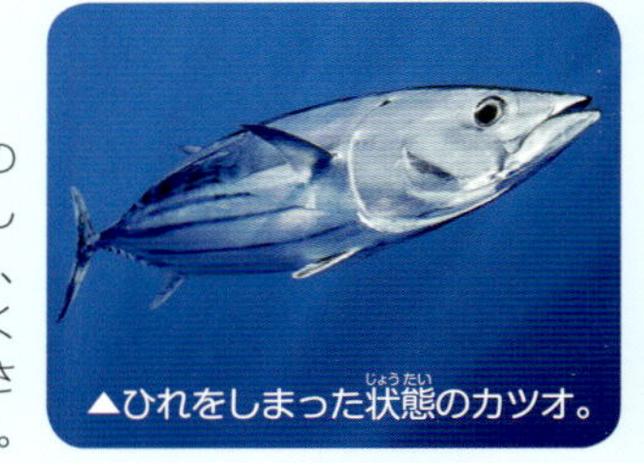

▲ひれをしまった状態のカツオ。

長時間泳ぐことができる筋肉

カツオやマグロは、ほかの魚とくらべて、血合筋という筋肉が多くなっています。この血合筋には酸素を運ぶたんぱく質が多くふくまれているため、つかれにくく、長時間泳ぐのに適しています。

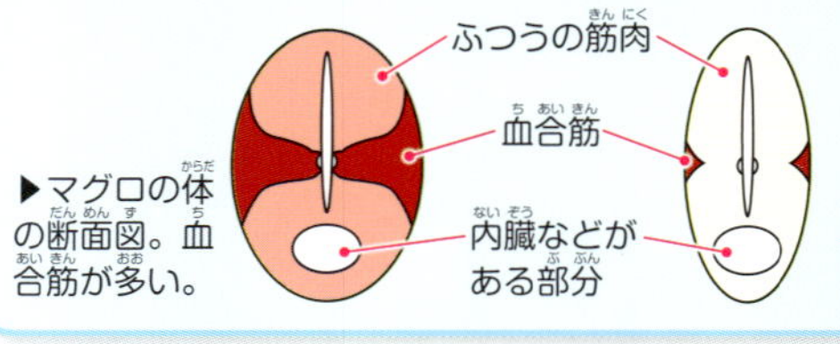

▶マグロの体の断面図。血合筋が多い。

◀タイの体の断面図。血合筋は少ない。

クロマグロ 食

もっとも大型のマグロのなかまで、世界中のあたたかい海を回遊しています。■3m（全長）■日本近海／太平洋の北半球側 ■外洋の表層 ■魚、イカ ■ホンマグロ、メジ（若魚）

※ここで紹介している魚は、すべてサバ科です。

ハガツオ 食

■100cm ■北海道～九州など／西・中央太平洋、インド洋 ■沿岸の表層 ■魚 ■ホウサン

イソマグロ 食

■2m ■神奈川県～屋久島、長崎県、琉球列島など／西太平洋・インド洋の熱帯・亜熱帯域 ■沿岸の表層 ■魚、イカ

胸びれ

ビンナガ 食

胸びれが、とても長くなります。■120cm（全長） ■日本近海（日本海ではまれ）／世界中の亜熱帯・温帯域 ■外洋の表層 ■魚、イカ ■トンボ、ビンチョウ

キハダ 食

ひれが黄色く、成魚になると第２背びれとしりびれが長くのびるのが特徴です。■2m（全長） ■日本近海（日本海ではまれ）／世界中の熱帯・温帯域 ■外洋の表層 ■魚、イカ ■キワダ、キメジ（若魚）

メバチ 食

太く丸い体と、大きな目が特徴です。■2m（全長） ■日本近海（日本海ではまれ）／世界中の熱帯・温帯域 ■外洋の表層 ■魚、イカ ■バチ

大きさチェック

マメ知識 カツオやマグロは、口とえらぶたを開けて泳ぎ、えらを通る水から酸素を取りこんで呼吸します。止まっていると窒息してしまうため、泳ぎつづけなくてはなりません。

魚の生態を調べるバイオロギング

バイオロギングは、生き物に直接記録装置をつけて、後で回収してデータを分析する調査方法です。この方法で、今までわからなかった魚のくらしが明らかになってきています。

バイオロギングでなにがわかる?

魚のバイオロギングでは、おもに「データロガー」という小さな記録計が用いられます。魚がいた水深、水温、魚の速さ(速度)と動き(加速度)などを記録します。これらのデータを分析することで、魚がふだん、どんなところにいて、どんな行動をしていたかを知ることができるのです。

データロガー

データロガーは、発信機が取りつけられた浮力体と組み合わせて使います。

データロガー

浮力体

▲データロガーと浮力体を魚に取りつけるときに、一定の時間で外れるようにする特殊なタイマーもいっしょにつけます。

カジキは時速100kmで泳げない!?

かつてバショウカジキは、魚でもっとも速く、時速100km以上で泳ぐとされてきました。しかし実際の調査では、平均速度(ふだん泳ぐときの速さ)は時速2km、最高速度(魚を追いかけるときや逃げるときの速さ)は時速36kmという記録が出ています。これも、魚の本当の生態がわかるバイオロギングによって明らかになったものです。

▲背びれにつけられたデータロガー。

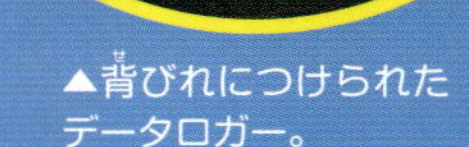

ホホジロザメの速さ

平均速度	時速8km
最高速度	時速32km

※ここで紹介している最高速度は、いくつかの調査結果をもとに算出したものです。調査結果の数が多ければ多いほど、速い速度が記録されやすくなるため、個体差や状況により異なる速度が出る場合もあります。

ホホジロザメとクロマグロの平均速度のひみつ

ホホジロザメとクロマグロは、最高速度ではバショウカジキと同じくらいですが、平均速度はバショウカジキを上まわっています。これは、ホホジロザメとクロマグロの特殊な体のしくみによるものです。魚類は、まわりの水温に合わせて体温が上下する変温動物といわれています。しかし、サメ類の一部（ホホジロザメ、ネズミザメ、アオザメなど）と、マグロ類（クロマグロ、キハダ、カツオなど）は、特殊な血管の配置により体内に熱をたくわえることができ、水温よりも高い体温を保っています。これにより、高い運動能力を長い時間発揮することができ、平均速度が高くなっているのです。

データロガーの取りつけ

調査する魚をつかまえ、体にデータロガーと浮力体を取りつけ、海や河川に放します。

データロガーの捜索と回収

一定の時間がたつと特殊なタイマーが作動して、データロガーと浮力体が魚の体から外れ、水面に上がってきます。浮力体の発信機が出すシグナルをアンテナで受信して、データロガーを見つけ出します。

カレイのなかま

お魚トーク　体はうすくて平たく、ほかの魚のように左右対称ではない。体の左右のどちらか一方に両目がついている。汽水域や淡水域にすむものもいる。世界に約700種、日本には約130種がいるぞ。

▶ヒラメのなかまの顔。両目が左側によっています。口や歯は大きめです。

ヒラメのなかま

お魚トーク　両目は体の左側にある。ふだんは目のない右側（腹面）を下にして海底に横たわっているが、泳ぐときは海底をはなれ、体全体を波打つように動かすぞ。

ヒラメ ［ヒラメ科］ 食

するどく大きい歯が生えている大きな口で、えものをとらえます。■70cm ■北海道〜九州など／東シナ海、南シナ海など ■水深10〜200mの砂底 ■魚、イカ、甲殻類 ■オオクチ

ヒラメの成長

ふ化したてのヒラメやカレイの仔魚は、ほかの魚と同じように体の両側に目があります。ヒラメの場合は、しだいに右目が体の左側に移動していき、体の右側を下に向けて泳ぎはじめます。体に色がつくころには、完全に右目が左側に移動します。

▲生まれて間もないヒラメの仔魚。まだ目は体の両側にあります。

▲生後1か月ほどの仔魚。右目はだいぶ左側によっています。

▲体に色がつくころには、右目はほぼ左側によっています。

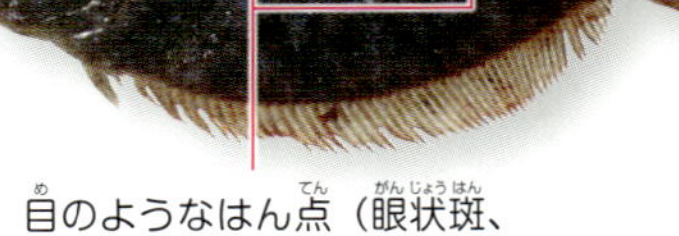

目のようなはんてん（眼状斑、→P.121）が2つあります。

テンジクガレイ ［ヒラメ科］ 食

カレイという名前がついていますが、ヒラメのなかまです。■40cm ■神奈川県〜九州南部、長崎県、琉球列島／西・中央太平洋、インド洋 ■水深30mまでの砂泥底

体色変化は自由自在！

ヒラメやカレイのなかまは、砂底の色に合わせて体色を変えることができます（擬態、→P.163）。海底がまだらな色の場合は、体の模様もまだらにします。体色を砂底そっくりにして擬態することで、近よってきたえものに気づかれることなく、おそうことができるのです。

▲ヒラメを使った実験。ヒラメやカレイのなかまは、砂底の色を見て体色を変化させます。つまり、頭側のまわりの色や環境に合わせた色や模様に変わるのです。

タマガンゾウビラメ 食
［ヒラメ科］

■15cm ■北海道〜九州／東シナ海、南シナ海など ■水深40〜80mの砂泥底 ■魚、甲殻類

▼眼状斑が5つあります。

ダルマガレイ ［ダルマガレイ科］ 食

目がはなれていて、尾びれの両はしに黒いはんてん（眼状斑）があります。カレイと名がついていますが、ヒラメに近いなかまです。■12cm ■神奈川県・兵庫県〜九州／西太平洋、インド洋 ■水深30mまでの砂泥底 ■魚、底生の小動物

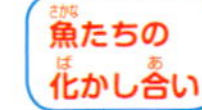

カレイのなかま

お魚トーク　多くのものは、両目が体の右側にある。ただし、日本にすむヌマガレイ（→P.216）など一部のものは、両目が左側にあるぞ。

▲カレイのなかまの顔。両目が右側によっています。口や歯は小さめです。

マガレイ［カレイ科］食

■50cm ■北海道～福島県・長崎県など／朝鮮半島～千島列島南部など ■水深100mまでの砂泥底 ■ゴカイ類、貝、甲殻類

▲マガレイの目のない左側（腹面）。白くなっていて、模様はありません。

マコガレイ［カレイ科］食

マガレイに似ていますが、吻はやや丸みをおびています。

■45cm ■北海道～高知県・九州西部など／東シナ海など ■水深100mまでの砂泥底 ■ゴカイ類、甲殻類

オヒョウ［カレイ科］食

カレイのなかまの中で、もっとも大きくなります。口も大きく、するどい歯が生えています。■2.5m ■北海道、青森県～石川県／北太平洋、東太平洋（北部）など ■水深1100mまでの砂泥底 ■魚、タコ、カニなど ■ハリバット

大きさチェック

イシガレイ［カレイ科］食

石のようにかたい突起が、背面、側線部分、腹面にあります。淡水域に入ることもあります。■50cm ■北海道～九州／朝鮮半島、樺太、千島列島など ■水深30～100mの砂泥底 ■貝、甲殻類

マメ知識　養殖されたヒラメは、体の白い部分が黒っぽくなっていたり、黒いはん点があったりすることがあります。

カレイのなかま

▲背びれのすじを広げて、いかくするハタタテガレイ。

ハタタテガレイ ［ベロガレイ科］

背びれのすじ（軟条）が、糸状にのびています。ふだんは腹面にしまっていますが、敵をいかくするときに、勢いよくふり上げます。

■18cm ■静岡県～高知県、鹿児島県／西太平洋、インド洋 ■砂泥底 ■底生の小動物

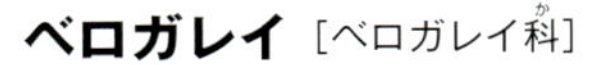

ベロガレイ ［ベロガレイ科］

■15cm ■神奈川県・福井県～九州／西太平洋 ■水深 80 ～ 150m の砂泥底 ■ゴカイ類、エビなど

ウシノシタのなかま

お魚トーク 牛の舌のような、うすくて平たい体が特徴だ。ウシノシタのなかまは右目が体の左側によっていて、ササウシノシタのなかまは左目が右側によっているぞ。

アカシタビラメ ［ウシノシタ科］ 食

目がとても小さく、吻は丸みをおびています。■25cm ■北海道南部・新潟県～九州など／東シナ海、南シナ海など ■水深 30 ～ 130m の砂泥底 ■ゴカイ類、貝、小魚、甲殻類

クロウシノシタ 食

［ウシノシタ科］

■35cm ■北海道～九州／東シナ海、南シナ海など ■内湾や沿岸の浅場の砂泥底 ■ゴカイ類、貝、甲殻類

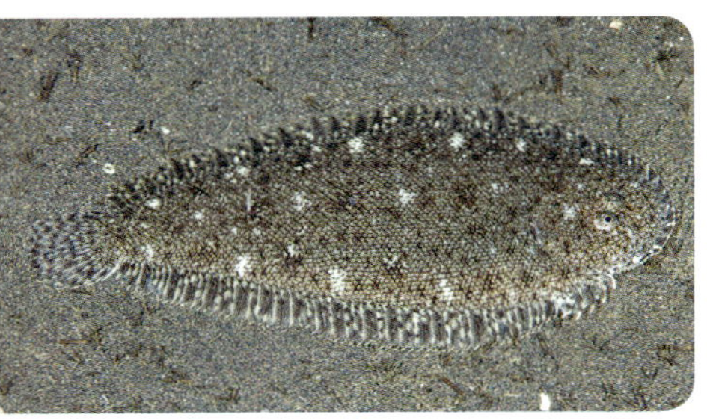

ササウシノシタ

［ササウシノシタ科］

吻がかぎ状に曲がっています。目のある側でものにくっつく習性があります。■14cm ■本州～九州／東シナ海、南シナ海 ■浅場の砂底 ■魚、甲殻類

シマウシノシタ ［ササウシノシタ科］

■22cm ■本州～九州 ■水深 100m までの砂泥底 ■ゴカイ類、甲殻類

▲体を波打つように動かして泳ぐ、ウシノシタのなかま。

ミナミウシノシタ 危

［ササウシノシタ科］

体中に白い蛇の目模様があります。背びれ、しりびれ、腹びれのつけ根から、猛毒の粘液を出します。■15cm ■千葉県～愛知県、屋久島、奄美大島／西・中央太平洋、東インド洋 ■サンゴ礁の砂底 ■ゴカイ類、底生の小動物 ■粘液に毒

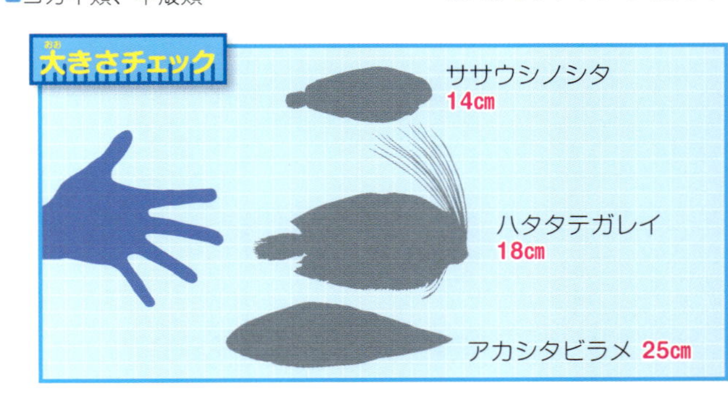

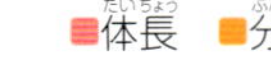

■体長 ■分布 ■生息域 ■食べ物 ■別名 ■危険な部位 危 危険な魚 食 食用魚 絶 絶滅危惧種

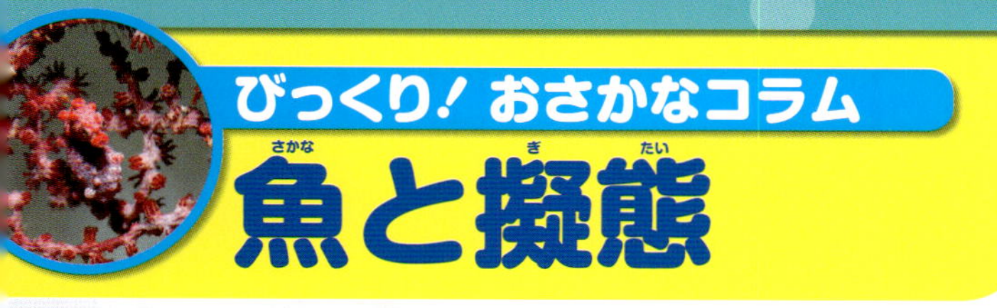

びっくり！おさかなコラム

魚と擬態

魚の世界は弱肉強食。小さい魚は食べられないように身を守らなくてはいけませんし、肉食魚は生きていくために狩りをしなくてはいけません。そこで、小さい魚は、肉食魚が食べないものや危険な生物のふりをして身を守ります。肉食魚の場合は、敵だとわからないようなものに化けて、えものに近づきます。このような行動を、「擬態」といいます。

枯れ葉に化ける２ひきの魚！

水中をただよう葉っぱやごみなどに化けるのは、擬態でよく見られるパターンです。下の写真の２ひきの魚は、どちらも枯れ葉に擬態しています。ところが、それぞれの目的は大きく異なります。

攻め　枯れ葉に化けてえものをねらう

▲コノハウオ（→ P.212）。枯れ葉に擬態して、気づかれないようにえものに近づきます。

守り　枯れ葉に化けて身を守る

▲ナンヨウツバメウオの幼魚（→ P.149）。表層をただよう枯れ葉に擬態しているので、肉食魚に気づかれません。

毒をもっているふり……？

毒をもつ生物に化けるのも、擬態によく見られるパターンです。擬態するものは魚だけではなく、ヒラムシ（→P.102）などの毒をもつ生物に化けることもあります。下の２ひきはよく似ていますが、毒の有無とひれの形で区別できます。

毒あり！

◀シマキンチャクフグ（→ P.169）。体に強い毒をもつので、肉食魚にねらわれません。

背びれ
しりびれ

毒なし！

▶ノコギリハギ（→ P.165）。毒をもちませんが、シマキンチャクフグに擬態しているので、ねらわれません。

どこにいるのか、あててごらん！

岩壁や海底の石、サンゴ類や藻類などに化けて身をかくすのも、擬態の一種です。とてもうまく化けているので、なかなか見分けがつきません。見事な擬態の技をもつ２ひきを見てみましょう。

待ちぶせ！

▶流れ藻の中でえものを待ちぶせするハナオコゼ（→ P.63）。気づかずに近づいた小魚を丸飲みにします。

かくれんぼ！

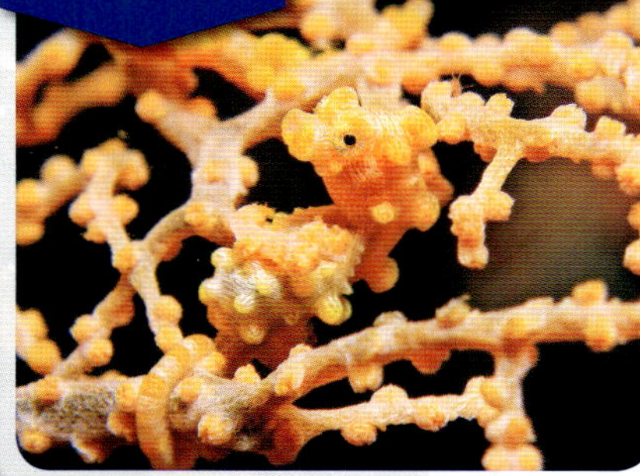

◀ヤギ類の中にかくれてくらすピグミー・シーホース（→ P.69）。小さいうえに擬態しているので、まず見つかりません。

フグのなかま

モンガラカワハギなどのなかま

お魚トーク　カラフルな体色や模様で観賞魚として人気があり、水族館などでよく見られる。体は、板状のうろこでおおわれている。第１背びれは小さめで、ふだんは、体にしまっているぞ。

お魚トーク　小ぶりな口の中には、かたくてがんじょうな板状の歯（板歯）が生えている。えらあな（鰓孔）は小さい穴のような形で、腹びれをもたないものが多い。体内に毒をもっていたり、体の表面から毒を出したりするものもいる。世界に約420種、日本には約140種がいるぞ。

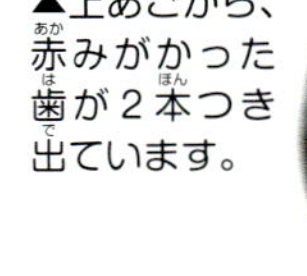

▲上あごから、赤みがかった歯が２本つき出ています。

アカモンガラ [モンガラカワハギ科]
サンゴ礁で大きな群れをつくることがあります。■29㎝ ■琉球列島など／西・中央太平洋、インド洋 ■水深 50m までのサンゴ礁 ■プランクトン

▼幼魚

▲成魚

モンガラカワハギ [モンガラカワハギ科]
危険を感じると、サンゴや岩のすき間にもぐりこみます。第１背びれと腹びれを立ててつっぱり、引きずり出されないようにして、身を守ります。■43㎝ ■岩手県、茨城県・新潟県以南／西・中央太平洋、インド洋 ■サンゴ礁 ■ウニ、貝、甲殻類

クロモンガラ
[モンガラカワハギ科]
■28㎝ ■北海道南部～高知県、愛媛県、屋久島、琉球列島など／西・中央太平洋、インド洋など ■サンゴ礁 ■ゴカイ類、ウニ、貝、甲殻類、藻類

クマドリ
[モンガラカワハギ科]
■28㎝ ■和歌山県、高知県、福岡県、屋久島、琉球列島など／西・中央太平洋、インド洋 ■サンゴ礁 ■ウニ、貝、甲殻類

ムラサメモンガラ
[モンガラカワハギ科]
産卵期になると、砂底にすりばち状の巣をつくります。■21㎝ ■屋久島、琉球列島など／西・中央太平洋、インド洋、東大西洋 ■サンゴ礁 ■ウニ、貝、甲殻類、藻類

ゴマモンガラ [モンガラカワハギ科]
産卵期になると、砂底にすりばち状の巣をつくります。巣を守る意識が強く、近よると第１背びれを立てて突進します。■63㎝ ■神奈川県～屋久島、琉球列島など／西・中央太平洋、インド洋 ■サンゴ礁 ■ウニ、貝、甲殻類

▼幼魚

◀成魚

▼成魚

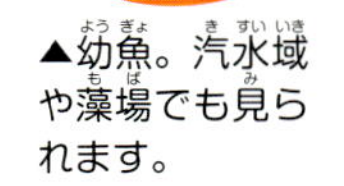

▲幼魚。汽水域や藻場でも見られます。

ギマ [ギマ科] 食
沿岸の浅場で、群れをつくります。■25㎝ ■北海道南部・新潟県～九州など／西太平洋、インド洋 ■浅場の底層 ■底生の小動物、藻類

ベニカワムキ [ベニカワムキ科]
腹びれに、するどい１対のとげがあります。■10㎝ ■茨城県・新潟県～九州／東シナ海、南シナ海 ■水深 70～330m の底層 ■甲殻類、小魚

カワハギのなかま

お魚トーク　平たい体は、細いとげがついたうろこでおおわれているので、なでるとざらっとした感触がある。食べるときに皮をはぐので、「カワハギ(皮はぎ)」と名づけられた。眠るときは、流されないように、藻類などに口でつかまる習性があるぞ。

◀幼魚

◀産卵前のメス(右)とオス(左)。

見てみよう! DVD 水中の名ハンター

見てみよう! DVD 海水浴場の魚たち

カワハギ ［カワハギ科］ 食

おちょぼ口の先に感覚器官があり、上手に釣りえさを食べてしまいます。オスは、第2背びれのすじ（軟条）が、糸のようにのびます。■20cm ■本州〜九州／東シナ海、南シナ海など ■水深100mまでの砂底 ■ゴカイ類、貝、甲殻類

ウマヅラハギ ［カワハギ科］

水深200mまでの沿岸の砂泥底や岩礁で、小さな群れをつくってくらしています。幼魚のころは、大きな群れをつくり、クラゲをおそって食べます。エチゼンクラゲの天敵です。■32cm ■北海道〜九州／東シナ海、南シナ海など ■沿岸 ■クラゲ類、ゴカイ類、貝、甲殻類

テングカワハギ ［カワハギ科］

サンゴのまわりで、ペア、または小さな群れをつくります。■8cm ■高知県、愛媛県、琉球列島など／西・中央太平洋、インド洋 ■サンゴ礁 ■サンゴのポリプ

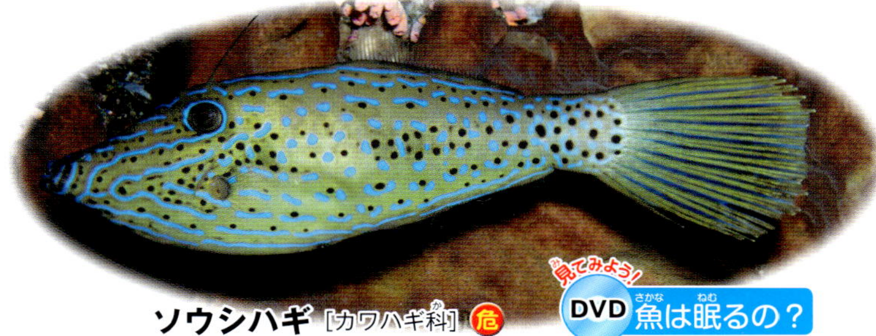

ノコギリハギ ［カワハギ科］

シマキンチャクフグ（→ P.169）に擬態（→ P.163）しています。■8cm ■静岡県〜高知県、愛媛県、屋久島、琉球列島など／西・中央太平洋、インド洋 ■サンゴ礁 ■貝、藻類

ソウシハギ ［カワハギ科］ 危

見てみよう! DVD 魚は眠るの？

体にあざやかな青い波状の模様があります。■75cm ■日本各地／世界中の熱帯・温帯域 ■沿岸の岩礁・サンゴ礁 ■藻類、イソギンチャク類、小動物 ■内臓に毒をもつ場合がある

ウケグチノホソミオナガノオキナハギ ［カワハギ科］

口が上向きについていて、細身の体で、長い尾とひげをもちます。これらの特徴を、俳句と同じ五七五の17文字でまとめた長い名前がついています。■35cm（全長） ■西太平洋、インド洋 ■サンゴ礁の砂底・藻場、河口の汽水域にも現れる ■小動物

▶成魚

▶幼魚

アオサハギ ［カワハギ科］

成魚は、すこしだけですが、フグのように腹部をふくらませることができます。■7cm ■茨城県〜屋久島、山口県、福岡県 ■岩礁、藻場 ■小型の甲殻類、藻類など

大きさチェック

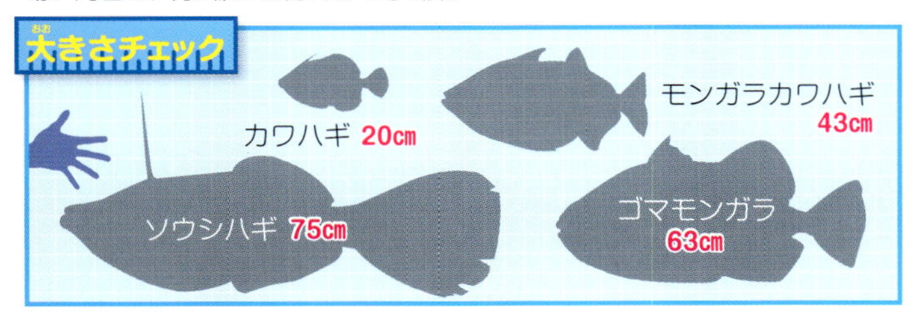

セダカカワハギ ［カワハギ科］

小型でめずらしいハギのなかまです。■2cm ■沖縄島、西表島／西太平洋 ■藻場、サンゴ礁 ■小動物

▼藻類に口でつかまって眠ります。

ハリセンボンのなかま

お魚トーク　危険を感じると体をふくらませて、とげを立ててイガグリのようになる。フグのなかまだが、体に毒をもたないので、沖縄県などでは食用にされているぞ。

フグ目

ハリセンボン［ハリセンボン科］食

体中に生えている長いとげは、立てたりねかせたりして、動かすことができます。幼魚は沖合の表層で群れをつくってくらします。■29cm ■日本各地／世界中の熱帯・温帯域 ■浅場のサンゴ礁・岩礁 ■貝、甲殻類、魚 ■アバサー

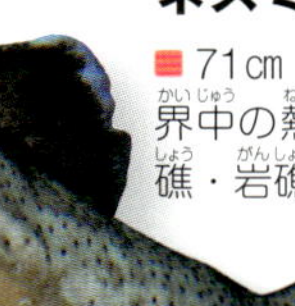

▲前から見ると、あいきょうのある顔をしています。

▲とげは、うろこが変化したものです。体をふくらませてとげを立たせることで、自分の体を大きく見せる効果もあります。

ネズミフグ［ハリセンボン科］食

■71cm ■屋久島、琉球列島など／世界中の熱帯・温帯域 ■浅場のサンゴ礁・岩礁 ■ウニ、貝、甲殻類

イシガキフグ［ハリセンボン科］食

体に短いとげが生えていますが、動かすことはできません。■55cm ■日本各地／世界中の熱帯・温帯域 ■浅場のサンゴ礁・岩礁 ■甲殻類

メイタイシガキフグ［ハリセンボン科］食

■15cm ■静岡県～高知県、新潟県～山口県、沖縄島／西太平洋・インド洋の熱帯・温帯域 ■浅場のサンゴ礁・岩礁 ■甲殻類

フグはなぜふくらむ？

フグがふくらむのは、敵をおどろかすため、または体を大きくして相手に飲みこまれないようにするためといわれています。体をふくらますときは、一気に水や空気を飲みこみます。フグの体内には、胃の一部が変化した、「膨張のう」という袋があり、そこに水や空気をためられるようになっています。さらに、腹部に骨がないので、おなかをふくらませて、自分の体重の2～4倍もの重さの水を飲みこむことができるといわれています。

▼突然おそわれても、一気にふくらんで、飲みこまれないようにします。

大きさチェック

ハリセンボン 29cm
ネズミフグ 71cm
ハコフグ 25cm
コンゴウフグ 30cm
イトマキフグ 12cm

体長 分布 ■生息域 食べ物 別名 ■危険な部位 危危険な魚 食食用魚 絶絶滅危惧種

ハコフグ、イトマキフグのなかま

お魚トーク　ハリセンボンのようにふくらむことはできないが、体はがんじょうな板状の骨（骨板）でおおわれている。さらに、内臓や肉には毒はないが、体の表面から毒性の粘液を出すことができるぞ。

ハコフグ［ハコフグ科］食
体の断面は四角形で、正面から見ると箱のように見えるので、この名がつきました。■25cm ■北海道南部、本州〜九州など／朝鮮半島南部・東部、済州島、香港 ■内湾の浅場、岩礁 ■ゴカイ類、貝、甲殻類

ミナミハコフグ［ハコフグ科］
体の断面は四角形です。■38cm ■茨城県・山口県以南／西・中央太平洋、インド洋 ■サンゴ礁、岩礁 ■ゴカイ類、貝、甲殻類

コンゴウフグ［ハコフグ科］
目の上の前につき出した長いとげと、長い尾をもちます。体の断面は五角形です。■30cm ■本州以南／西・中央太平洋、インド洋 ■内湾の浅場のサンゴ礁・岩礁 ■底生の小動物

クロハコフグ［ハコフグ科］
体の断面は四角形です。■20cm ■愛媛県、屋久島、琉球列島など／太平洋、インド洋 ■サンゴ礁 ■ゴカイ類、貝、甲殻類

オルネイト・カウフィッシュ
［イトマキフグ科］
独特な姿と体色で人気があります。目の上に、2本の短い角があります。■15cm（全長）■オーストラリア南部 ■水深5〜60mの底層 ■甲殻類、貝

ホワイトバード・ボックスフィッシュ［イトマキフグ科］
ホワイトバードのバードは鳥（bird）ではなく、しま模様（barred）という意味です。色あざやかな体色が特徴です。■33cm（全長）■オーストラリア西部・南部 ■水深10〜220mの底層 ■甲殻類、貝

シマウミスズメ［ハコフグ科］
体には青い線の模様がたくさんあります。体の断面は五角形です。■19cm ■千葉県・長崎県以南／西・中央太平洋、インド洋 ■沿岸の浅場 ■底生の小動物

イトマキフグ［イトマキフグ科］
体には多くのとげが生えています。体の断面は六角形です。■12cm ■福島県・青森県〜九州／東シナ海、南シナ海 ■水深100〜200mの砂底 ■底生の小動物

マメ知識　ハリセンボン（針千本）という名前ではありますが、体をおおう針のようなとげの数は、実際には400本くらいです。

フグのなかま

お魚トーク 内臓や肉、皮ふなどに強い毒をもつものがひじょうに多い。しかし、毒のない部分はとてもおいしく、食用にされる。水や空気を吸いこんで、体を大きくふくらませて身を守るぞ。

フグ目

マフグ ［フグ科］ 危 食

■45cm ■北海道～九州／東シナ海～ロシア南東部など ■沿岸から沖合の砂泥底 ■貝、イカ、甲殻類、魚 ■内臓と皮ふに毒

▼成魚

▲幼魚。内湾の砂泥底でも見られます。

トラフグ ［フグ科］ 危 食

フグの中でもとくに人気のある高級魚です。養殖もさかんです。体の表面は、とても小さなとげでおおわれています。■70cm ■北海道～九州／東シナ海～北太平洋（西部） ■沿岸、沖合 ■貝、甲殻類、魚 ■内臓に毒

ショウサイフグ ［フグ科］ 危

マフグに似ていますが、しりびれが白いので見分けられます。■30cm ■本州～九州／東シナ海など ■沿岸 ■貝、イカ、甲殻類、魚 ■内臓と皮ふに毒、肉に弱い毒をもつ場合がある

シマフグ ［フグ科］ 危

すべてのひれが黄色で、体にしま模様があります。■55cm ■本州～九州など／東シナ海、南シナ海など ■沿岸 ■甲殻類、イカ、魚 ■内臓に毒

ヒガンフグ ［フグ科］ 危

全身にいぼのような小さな突起があります。■31cm ■北海道～九州／東シナ海など ■沿岸の岩礁・砂泥底 ■ゴカイ類、甲殻類 ■内臓と皮ふに毒、肉に弱い毒をもつ場合がある

シロサバフグ ［フグ科］ 食

体に毒がないため、フグ料理によく用いられます。■30cm ■北海道南部・新潟県～九州、奄美大島など／西太平洋 ■沿岸から沖合 ■貝、甲殻類、魚

▼砂にもぐるクサフグ。

クサフグ ［フグ科］ 危

目だけ出して、砂にもぐる習性があります。■11cm ■北海道西部、本州～九州、沖縄諸島／東シナ海、南シナ海など ■岩礁、藻場 ■ゴカイ類、貝、甲殻類 ■内臓と皮ふ、肉に毒

クサフグの集団産卵

見てみよう！ DVD 驚きの産卵術

クサフグの産卵は、初夏の満月や新月の夜に行われます。砂浜に押しよせる波にのって、波打ちぎわにたくさんのクサフグがやってきます。メスが産卵をはじめると、続いてオスがいっせいに放精します。産卵と放精が終わると、クサフグは波にのって、海に帰っていきます。

▼産卵するクサフグ。

卵

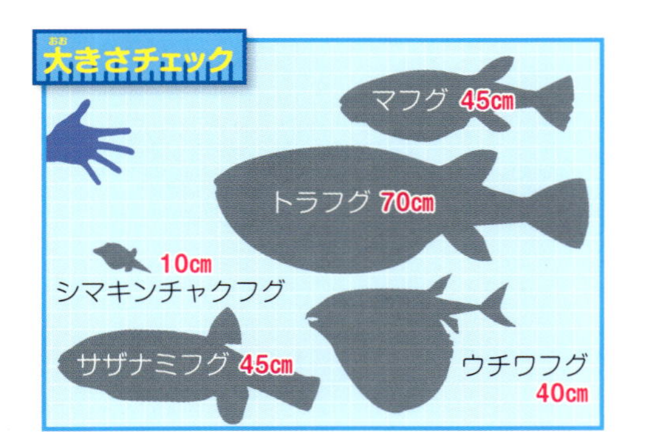

フグの毒はどこにある？

ほかの魚がフグのまねをして身を守るくらい、フグの毒(テトロドトキシン)は強力です。人間の体内に入ると中毒を起こし、場合によっては死んでしまうこともあります。フグの種ごとに毒がある体の部位は異なり、さらに部位ごとに毒の強さも変わります。

フグの毒のある部位と毒の強さ

毒の強さ　●●●猛毒　●●強い毒　●弱い毒

	肉	皮ふ	肝臓	腸	精巣	卵巣
マフグ		●●	●●●	●●		●●●
トラフグ			●●	●		●●
クサフグ	●	●●	●●●	●●●	●	●●●

シマキンチャクフグ 危

［フグ科］

よく似たノコギリハギ（→ P.165）とは、背びれとしりびれの形のちがいで見分けられます。■10cm ■神奈川県～屋久島、琉球列島など／西・中央太平洋、インド洋 ■サンゴ礁 ■藻類、貝、底生の小動物 ■内臓と皮ふに毒

見てみよう！ DVD 水中の名ハンター

キタマクラ ［フグ科］ 危

■15cm ■北海道南部、宮城県～高知県、九州、琉球列島など／西太平洋、インド洋 ■岩礁、サンゴ礁 ■藻類、貝、底生の小動物 ■内臓と皮ふに毒

コクテンフグ ［フグ科］ 危

口のまわりが黒ずんでいます。体色が黄色や青の個体もいます。■20cm ■神奈川県、福岡県、屋久島、琉球列島など／西・中央太平洋、インド洋 ■サンゴ礁 ■藻類、貝、サンゴ、カイメン類 ■内臓と皮ふ、肉に毒

◀ふくらんだコクテンフグ。

▼成魚　▶幼魚

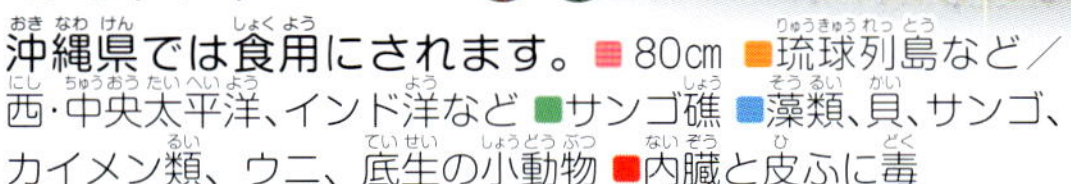

モヨウフグ ［フグ科］ 危 食

沖縄県では食用にされます。■80cm ■琉球列島など／西・中央太平洋、インド洋など ■サンゴ礁 ■藻類、貝、サンゴ、カイメン類、ウニ、底生の小動物 ■内臓と皮ふに毒

◀幼魚　▲成魚

サザナミフグ ［フグ科］ 危

■45cm ■神奈川県～屋久島、琉球列島など／太平洋、インド洋 ■サンゴ礁 ■藻類、貝、サンゴ、カイメン類、ウニ、底生の小動物 ■内臓と皮ふなどに毒

ミゾレフグ ［フグ科］ 危

■35cm ■和歌山県、琉球列島など／太平洋、インド洋 ■サンゴ礁 ■藻類、サンゴ、カイメン類、貝 ■内臓に毒

ウチワフグ ［ウチワフグ科］

体をふくらませることはできませんが、腹部に大きく広がる膜をもっています。■40cm ■福島県～高知県、富山県、琉球列島／西太平洋、インド洋 ■水深50～300mのサンゴ礁 ■ウニ、カイメン類、小動物

膜は、ふだんは腹部におさまっています。

マンボウのなかま

見てみよう！
DVD 持ちつ持たれつ
ハーフムーンに寄生虫を食べてもらう！

マンボウ [マンボウ科] 食
■4m ■北海道～九州／台湾、北太平洋、オーストラリア南東部など ■外洋の表層
■クラゲ類、甲殻類、魚など

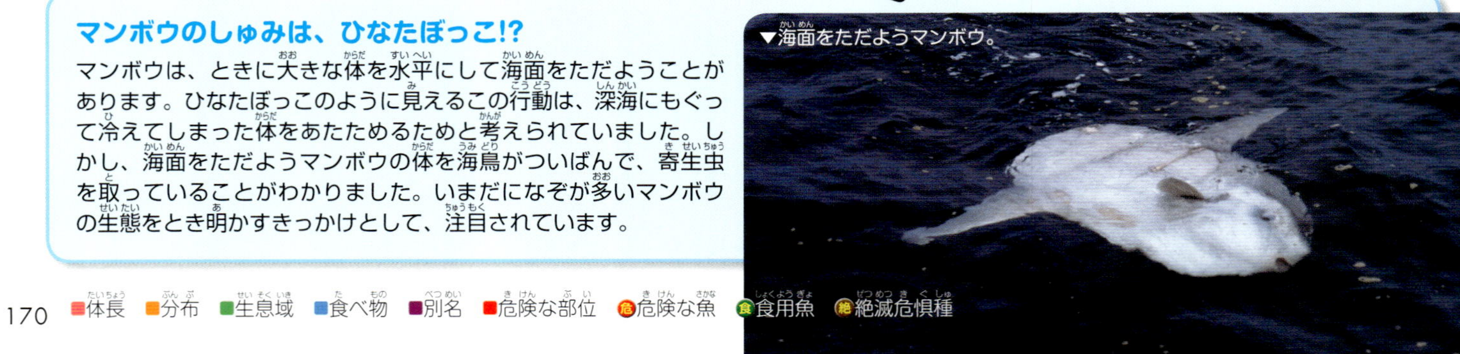

マンボウのしゅみは、ひなたぼっこ!?

マンボウは、ときに大きな体を水平にして海面をただようことがあります。ひなたぼっこのように見えるこの行動は、深海にもぐって冷えてしまった体をあたためるためと考えられていました。しかし、海面をただようマンボウの体を海鳥がついばんで、寄生虫を取っていることがわかりました。いまだになぞが多いマンボウの生態をとき明かすきっかけとして、注目されています。

▼海面をただようマンボウ。

お魚トーク　体はうすく平たく、ふつうの魚の体の後ろ半分がなくなってしまったような、特徴のある体形だ。腹びれと尾びれはないが、背びれとしりびれの後部がつながってできた、舵びれとよばれる独特なひれがあるぞ。

▲体長7㎜ほどの稚魚。このころは、体にとげが生えています。成長するにつれてとげは見えなくなり、やがてマンボウらしい姿になります。

▲正面から見たマンボウ。

ウシマンボウ［マンボウ科］

マンボウと同種と思われていましたが、近年になって別の種に分けられました。頭部が盛り上がっている点と、舵びれに波のような形がない点で、マンボウと異なります。■3m ■岩手県～静岡県、伊江島など／台湾 ■外洋の表層 ■クラゲ類など

◀若魚。舵びれの突起はさらに細く長く、まるでやりのようです。

▼稚魚

ヤリマンボウ［マンボウ科］

舵びれは、後ろ側の中央がつき出しています。■3m ■宮城県～静岡県、秋田県～山口県、九州北西部、琉球列島など／世界中の熱帯・温帯域 ■外洋の表層 ■クラゲ類、甲殻類

◀稚魚

クサビフグ［マンボウ科］

くさびのような体形をしているので、この名がつきました。胸びれは細くとがり、舵びれの後ろ側は切り落とされたようにまっすぐです。■82㎝ ■静岡県～高知県、富山県～山口県、琉球列島／世界中の熱帯・温帯域 ■外洋の表層 ■魚、甲殻類

大きさチェック

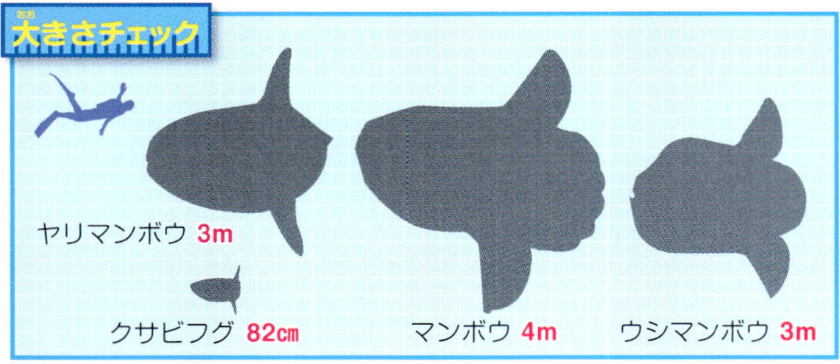

マンボウは、国際自然保護連合（IUCN）が定める「レッドリスト」で、絶滅危惧種に指定されています。

干潟でくらすハゼたち

干潟には、豊富な養分や食べ物をもとめて、さまざまな生物が集まります。海や汽水域でくらす魚たちの場合は、満ち潮にのってやってきて、引き潮になると帰っていきます。ところが、水の少ない干潟のどろ底を好んでくらす魚たちもいます。ここでは、ユニークな生態をもったハゼのなかまたちを紹介します。

干潟って、どんなところ？

干潟は、潮の流れや波の影響の少ない内湾や入り江の中の、河川が流れこむ河口域に多く見られます。河川の流れによって運ばれてきた砂やどろが河口のまわりに積みかさなり、干潟がつくられるのです。山林の豊富な養分が流れてくるうえに、潮の満ち引きによって、海からもプランクトンや小動物などが集まるので、生物にとって、ひじょうに豊かな環境となっています。

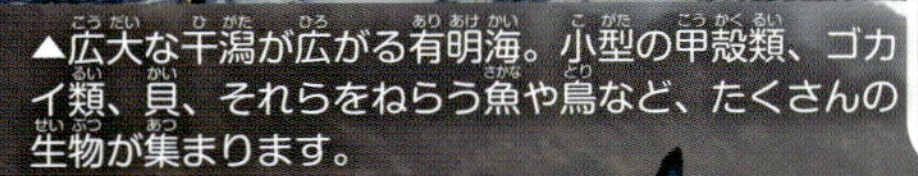

▲広大な干潟が広がる有明海。小型の甲殻類、ゴカイ類、貝、それらをねらう魚や鳥など、たくさんの生物が集まります。

干潟でくらすハゼのなかま

ムツゴロウ 食 絶

どろ底に巣穴を掘ってくらしています。■16cm ■有明海、八代海／朝鮮半島、中国、台湾 ■内湾の干潟、河口 ■藻類 ■ムツ、ホンムツ

▲巣穴から顔を出すムツゴロウ。

▶ワラスボの顔。大きな口には、きばのような歯が生えています。

ワラスボ 食 絶

退化した小さな目が、皮ふの下にうまっています。■30cm ■長崎県、有明海／朝鮮半島、中国、台湾など ■内湾のやわらかいどろ底 ■小魚、貝、底生の小動物

トビハゼ

肉食で、ゴカイ類や小型の甲殻類などを食べます。■8cm ■千葉県～高知県、瀬戸内海、九州、沖縄島／朝鮮半島、中国、台湾 ■内湾の干潟、河口の汽水域 ■底生の小動物

ミナミトビハゼ

河口のマングローブがしげった場所でよく見られます。■8cm ■種子島、屋久島、琉球列島／西・中央太平洋、インド洋 ■内湾の干潟、河口の汽水域 ■底生の小動物

トカゲハゼ 絶

細長くのびた第1背びれが特徴です。■12cm ■沖縄島／西太平洋、インド洋 ■内湾の干潟 ■藻類

干潟でくらせる呼吸のひみつ

ムツゴロウやトビハゼなどが、水の少ない干潟の上で生活できるのは、皮ふ呼吸が発達しているためです。まったく水がなくてもよいわけではなく、皮ふ呼吸するためには体の表面が水でぬれていないといけません。皮ふがかわかないよう、潮だまりなどにごろっと転がって体をぬらす姿が見られます。

■体長 ■分布 ■生息域 ■食べ物 ■別名 ■危険な部位 危 危険な魚 食 食用魚 絶 絶滅危惧種

飛びはねる!

ムツゴロウやトビハゼは、尾びれで地面をけって飛びはねます。

▲ジャンプするムツゴロウ。十数センチの体が宙に舞うので、見ごたえがあります。

▲トビハゼのジャンプ。

ムツゴロウの恋のジャンプ

ムツゴロウは、干潟にくらす人気者♪キョロンと出たお目々は緑にかがやき、よく見ると瞳がハートの形♥ほっぺがふくれているのは、水の外でも呼吸できるように、口に水をふくんでいるから! 頭をブルブルふって食事をする姿。胸びれを使って歩くように移動する姿。そして、なんといっても、美しくてりっぱなひれを思いっきり広げて勇ましくジャンプする姿!! ムツゴロウのジャンプが見られるのは、初夏の時期。この時期がムツゴロウの恋の季節なのでギョざいますね!

大好きなメスにふりむいてもらおうと、華麗にジャンプするオス!

けんかする!

干潟でくらすハゼは、巣穴を中心としたなわばりをつくります。なわばりにほかのハゼが入ってくると、いかくして追い出そうとします。

大きく口を開けて、いかくし合うムツゴロウ。

背びれを立ててきそい合うトビハゼ。

木に登る!

マングローブでくらすミナミトビハゼは、長時間水の中にいると皮ふ呼吸ができなくなってしまうので、満ち潮になると水をさけて、木に登ることがあります。

木の上のミナミトビハゼ。

※ここで紹介している魚は、すべてハゼ科(スズキ目)です。

びっくり！ おさかなコラム

レッドデータブックの魚たち

今から約35億年ほど前、地球上に生命が誕生しました。それから数えきれないほどの生物が誕生し、自然環境の変化によって多くの生物が滅んできました。現在も、多くの野生生物に絶滅のおそれがあり、このような生物を「絶滅危惧種」とよんでいます。

野生生物を保護する取り組み

絶滅危惧種の多くは、環境破壊によって絶滅の危機にさらされています。人間の文明の発達が、野生生物がくらすための環境をせばめてしまったのです。野生生物を保護する取り組みは古くからはじめられていて、1966年、国際自然保護連合（IUCN）という団体が、絶滅危惧種についての情報をまとめた『レッドデータブック』を発行しました。これにならい、世界各国でも、その国独自のレッドデータブックが発行されるようになりました。日本でも、1991年に環境庁（現在の環境省）が日本版のレッドデータブック『日本の絶滅のおそれのある野生生物』を発行しています。

レッドリストとレッドデータブック

野生生物の情報については、2種類あります。レッドリストには、絶滅のおそれがある野生生物の名前と分類がのっています。そして、レッドデータブックには、絶滅のおそれがある野生生物の形態、生態、分布、絶滅の要因、保全対策など、よりくわしい情報がまとめられています。ただし、作成にたいへんな時間がかかるため、まずはレッドリストが発表され、その後でレッドデータブックが発行されます。

▲環境省のウェブサイト「いきものログ」。サイト内の「RL/RDB（レッドリスト／レッドデータブック）」のページで、絶滅危惧種について調べることができます。（http://ikilog.biodic.go.jp/Rdb/）

絶滅または そのおそれがある魚たち

環境省作成のレッドリストやレッドデータブックでは、汽水・淡水魚類を対象に、下の図のような分類がなされています。絶滅危惧Ⅰ類とⅡ類を合わせて、167種が絶滅の危機にさらされています（2015年発表の情報）。

絶滅

日本ではすでに絶滅したと考えられる種です。下の写真のミナミトミヨのほかに、スワモロコ、チョウザメがいます。

▲ミナミトミヨ
1970年代のはじめごろを最後に、生息確認の情報がありません。

野生絶滅

飼育下でのみ存続している種です。クニマスがいます（→P.203）。

絶滅危惧Ⅰ類

現在のままの状況が続けば、絶滅する可能性があります。近い将来に絶滅する危険性がとくに高いⅠA類、絶滅の危険性が高めのⅠB類に分けられます。

▲ホンモロコ（→ P.188）
絶滅危惧ⅠA類。

▲ネコギギ
絶滅危惧ⅠB類。国の天然記念物です。

絶滅危惧Ⅱ類

絶滅の危険が増している種です。生息環境が悪化しつづけているため、近い将来に絶滅危惧Ⅰ類になることが確実とされています。

▲キタノメダカ、ミナミメダカ（→ P.208）

▲ワラスボ（→ P.172）

準絶滅危惧

将来的に、絶滅する可能性があるとされている種です。生息環境が安定していないため、環境が悪化すると絶滅危惧種となる可能性があります。

▲ビワマス（→ P.203）

※このほかに、情報不足（評価するだけの情報が不足している種）、絶滅のおそれのある地域個体群（特定の地域でくらす個体群で絶滅のおそれが高い種）などの分類もあります。

絶滅の危険

今も絶滅の危機にさらされる魚たち

絶滅危惧種の魚たちが、なぜ今のように数が少なくなってしまったのか、その原因となった理由を見てみましょう。

ケース1 アユモドキの場合 ～人間による環境破壊～

アユモドキ(→P.192)は、日本にしかいない固有種で、国の天然記念物です。昔は琵琶湖・淀川水系を中心に、中国地方でも見ることができました。しかし、河川の改修工事によって多くの生息地がなくなり、環境の悪化や生活排水による水の汚染もあって、生息数が急速に減少しました。現在は、岡山県と京都府のごく一部の場所でしか見られません。

▶アユモドキ。絶滅危惧ⅠA類。国際自然保護連合（IUCN）のレッドリストでも、「CR：近絶滅種」に指定されています。現在はほとんど見ることができなくなりました。

ケース2 イチモンジタナゴの場合 ～外来種による食害～

オオクチバス(→P.211)やブルーギル(→P.211)などのように、外国から移入した魚を「外来種」といいます。日本で繁殖して増えた肉食の外来種が、在来種(もともと日本にいた魚)や、在来種の食べ物を食べてしまい、生息をおびやかすことが多くなっています(食害)。たとえば、琵琶湖のイチモンジタナゴは、オオクチバスに食べられて絶滅してしまったと考えられています。

▲オオクチバス（ブラックバス）。繁殖力が強く、食欲もおうせいなため、生態系のバランスをくずす原因となっています。

▲イチモンジタナゴ。絶滅危惧ⅠA類。もとは琵琶湖から各地に移入した種ですが、現在は琵琶湖では見られません。

ケース3 ニッポンバラタナゴの場合 ～外来種との交雑～

異なる種が交尾して雑種をつくることを「交雑」といいます。ニッポンバラタナゴ(→P.187)は、外来種のタイリクバラタナゴ(→P.187)と近い種であるため、交雑して繁殖することが可能です。これにより、雑種が増えてしまい、純粋なニッポンバラタナゴが少なくなっています。

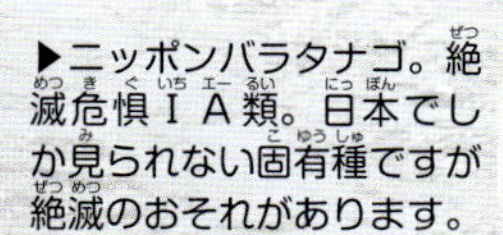

▶ニッポンバラタナゴ。絶滅危惧ⅠA類。日本でしか見られない固有種ですが絶滅のおそれがあります。

河川や湖沼でくらす魚

魚がくらしているのは、海だけではありません。陸にある河川や湖沼にも多くの魚たちがくらしています。河川や湖沼の水は海の水とは異なり、淡水(塩分をほとんどふくまない水)であるため、海にくらすものとはちがう魚たちがくらしています。しかし、なかには産卵などのために海と河川や湖沼を行き来するものや、海水と淡水のどちらでも生きられるものもいます。

河川の下流

流れはおそく、川幅は広くなります。川底は砂やどろが多く、水はにごっています。どろの中の小動物などを食べる魚が多くくらしています。

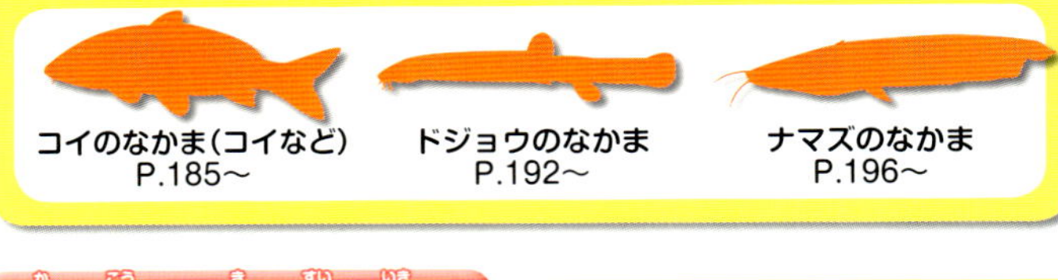

河口(汽水域)

河川が海に流れ出るところです。海の水と河川の水がまじり合っている部分を「汽水域」とよび、海と河川を行き来する魚や、一生を汽水域ですごす魚がくらしています。熱帯・亜熱帯域では、マングローブ(汽水域に生える樹木)がしげっているところもあります。

水田・用水路

人間の手によってつくられた水田や用水路には、昆虫やプランクトンなどが多くすんでおり、それらを食べるさまざまな魚がくらしています。

流れのゆるやかな小川

大きな河川の支流や、わき水から流れ出た小川などにしかすまない魚もいます。しげった水草は、魚の食べ物や、卵を産みつける場所、稚魚が成長する場所にもなります。

沿岸(海)

河川にくらす魚の中には、海まで出ていくことができるものもいます。また、産卵などのために海と河川を行き来する魚も多くいます。

河川の上流・中流

流れは速く、川底には大きな石が多くあります。水は冷たく、すきとおっています。流れてくる虫などを食べる動きの速い魚や、川底の石にはりつくように生活する魚がくらしています。

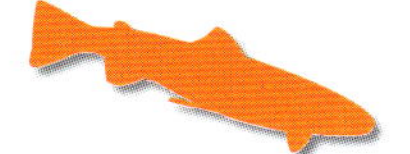

サケのなかま(ヤマトイワナなど) P.202〜

カジカのなかま(カマキリなど) P.213

ハゼのなかま(カワヨシノボリなど) P.214

湖沼

池や湖、沼などです。流れはほとんどなく、水の深さによって、くらしている魚がちがいます。特定の湖にだけくらす固有種も多くいます。また、河川のほとりに「ワンド」とよばれる小さな池ができることがあり、そこにも小さな魚たちがくらしています。

サケのなかま(ヒメマスなど) P.200〜

サンフィッシュのなかま P.211

ナマズのなかま(ビワコオオナマズなど) P.196

※魚のイラストは、その環境で見られる機会が多い魚のグループを示しています。種によっては、複数の環境で見られる場合もあります。

ヤツメウナギのなかま

◀吸ばん状の口でえものに吸いつき、中に並んだ歯で肉をそぎ落とします。

お魚トーク ウナギのような体で、目の後ろにえらあなが７つ並んでいるので、ヤツメ（八つ目）ウナギとよばれている。世界の河川などに約40種、日本には５種がいるぞ。

カワヤツメ ［ヤツメウナギ科］食 絶
幼魚は河川の底のどろの中でくらし、成魚になると海でくらすようになります。■63㎝（全長）■北海道～千葉県・島根県／ユーラシア大陸北部、北アメリカ北部 ■河川、沿岸（海）■魚 ■ヤツメウナギ

スナヤツメ ［ヤツメウナギ科］絶
一生を淡水域ですごします。■16㎝（全長）■北海道～九州北部／朝鮮半島南部 ■河川 ■藻類

エイのなかま

お魚トーク 淡水域にすむエイのなかまだ。すべて胎生で、多くのものが尾に強力な毒のとげをもっているぞ。

サウスアメリカン・フレッシュウォータースティングレイ ［ポタモトリゴン科］危
■50㎝（幅）■南アメリカ（アマゾン川、パラナ川、オリノコ川など）■河川 ■底生の小動物 ■ポタモトリゴン・モトロ ■尾のとげに猛毒

ホワイトブロッチド・リバースティングレイ ［ポタモトリゴン科］危
■40㎝（幅）■南アメリカ（シングー川など）■河川のどろ底 ■底生の小動物 ■ポタモトリゴン・レオポルディ ■尾のとげに猛毒

ハイギョのなかま

お魚トーク 約４億年前から存在し、「生きた化石」とよばれている。体内に肺をもっていて、えら呼吸に加え、肺呼吸（空気呼吸）ができるものもいる。世界の河川などに６種がいるぞ。

オーストラリアハイギョ ［オーストラリアハイギョ科］絶
肺はありますが未発達なので、おもにえらで呼吸します。胸びれと腹びれを、手足のように動かします。■170㎝（全長）■オーストラリア北東部（バーネット川、メアリー川など）■河川、湿地 ■ミミズ、エビ、カエル、貝、魚、水生植物 ■ネオケラトドゥス

ミナミアメリカハイギョ ［ミナミアメリカハイギョ科］
オーストラリアハイギョよりも肺が発達しています。ウナギのように体が細長く、胸びれと腹びれは退化しています。■125㎝（全長）■南アメリカ（アマゾン川、パラナ川など）■河川の上流、湿地 ■水生昆虫、貝、エビ、藻類

ハイギョの夏眠
ハイギョのなかまの一部は、すみかの水が干上がると、体を粘膜でおおって、どろの中にもぐり、雨季がくるまでじっとしています。これを「夏眠」といいます。

▲夏眠するハイギョのなかま。

ポリプテルス、チョウザメなどのなかま

お魚トーク 原始的な特徴を残す魚たちで、エナメル質のかたいうろこ（ガノイン鱗）をもつものが多い。チョウザメはサメに形が似ているが、サメのなかまではない。空気呼吸にも使われる大きな浮き袋が特徴だ。ポリプテルスやアミア、ガーのなかまも、2室に分かれた浮き袋をもち、空気呼吸ができるぞ。

サドルド・ビチャー
［ポリプテルス科］
平たい頭部と、たくさんの小さな背びれが特徴です。■63cm ■アフリカ（ナイル川、ニジェール川など）■河川、湖沼 ■魚、貝、甲殻類 ■ポリプテルス・エンドリケリー

◀両生類のウーパールーパーのように、サドルド・ビチャーの幼魚は、えらが体の外に出ています。

ひし形のかたいうろこ（ガノイン鱗）がついています。

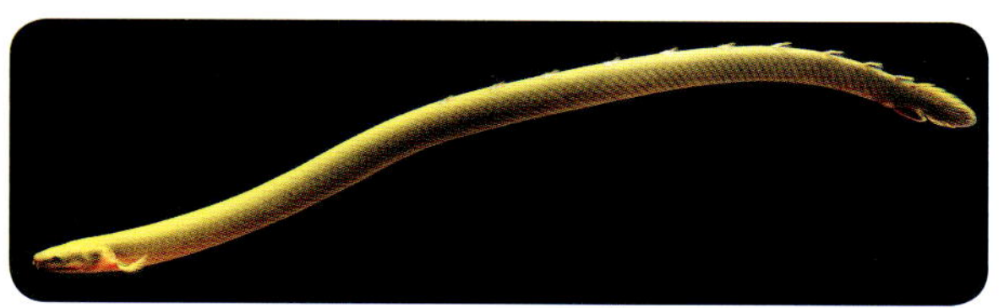

リードフィッシュ ［ポリプテルス科］
昼間は物かげにかくれていて、夜になると活動します（夜行性）。■37cm ■アフリカ西部（カメルーン〜ベナン）■河川、湖沼 ■水生昆虫、甲殻類 ■アミメウナギ、ロープフィッシュ

ベルーガ ［チョウザメ科］食 絶
ふだんは海でくらしていますが、産卵のために河川をさかのぼります。■8m（全長）■黒海、カスピ海、アドリア海など ■沿岸（海）、河川 ■魚、甲殻類 ■オオチョウザメ

▲成魚

▶若魚

▲チョウザメのなかまの卵を食用に加工したものを、「キャビア」とよびます。

ボウフィン ［アミア科］
背びれを波打たせるようにして、前進や後退をするほか、水中でぴたりと止まることもできます。■109cm（全長）■北アメリカ（五大湖、ミシシッピ川など）■河川、湖沼 ■魚、カエル、ザリガニ、エビ、水生昆虫 ■アミア・カルヴァ

ヘラチョウザメ ［ヘラチョウザメ科］絶
長くのびた、へら状の吻が特徴です。■2.2m（全長）■北アメリカ（ミシシッピ川など）■河川、湖沼 ■プランクトン

吻

見てみよう！ DVD MOVE お魚ニュース 日本にすみつく外来魚

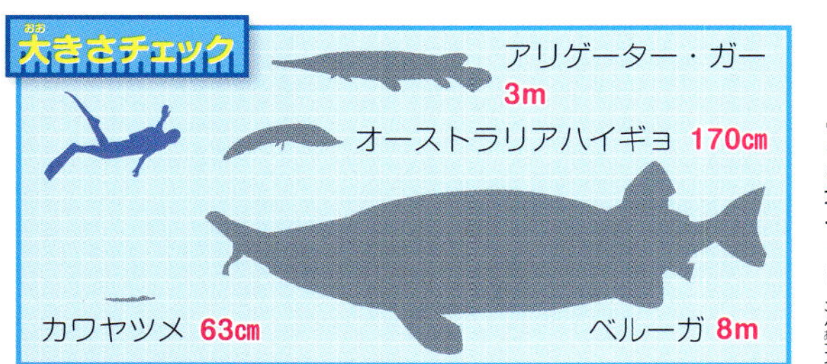

アリゲーター・ガー ［ガー科］危
長くのびた吻に、するどい歯が並んでいます。■3m（全長）■北アメリカ（ミシシッピ川〜メキシコ湾）■河川、湖沼、河口の汽水域や沿岸（海）にも現れる ■魚、甲殻類、カメなど ■歯

マメ知識 浮き袋を呼吸に使用する魚は、水面から顔を出して空気を吸います。

もっとお魚ニュース DVD 日本にすみついたチョウザメのなかま

アロワナのなかま

お魚トーク　上あごの中央の骨と、舌の上の歯のような突起が発達していて、舌と上あごではさんでえものをとらえる。オスが卵を口の中で守り、育てるものもいる。日本にはいないが、世界の河川や湖沼に約220種がいるぞ。

◀木の上のえものを目がけてジャンプするアロワナ。

見てみよう！ DVD 宙を舞う魚たち　古代魚の大ジャンプ！

アロワナ［アロワナ科］
ななめに大きくさけた口で、水面近くを泳ぐ魚や、水面より高い木の枝にいる昆虫などをとらえます。原産地では、食用にされます。■90cm（全長）■南アメリカ（アマゾン川など）■河川、湿地■昆虫、魚■シルバーアロワナ

見てみよう！ DVD 魚の子育て　夫婦で子育てをする！

ピラルクー［アロワナ科］絶
世界最大級の淡水魚として有名です。■4.5m（全長）■南アメリカ（アマゾン川など）■河川、湖沼■小魚■アラパイマ

アジアン・ボニータン［アロワナ科］絶
オスは口の中に卵を入れ、ふ化した仔魚が成長するまで守ります。地域により、体の色にちがいがあります。■90cm（全長）■マレーシア、インドネシアなど■河川、湿地■昆虫、魚■アジアアロワナ

アフリカン・ボニータン［アロワナ科］
ピラルクーに近い種類で、原産地では食用にされます。ほかのアロワナのなかまとはちがい、プランクトンを食べます。■100cm■アフリカ（ナイル川、トゥルカナ湖、ニジェール川など）■河川、湖沼■プランクトン■ナイルアロワナ

インドシナ・フェザーバック ［ナギナタナマズ科］

体がナイフのような形なので、「ナイフフィッシュ」ともよばれます。■120㎝ ■タイ、ラオス、カンボジアなど ■河川、湖沼 ■魚、甲殻類、昆虫 ■ロイヤル・ナイフフィッシュ

▼真上から見たところ。

フレッシュウォーター・バタフライフィッシュ ［パントドン科］

長くのびた胸びれと腹びれを使って水上へジャンプし、昆虫などをとらえます。■12㎝（全長）■アフリカ西部・中央部（コンゴ川、チャド湖など）■河川、湖沼 ■昆虫、甲殻類、魚 ■パントドン

長い背びれ

アバ ［ジムナーカス科］

腹びれ、しりびれ、尾びれがありません。背中から尾までつながった長い背びれを波打たせながら泳ぎます。■167㎝ ■アフリカ西部・中央部（ニジェール川、トゥルカナ湖など）■河川 ■昆虫、甲殻類、魚 ■ジムナーカス

レーダーをもつ魚

エレファントノーズ・フィッシュやアバなどは、体に発電器官をもち、弱い電気を発することができます。これらの魚は、視力が弱いため、発生させた電気をレーダーのように使ってえもののいる場所などを感じとることで、視力にたよらずにえものを見つけることができるのです。

エレファントノーズ・フィッシュ ［モルミュルス科］

ゾウの鼻のように見えるのは下あごです。この下あごを触角のように使い、どろの中の生物を探します。原産地では食用にされます。■35㎝ ■アフリカ西部・中央部（ニジェール川・コンゴ川など）■河川のどろ底 ■底生の小動物

ネズミギスのなかま

お魚トーク　淡水域にすむネズミギスのなかまで、アフリカの河川や湖沼に約30種がいるぞ。

ヒンジマウス ［ブラクトラエムス科］

浮き袋で空気呼吸することができるため、酸素の少ない水中でも、口から空気を取りこんで生きられます。■25㎝（全長）■アフリカ西部・中央部（ニジェール川、コンゴ川など）■河川、湖沼 ■藻類 ■アフリカン・マッドフィッシュ、タバコフィッシュ

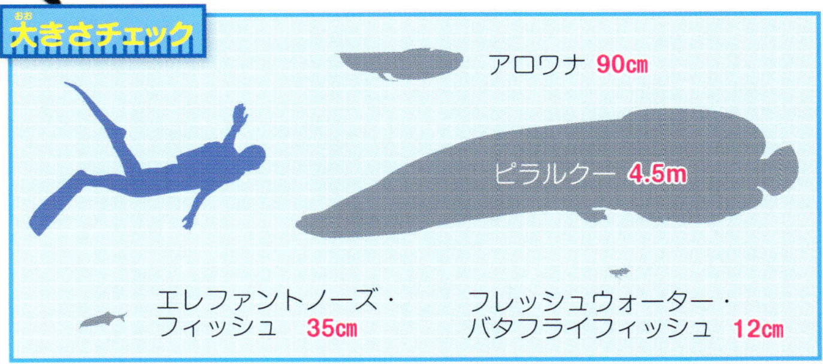

川からジャンプ！

河川でくらす魚がジャンプするのは、えものをおそうときだけではありません。生まれた場所にもどるためや、卵を産むために、はげしい流れや段差を、ジャンプで飛びこえながら、河川をさかのぼります。

▲えものの魚をくわえ、高く飛び上がるアロワナのなかま、アジアン・ボニータン（→ P.180）。

▼河川の中流・下流でふ化したアユ(→ P.199)の仔魚は、河川を下って、春まで海ですごします。春になると、稚魚になったアユたちがいっせいに河川をさかのぼります。

▼水鉄砲が得意なテッポウウオ（→ P.211）も、ときにはジャンプでえものをねらいます。

▼小さな体で水面を飛び出すミナミメダカ（→ P.208）。

▲ハクレン（→ P.186）は、産卵の時期をむかえると、いっせいに水面をはねながら河川をさかのぼります。

ウナギのなかま

お魚トーク ウナギのなかま(ウナギ科)の多くは、海と河川を行き来して一生をすごすものが多い。体が細長く、えらぶたと腹びれがないのが特徴だ。昼間は岩のわれ目やどろの中などにひそみ、夜になるとえものをとらえるために活動する(夜行性)。世界の海や河川などに約20種、日本には3種がいる。ウツボのなかまにも、汽水域でくらすものがいるぞ。

ニホンウナギ

[ウナギ科] 食 絶

■60㎝(全長) ■日本各地/西・中央太平洋 ■河川の中流・下流、湖沼、河口、沿岸(海) ■水生昆虫、貝、甲殻類、魚、カエル ■アオ、サジ、メソ

ウナギを刺身にしない理由

ウナギのなかまは血液に毒をもっていますが、加熱するとなくなります。ウナギを刺身では食べずに、かば焼きなどにするのはこのためです。

オオウナギ

[ウナギ科] 食

熱帯域でくらし、2mをこえるものもいます。■2m(全長) ■茨城県～愛媛県、九州、琉球列島など/西・中央太平洋、インド洋 ■河川の中流、湖沼、沿岸(海) ■甲殻類、魚、カエル ■カニクイ

ヨーロッパウナギ

[ウナギ科] 食 絶

■50㎝(全長) ■ヨーロッパ～アフリカ北部、大西洋(北部) ■河川の中流・下流、河口、湖沼、沿岸(海) ■水生昆虫、貝、甲殻類、魚

ナミダカワウツボ

[ウツボ科] 絶

目の下の白い模様が、涙を流しているように見えるので、この名がつきました。岩のすき間などから、頭を出して、外のようすをうかがいます。■30㎝(全長) ■西表島/西太平洋など ■河川の汽水域 ■小動物

ウナギの産卵回遊

ウナギはふつう、淡水域にすんでいますが、海に下って回遊し、産卵することで知られています。日本のウナギの産卵場所は長いあいだなぞでしたが、最近の研究で、東京から二千数百㎞も南にある、西マリアナ海嶺の南端近くの水深約200mで産卵することがわかりました。ふ化したばかりの仔魚は、日本付近に移動しながら、とうめいで柳の葉のような平たい形をした、レプトセファルス幼生とよばれる姿に成長します。その後、さらに成長して成魚のウナギと同じような細長い形をした、体長5㎝ほどのとうめいなシラスウナギ(稚魚)となります。沿岸にたどりついたシラスウナギは、河川をさかのぼって淡水域にすみつきますが、一生を海でくらすものも知られています。

◀卵からふ化したばかりのウナギの仔魚。

◀レプトセファルス幼生。

◀シラスウナギ(稚魚)。

コイのなかま

お魚トーク　コイのなかまは、淡水魚の代表ともいえるグループだ。口には歯がない。背骨の一部が変形した感覚器官（ウェーバー器官）で、音を感じることができる。世界の河川や湖沼に約3300種、日本には約90種がいるぞ。

ひげ

▲在来型。現在、研究が進められていて、在来型のコイは別の種に分けられる可能性があります。

コイ［コイ科］食

コイは、日本にもとからいたと考えられる「在来型」と、大陸から伝わってきたと考えられる「外来型」に分けることができます。在来型がいるのはごく一部の地域だけで、日本各地で見られるコイのほとんどは外来型か、在来型と外来型が交雑して生まれたコイです。■40cm ■日本各地（在来型は琵琶湖など、一部の地域のみ）■河川の中流・下流、池、沼、ダム湖 ■貝、甲殻類、ミミズ、藻類、水草 ■ノゴイ（在来型）、マゴイ（外来型）、ヤマトゴイ（養殖）

▲外来型

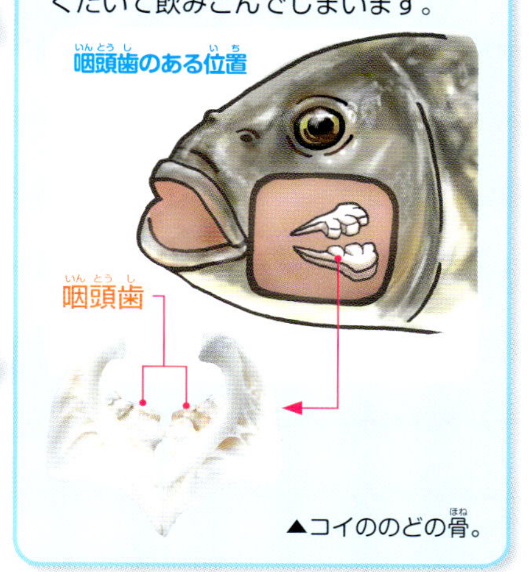

のどの奥のかくれた歯

コイをふくむ一部の魚は、のどの奥に歯（咽頭歯）があります。貝殻のようなかたいものでも、咽頭歯でかみくだいて飲みこんでしまいます。

▲コイののどの骨。

ギンブナ［コイ科］食

ギンブナには、オスがほとんどいません。このため、メスはコイ科の他種の精子を利用して、子孫を増やします。■25cm ■日本各地 ■河川の中流・下流、沼、池 ■底生の小動物、藻類、プランクトン ■マブナ

ゲンゴロウブナ［コイ科］食 絶

もとは琵琶湖とその周辺にすむ固有種でしたが、品種改良によって生まれた飼育型が全国に放流されています。■30cm ■琵琶湖・淀川水系（原産）／日本各地へ移入（飼育型）■河川の下流、湖沼、池、ダム湖 ■プランクトン ■ヘラブナ（飼育型）

ニゴロブナ［コイ科］食 絶

琵琶湖の固有種で、滋賀県の郷土料理である「鮒ずし」の材料になります。■20cm ■琵琶湖 ■湖 ■プランクトン、ユスリカの幼虫 ■ニゴロ、ガンゾ

カマツカ［コイ科］食

下向きに長くのびる口を使って、砂の中にいる小動物を砂ごと吸いこみ、えらあなから砂だけを出します。また、おどろくと砂の中にもぐって身をかくします。■15cm ■岩手県・山形県〜九州／朝鮮半島、中国北部 ■河川の上流・中流、湖 ■底生の小動物 ■スナモグリ、スナホリ

デメモロコ［コイ科］食 絶

どろ底や砂泥底を泳ぎまわります。■7cm ■濃尾平野、琵琶湖 ■湖沼、ワンド、用水路 ■水生昆虫、底生の小動物、魚

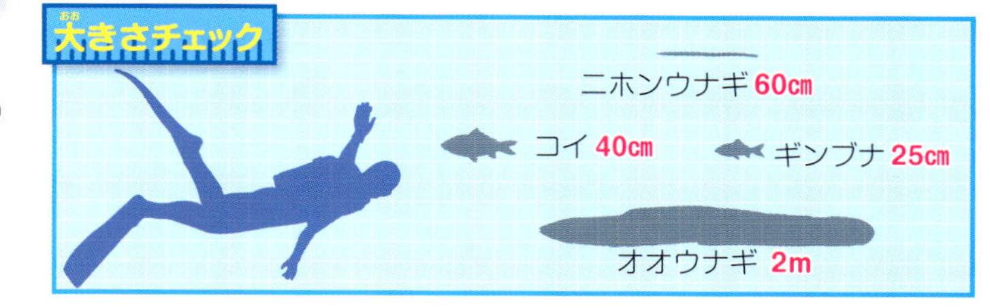

コイとフナは同じコイ科の魚で、見た目もよく似ていますが、コイは口もとに２対のひげがあり、フナにはひげがありません。

コイのなかま

ニゴイ 食

コイのなかまとしてはめずらしく、汽水域でも見られることがあります。■30cm ■東北地方〜中部地方、山口県、九州 ■湖、河川の中流・下流、河口の汽水域にも現れる ■水生昆虫、藻類、魚 ■オキハゼ、ミゴイ

ワタカ 絶

水生植物の多い場所でくらしていて、ウマのように草を食べることから、「ウマウオ」とよばれることもあります。■25cm ■琵琶湖・淀川水系／関東平野、奈良県、島根県、福岡県に移入 ■湖沼、池、用水路 ■水生植物 ■ウマウオ

▲頭の大きさに対して目が大きく、口は上を向いています。

ソウギョ

増えすぎた水草をそうじする目的で、日本各地の湖沼に放流されて広まりました。中国では食用にされます。■100cm ■利根川・江戸川水系に移入／東アジア（原産）■河川の下流、湖沼、池 ■水草、水辺に生える草

アオウオ

中国では食用にされます。■100cm ■利根川・江戸川水系に移入／東アジア（原産）■河川の下流、湖沼、池 ■貝、底生の小動物

▼産卵期をむかえると、群れでジャンプしながら、河川をさかのぼっていきます。

ハクレン

小さな目が、頭部の下よりについています。中国では食用にされます。■40cm ■利根川・江戸川水系、淀川水系に移入／東アジア（原産）■河川の下流、湖沼、池 ■プランクトン（植物性）■レンギョ

コクレン

ハクレンに似ていますが、黒ずんだ体色をしています。中国では食用にされます。■40cm ■利根川・江戸川水系に移入／東アジア（原産）■河川の下流、湖沼、池 ■プランクトン（動物性）

▼産卵期のウグイ。体に3本の赤いすじが現れます。

ウグイ 食

一生を河川や湖ですごす陸封型と、海ですごす時期がある降海型がいます（→P.201）。■25cm ■北海道〜九州など／千島列島南部、朝鮮半島東部 ■河川の上流〜河口、内湾（海）■藻類、水生昆虫、落下昆虫、魚、魚の卵 ■アカハラ、イダ、ハヤ

アブラハヤ

■10cm ■青森県〜福井県、岡山県 ■河川の上流・中流、湖沼 ■藻類、底生の小動物、落下昆虫

■体長 ■分布 ■生息域 ■食べ物 ■別名 ■危険な部位 危危険な魚 食食用魚 絶絶滅危惧種

イタセンパラ 絶

産卵期になるとオスの体色が変化し、紫がかった桃色になります（婚姻色、→P.127）。国の天然記念物。
■8㎝ ■濃尾平野、富山平野、淀川水系
■沼、ワンド、用水路 ■藻類

▲タナゴやヒガイのなかまは、産卵期になると二枚貝の中に卵を産みます。写真は、イシガイの中に産みつけられた卵。

タナゴ 絶

水草のしげった浅場で多く見られます。■6㎝ ■青森県～神奈川県
■湖沼、池、用水路 ■藻類、プランクトン

◀婚姻色の出たオス。

ニッポンバラタナゴ 絶

イシガイに産卵します。外来種のタイリクバラタナゴと交雑することがあり、純粋なニッポンバラタナゴの減少が心配されています（→P.175）。■4㎝ ■濃尾平野、琵琶湖・淀川水系、京都盆地、山陽地方、四国北西部、九州北部 ■河川、湖 ■藻類、底生の小動物

▼婚姻色の出たオス。

ミヤコタナゴ 絶

オスの婚姻色は紫色で、ひれに白、黒、オレンジの模様が出ます。国の天然記念物。■4㎝ ■関東地方
■小川、ため池 ■藻類、底生の小動物

カネヒラ

■10㎝ ■濃尾平野以南の本州、九州北部／霞ケ浦に移入／朝鮮半島西部 ■河川の下流、用水路、湖沼
■藻類、水草

タイリクバラタナゴ

東アジアから日本に移入した魚です。■5㎝ ■日本各地に移入／東アジア・台湾（原産）■沼、池、用水路 ■藻類、水草、小動物

アブラボテ

■5㎝ ■濃尾平野以南の本州、四国北部、九州北部など／朝鮮半島西部 ■小川、用水路 ■底生の小動物、水生昆虫

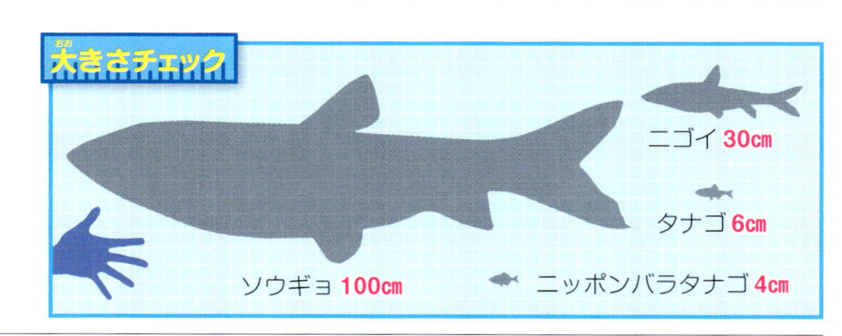

マメ知識 ソウギョ、アオウオ、ハクレン、コクレンは、中国で古くから養殖されてきた食用魚（四大家魚）です。それぞれ食べるものがちがうので共存できます。

コイのなかま

オイカワ [コイ科] 食

■13cm ■関東地方以南の本州、四国北部、九州北部／東北地方、四国南部に移入／朝鮮半島西部、中国東部 ■河川の中流・下流、用水路、湖沼 ■藻類、水生昆虫、落下昆虫 ■ハヤ、ヤマベ

カワムツ [コイ科]

岩のあいだや水面にはりだした植物の下などにかくれる習性があります。■15cm ■中部地方～九州など／朝鮮半島南西部 ■河川の上流・中流 ■藻類、水生昆虫、落下昆虫 ■ハヤ、ハエ、ムツ

口は「へ」の字に折れまがっていて、とらえた魚を逃がしません。

ハス [コイ科] 食 絶

■25cm ■琵琶湖・淀川水系、福井県／関東平野、濃尾平野、岡山平野に移入 ■河川の下流、湖沼 ■魚 ■ケタ、ケタバス

ホンモロコ [コイ科] 食 絶

琵琶湖では、沖合で群れをつくって泳ぎまわります。大群で湖岸や用水路に押しよせて、草の根や水草に卵を産みます。■9cm ■琵琶湖（原産）／東京都、山梨県、岡山県に移入 ■湖 ■プランクトン ■モロコ、シラバイ

カワバタモロコ [コイ科] 絶

小さな群れをつくって、水面近くを泳ぎまわる姿が、よく見られます。産卵期のオスは、体の色が金色になります。■4cm ■中部以南の本州、四国北部、九州北部 ■沼、池、用水路 ■藻類、小動物

モツゴ [コイ科] 食

水質の悪化や変化に強く、都市部の河川や池でも見られます。■6cm ■関東地方～九州／北海道に移入／台湾、ロシア南東部～ベトナム北部 ■湖沼、池、用水路 ■プランクトン、底生の小動物、藻類 ■クチボソ

ビワヒガイ [コイ科] 食

イシガイやカラスガイなどの二枚貝の中に産卵します。■15cm ■琵琶湖、瀬田川／東北・関東・北陸地方、諏訪湖、高知県、九州北部に移入 ■河川の下流、湖 ■水生昆虫、巻き貝、プランクトン、藻類

ムギツク [コイ科] 食

流れのゆるやかな場所を好み、岩やコンクリートブロック、水草のあいだなどにひそみます。■8cm ■中部以南の本州、四国北東部、九州北部／朝鮮半島 ■河川の中流 ■水生昆虫

ムギツクの托卵

見てみよう！ DVD 驚きの産卵術

オヤニラミ（→P.210）やドンコ（→P.214）は、メスが産みつけた卵を、ふ化するまでのあいだ、オスが守るという性質があります。ムギツクは、産卵期になると、このオヤニラミやドンコの巣を集団でおそい、これらの魚の卵の近くに自分たちの卵を産みつけることがあります。卵を産みつけられたオヤニラミやドンコは、自分たちの卵と同じようにムギツクの卵を守り、育てます。このように、ほかの種に卵を育てさせる性質を「托卵」といいます。托卵をする淡水魚はひじょうにめずらしく、世界でも数種しか知られていません。

 ■体長 ■分布 ■生息域 ■食べ物 ■別名 ■危険な部位 危 危険な魚 食 食用魚 絶 絶滅危惧種

レッドテール・シャークミノー［コイ科］
■12㎝（全長）■タイ ■河川 ■底生の小動物、水草
■レッドテール・ブラックシャーク

ホワイトクラウド・マウンテンミノー［コイ科］

熱帯域にすんでいますが、低い水温に強い、じょうぶな魚です。■4㎝（全長）■中国、ベトナム ■河川 ■プランクトン ■アカヒレ

ゼブラ・ダニオ［コイ科］
▲婚姻色の出たオス。

青と銀のたてじま模様が特徴です。オスは婚姻色（→P.127）が出ると、銀色が金色に変わります。■4㎝ ■インド、パキスタン、バングラデシュなど ■小川、水田 ■水生昆虫、甲殻類

ハーレクイン・ラスボラ［コイ科］

森を流れるにごった河川でくらしています。■5㎝（全長）■タイ、インドネシアなど ■小川 ■水生昆虫、甲殻類 ■ラスボラ・ヘテロモルファ

スマトラ・バーブ［コイ科］
成熟したオスは、各ひれのふちや口の先たんが赤く色づきます。■7㎝（全長）■スマトラ島、ボルネオ島 ■河川 ■小型の昆虫、甲殻類、水草

スパナー・バーブ［コイ科］
体に「T」のような模様があることから、日本では「ポストフィッシュ」ともよばれています。■18㎝（全長）■タイ、マレーシア、インドネシアなど ■河川 ■水生昆虫、甲殻類、藻類 ■ポストフィッシュ

▼成魚

▶幼魚

チャイニーズ・サッカー［サッカー科］
幼魚のうちは河川の中流・下流や湖などでくらし、成魚になると上流でくらすようになります。原産地では食用にされます。■60㎝（全長）■中国南部（長江など）■河川、湖沼 ■藻類など ■エンツユイ

マメ知識 ホンモロコは、おもに関西地方で高級食材として知られ、つくだ煮や塩焼きなどにします。埼玉県などでは養殖が行われています。

金魚

お魚トーク　金魚は、室町時代に中国から日本に伝わり、観賞用として親しまれてきた魚だ。人間の手による品種改良が進み、さまざまな姿をしたものがいるぞ。

リュウキン（琉金）
ワキンにくらべてひれが長く、体は短くて丸くなっています。

金魚の祖先「ヒブナ」

数十以上の品種がある金魚はすべて、赤い色のフナ（ヒブナ）を品種改良したものです。さまざまな外見の品種がいますが、すべて同じ種の魚で、別の品種どうしのオスとメスが交尾をして、産卵することもあります。

▲ヒブナ

ワキン（和金）
金魚としてはもっとも古い形のもので、体は細長く、ひれは短いのが特徴です。

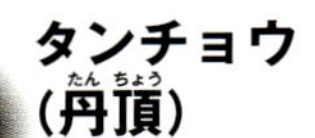

タンチョウ（丹頂）
頭頂部だけが赤く、ほかは白い色をしています。その姿がタンチョウヅルのように見えるので、この名がつきました。

パールスケール（珍珠鱗）
うろこの一枚一枚が厚く、真珠を半分に切ったものをはりつけたように見えることから、「パールスケール（真珠のうろこ）」と名づけられました。丸い体つきをしています。

ピンポンパール
パールスケールの中でも、とくに体が丸いものを「ピンポンパール」とよびます。

チョウテンガン（頂天眼）
大きく飛び出した目が、真上を向いています。背びれがありません。

錦鯉

お魚トーク　錦鯉も金魚と同じく、観賞用として親しまれ、人間により品種改良が重ねられてきた魚だ。金魚のように形が大きく変わるわけではないが、体の色や模様に、さまざまな種類があるぞ。

大正三色
白地に、赤い模様と黒いはん点模様が入ります。

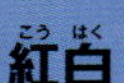

紅白
白地に赤い模様が入った、もっとも一般的な錦鯉です。

昭和三色
黒地に、赤と白の模様が入った品種です。

トサキン（土佐錦）

高知市を中心に、飼育されている品種です。尾びれが大きく広がり、先が反転しているのが特徴です。

サンショクデメキン（三色出目金）

体が、赤、白、黒の３色の出目金です。

スイホウガン（水泡眼）

目の横に大きな水泡（液体の入った袋）をもちます。

ジキン（地金）

４枚に分かれた形の尾びれが特徴です。名古屋市などで飼育されています。

ランチュウ（蘭鋳）

背びれはなく、体が丸くて、頭にこぶがあるのが特徴です。人気のある品種で、「金魚の王様」ともよばれます。

クロデメキン（黒出目金）

目が大きく飛び出しているため、「出目金」と名づけられました。黒い体色をしています。

ハマニシキ（浜錦）

頭にこぶがあり、丸い体をしています。静岡県浜松市で生まれた品種です。

オランダシシガシラ（和蘭獅子頭）

頭にこぶがあります。全長が 30㎝にもなることがある大型の金魚です。

写りもの

黒地に、模様が入っている種類を「写りもの」といいます。赤い模様が入るものは「緋写り」、白い模様が入るものは「白写り」とよばれます。

▲白写り

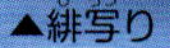

▲緋写り

黄金

模様がなく、金色の体をした品種です。

錦鯉の祖先「コイ」

錦鯉は、コイ（→P.185）を品種改良したものです。コイは黒っぽい魚ですが、まれに赤や白い体色のものが生まれることがあり、新潟県で江戸時代末期から、そうしたコイを選んで育てたのが、錦鯉の養殖のはじまりだといわれています。

▲赤い色のコイ。

ドジョウのなかま

お魚トーク ふだんは底層や石のすき間でじっとしているが、細長い体をくねらせてすばやく泳ぐこともできる。口のまわりのひげで、ふれたものの味を感じとる。目の下に、とげ(眼下棘)をもつものもいるぞ。

ドジョウ ［ドジョウ科］ 食

どろの中によくもぐります。■10㎝ ■日本各地／ロシア南東部～ベトナム北部、台湾など ■水田、用水路、沼、池 ■しずんだ有機物、底生の小動物

◀正面から見たドジョウ。ひげは5対あります。

シマドジョウ ［ドジョウ科］

体の模様は、くらしている地域によりちがいがあります。ひげは3対です。■7㎝ ■本州、四国 ■河川の中流・下流 ■しずんだ有機物、藻類、底生の小動物

アジメドジョウ ［ドジョウ科］ 食 絶

吸ばん状の口で石に吸いつき、石についた藻類を食べます。ひげは3対あります。■7㎝ ■富山県、長野県、岐阜県、福井県、滋賀県、三重県、京都府、大阪府 ■河川の上流・中流 ■藻類

オオガタスジシマドジョウ ［ドジョウ科］ 絶

かつてはスジシマドジョウという名前でした。ひげは3対です。
■8㎝ ■琵琶湖 ■湖 ■しずんだ有機物、底生の小動物

アユモドキ ［ドジョウ科］ 絶

昼は岩場や石のすき間にかくれていて、朝と夜に活動します。増水で一時的にできた水域や水田に入りこみ、産卵します。ひげは3対あります。国の天然記念物です。■10㎝ ■琵琶湖水系、岡山県 ■河川の下流、用水路 ■底生の小動物、水生昆虫、落下昆虫

ドジョウの腸呼吸

ときおり、ドジョウがおしりからおならのように空気の泡を出していることがあります。これは、ドジョウがえらだけでなく、腸でも呼吸しているためです。腸での呼吸は、水中ではなく空気中で行われるため、ドジョウは水中の酸素が少ないところでも生きられます。

▲おしりから空気を出すドジョウ。

■体長 ■分布 ■生息域 ■食べ物 ■別名 ■危険な部位 危 危険な魚 食 食用魚 絶 絶滅危惧種

フクドジョウ ［ドジョウ科］

石と石のすき間にひそんでくらしています。ひげは３対です。■8cm ■北海道／福島県に移入／ロシア東部～中国北東部、朝鮮半島など ■河川の中流・下流 ■水生昆虫など

ホトケドジョウ ［ドジョウ科］ 絶

単独で、水草のあいだをゆったりと泳ぎます。ひげは４対です。■4cm ■岩手県・秋田県～三重県・京都府・兵庫県 ■小川、水田、ワンド ■水生動物、底生の小動物

スカンク・ボティア ［ドジョウ科］

■10cm（全長）■タイ ■河川 ■貝、底生の小動物

クラウン・ローチ ［ドジョウ科］ 危

しま模様が特徴の、大型のドジョウのなかまです。■30cm（全長）■スマトラ島、ボルネオ島 ■河川 ■水生昆虫、甲殻類、藻類 ■目の下にするどいとげ

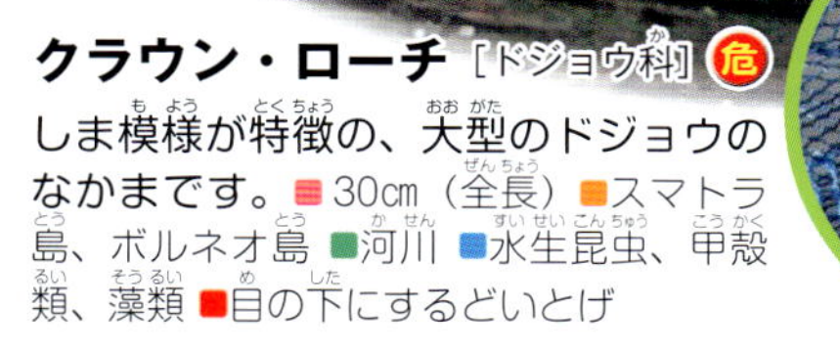

◀クラウンローチのとげ（眼下棘）。ふだんは、目の下のみぞにしまわれている。

アルモラ・ローチ ［ドジョウ科］

成長とともに、体の模様が大きく変化していきます。■16cm ■インド、ネパールなど ■河川、ワンド ■底生の小動物 ■パキスタン・ローチ

ホースフェイス・ローチ ［ドジョウ科］

顔がウマのように細長いので、ホースフェイス（馬の顔）という名がつきました。■30cm（全長）■インド、タイ、マレーシアなど ■河川 ■底生の小動物

クーリー・ローチ ［ドジョウ科］

ひものような細長い体で、水草や植物のあいだにかくれます。■12cm（全長）■タイ、ミャンマー、ベトナムなど ■河川 ■底生の小動物

サッカーベリー・ローチ ［タニノボリ科］

口が下向きについており、石についた藻類を食べてくらしています。■6cm（全長） ■中国南部 ■河川 ■藻類 ■ホンコン・プレコ

◀サッカーベリー・ローチの腹面。吸ばん状の胸びれと腹びれで、石などにはりつきます。

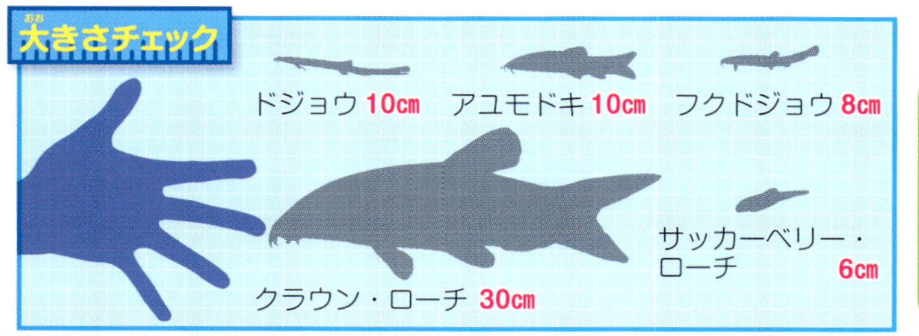

マメ知識 スジシマドジョウは、大きさや生息地域でいくつかのタイプに分けられていましたが、オオガタスジシマドジョウをふくむ７種の新しい種に分類されました。

カラシンのなかま

お魚トーク　背びれと尾びれのあいだに脂びれという小さなひれがある。するどい歯をもつ、肉食のものが多い。美しい体色のものが多く、観賞魚としてとても人気がある。世界の河川や湖沼に1600種以上がいるぞ。

ネオン・テトラ ［カラシン科］
熱帯の観賞魚の代表的な種です。照明を当てると、体が美しい色に反射します。
■3cm（全長）■南アメリカ（アマゾン川など）■河川■プランクトン、水生昆虫、藻類

ブラックネオン・テトラ ［カラシン科］
■4cm（全長）■南アメリカ（パラグアイ川など）■河川■プランクトン、水生昆虫、藻類

ラミーノーズ・テトラ ［カラシン科］
■5cm（全長）■南アメリカ（アマゾン川、オリノコ川など）■河川■プランクトン、水生昆虫、藻類■レッドノーズ・テトラ

ブラックライン・ペンギンフィッシュ ［カラシン科］
■3cm■南アメリカ（アマゾン川、アラグアイア川など）■河川■プランクトン、水生昆虫■ペンギン・テトラ

▼若魚

ブラック・テトラ ［カラシン科］
若魚までは、体に２本のしま模様がありますが、成長すると全体が銀色になります。
■8cm■南アメリカ（パラグアイ川、グアポレ川など）■河川■プランクトン、水生昆虫

ジュエル・テトラ ［カラシン科］
■4cm■南アメリカ（アマゾン川、グアポレ川、パラグアイ川など）■小川■プランクトン、水生昆虫、藻類■サーペ、キャリスタス・キャリスタス

コンゴ・テトラ ［アレステス科］
■8cm（全長）■アフリカ中央部（コンゴ川など）■河川■プランクトン、水生昆虫、藻類

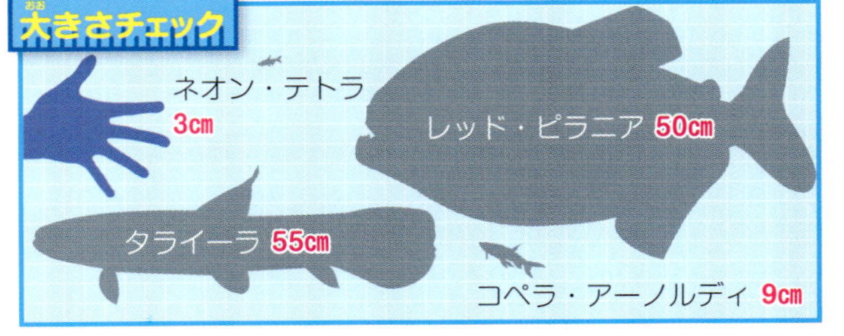

ブラインドケーブ・カラシン ［カラシン科］
暗いどうくつにすむため、目が退化してなくなっています。体には色素がなく、ピンクに見えます。
■10cm（全長）■メキシコ■どうくつを流れる河川、地底湖■小動物

スポッテド・ヘッドスタンダー [キロドゥス科]
頭を下にして、逆立ちをするように泳ぎます。■8cm ■南アメリカ（アマゾン川、オリノコ川など）■河川 ■小動物、藻類 ■キロダス

レッド・ピラニア
[セルサラムス科] 危
肉食の魚「ピラニア」として有名です。するどい歯をもち、群れでえものにおそいかかりますが、性格はおくびょうです。原産地では食用にされます。■50cm ■南アメリカ（アマゾン川、パラナ川など）■河川、池 ■魚、水生昆虫、動物の死がいなど ■ピラニア・ナッテリィ ■歯

▲レッド・ピラニアのするどい歯。

バックトゥース・テトラ [カラシン科]
魚のうろこをかじり取る習性があります。■8cm ■南アメリカ（アマゾン川、トカンティンス川など）■河川 ■水生昆虫、甲殻類、小魚、魚のうろこ ■エクソドン

リバー・ハチェットフィッシュ
[ガステロペレクス科]
水面近くで、群れてくらします。■4cm ■南アメリカ（アマゾン川など）■小川、沼 ■昆虫、水生昆虫、甲殻類 ■シルバー・ハチェット

コペラ・アーノルディ [レビアシナ科]
交尾のときに、オスとメスがいっしょにジャンプし、水上にある葉のうらなどに産卵します。■9cm（全長）■南アメリカ（アマゾン川、オリノコ川など）■小川 ■昆虫、水生昆虫、甲殻類 ■ジャンピング・カラシン、スプラッシュ・テトラ

ブラウン・ペンシルフィッシュ [レビアシナ科]
体が細長く、えんぴつのように見えるので、この名がつきました。頭をななめ上にして泳ぎます。■5cm（全長）■南アメリカ（アマゾン川など）■小川 ■昆虫、水生昆虫、甲殻類

見てみよう！ DVD 驚きの産卵術

▲水中から飛び上がり、葉にはりついて産卵するコペラ・アーノルディのペア。

タライーラ [エリトリヌス科]
河川のアシのあいだや岩かげにひそんでいます。■55cm（全長）■コスタリカ〜アルゼンチン ■河川、用水路 ■魚、水生昆虫、甲殻類 ■ホーリー

ナマズのなかま

お魚トーク ナマズのなかまには、海でくらすものもいるが、ほとんどが河川や湖沼でくらしている。体にはうろこがなく、上から押しつぶされたような形のものが多い。口のまわりに2～4対のひげがあるぞ。

ナマズ ［ナマズ科］ 食

昼はかくれてじっとしていて、夜になると食べ物をもとめて活動をはじめます（夜行性）。口に入るものならなんでも食べてしまいます。ひげは2対あります。■50cm ■北海道南部～九州／ロシア南東部～ベトナム中部、台湾など ■河川の下流、沼、池、水田、用水路 ■貝、甲殻類、魚、カエル

ひげ

イワトコナマズ ［ナマズ科］ 食

岩の多い場所で、すき間にかくれています。ひげは2対あります。■50cm ■琵琶湖、余呉湖など ■湖 ■水生昆虫、甲殻類、魚

ビワコオオナマズ ［ナマズ科］

夜行性で、沖合を泳ぎながらほかの魚をとらえます。ひげは2対あります。■80cm ■琵琶湖・淀川水系 ■湖、河川 ■魚

ギギ ［ギギ科］ 危 食

胸びれを動かして、ギーギーという音を出します。ひげは4対あります。■20cm ■近畿地方以南の本州、四国、九州北東部／新潟県、三重県に移入 ■河川の中流・下流、湖 ■底生の小動物、魚 ■ハゲギギ、ギギウ ■背びれと胸びれのとげ

アカザ ［アカザ科］ 危 絶

卵がふ化するまで、オスがそばで守ります。ひげは4対あります。■8cm ■宮城県・秋田県以南の本州、四国、淡路島、九州 ■河川の上流・中流 ■水生昆虫 ■背びれと胸びれのとげ

ヒレナマズ ［ヒレナマズ科］

ひげは4対あります。原産地では食用にされます。■25cm ■石垣島に移入／中国南部・台湾・フィリピンなど（原産）■河川の中流・下流、沼、池、水田、用水路 ■水生昆虫、貝、甲殻類、魚

大きさチェック

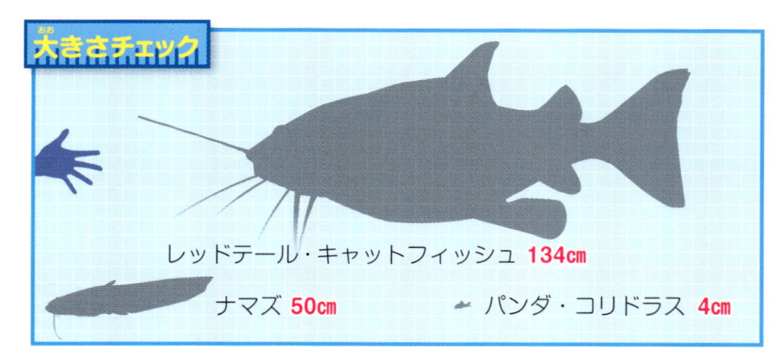

ナマズと地震

日本では昔から、地面の下にいるナマズが暴れると地震が起こると信じられてきました。江戸時代には「鹿島神宮の鹿島大明神（武甕槌大神）が要石という石でナマズを押さえつけて地震を防ぐ」という信仰が広まり、これらの話をもとに「鯰絵」とよばれる絵が多く描かれ、地震よけとして流行しました。地震が起こる前に、ナマズがそれを感知するという説がありますが、はっきりしたことはわかっていません。

◀『要石を背負う鯰』東京大学総合図書館所蔵。

MOVE お魚ニュース DVD 鳥を丸飲みにするヨーロッパオオナマズ

■体長 ■分布 ■生息域 ■食べ物 ■別名 ■危険な部位 危 危険な魚 食 食用魚 絶 絶滅危惧種

ロイヤル・パナクエ ［ロリカリア科］

流木や木の根などをかじり取って食べます。■43cm ■南アメリカ（オリノコ川、アマゾン川など）■河川 ■流木、水生植物など ■ロイヤル・プレコ

レッドテール・キャットフィッシュ ［ピメロドゥス科］

尾びれは、成長するほど赤みが強くなります。■134cm（全長）■南アメリカ（アマゾン川、オリノコ川など）■河川 ■魚、カニ、水面に落ちた果実

パンダ・コリドラス ［カリクテュス科］

目の上に黒い帯があり、背びれや尾の部分にも黒いはん点があるために、パンダという名がつきました。■4cm ■南アフリカ（アマゾン川など）■小川、沼 ■底生の小動物

デンキナマズ ［デンキナマズ科］ 危

体内にある発電器官で最大400ボルトともいわれる電気を発生させます。デンキウナギ（→ P.198）の次に強い電気を発生させる魚です。■122cm ■アフリカ（ナイル川、コンゴ川、ニジェール川、チャド湖、トゥルカナ湖など）■河川、湖 ■魚 ■エレクトリック・キャットフィッシュ ■電気

グラス・キャットフィッシュ

［ナマズ科］

ガラスのようにすきとおった体と、1対の長いひげが特徴です。■15cm ■タイ、マレーシア、インドネシアなど ■河川、湿地 ■小魚、昆虫、水生昆虫、甲殻類 ■トランスルーセント・グラス・キャットフィッシュ

バイオレット・カンディル ［トリコミュクテルス科］ 危

大型の魚の皮ふにかみついて穴をあけ、中の肉を食べる習性があります。人間をおそうこともあり、おそれられています。■27cm ■南アメリカ（アマゾン川、オリノコ川など）■河川 ■大型魚、動物 ■肉をかじり取る

サカサナマズ ［モコクス科］

その名のとおり、腹面を上に、背面を下にして泳ぎます。■10cm（全長）■アフリカ中央部（コンゴ川など）■河川 ■昆虫、甲殻類、藻類 ■えらぶたのとげ ■ブロッチド・アップサイドダウン・キャットフィッシュ

スクエアヘッド・キャットフィッシュ ［カカ科］

■20cm（全長）■インド、ネパール、タイ、マレーシア、インドネシアなど ■河川、用水路、池 ■小魚、甲殻類 ■チャカ・チャカ

▶水底でじっと動かず、枯れ葉のふりをして（擬態、→ P.163）、えものを待ちぶせします。

デンキウナギのなかま

お魚トーク　体は細長く、筋肉や神経の細胞が変化した発電器官を使って電気を発生させて、えものをとらえる。背骨の一部が変形した感覚器官（ウェーバー器官）で音を感じることができる。えらや口で空気呼吸をするものもいる。中央・南アメリカに約140種がいるぞ。

デンキウナギの発電

デンキウナギは、筋肉の細胞が変化してできた発電板という細胞を使って発電します。１枚の発電板で発生させることができる電気は約0.15ボルトですが、数千個の発電板でいっせいに発電することで、最高800ボルトという大きな電気を発生させることができます。ただ、この電気は約1000分の１秒ほどしか続きません。

◀えらぶたの下あたりに肛門があり、肛門から後ろは、ほとんどが発電器官です。

肛門

デンキウナギ［デンキウナギ科］危
水がにごっている小川や沼のどろ底でくらしています。電気でしびれさせた魚などを食べます。■2.5m（全長）■南アメリカ（アマゾン川、オリノコ川など）■小川、沼■魚、小型のほ乳類■エレクトリック・イール

しりびれ

ブラックゴースト［アプテロノートゥス科］
とても弱い電気を発生させ、レーダーのように使って、周囲のようすをさぐります。■50cm（全長）■南アメリカ（アマゾン川、パラナ川など）■小川■水生昆虫

グラス・ナイフフィッシュ［ステルノピュグス科］
とても弱い電気を発生させます。長いしりびれを波打たせて、前にも後ろにも泳ぐことができます。■36cm（全長）■南アメリカ（オリノコ川、ラプラタ川など）■小川、池、湿地■底生の小動物■グリーン・ナイフフィッシュ、トランスルーセント・ナイフフィッシュ

カワカマスのなかま

お魚トーク　下あごがつき出ていて、あごにはするどい歯が並び、魚などをとらえる。背びれとしりびれは体の後ろにある。１mをこえる大型のものもいて、釣りの対象となっているぞ。

大きさチェック

デンキウナギ 2.5m
アユ 15cm
サケスズキ 20cm
ノーザンパイク 150cm

ノーザンパイク
［カワカマス科］
植物のしげった場所を好みます。産卵するとき以外は群れをつくらず、単独でくらします。■150cm（全長）■北アメリカ（北部）、ヨーロッパ■河川、湖沼、汽水域にも現れる■魚、両生類、甲殻類、水生昆虫

サケスズキ、タラのなかま

お魚トーク　サケスズキのなかまは、背びれが１つで、脂びれをもつものがいる。北アメリカの河川や湖沼だけで見られる。淡水域でくらすタラのなかまは、世界に１種だけだぞ。

サケスズキ［サケスズキ科］
進化した魚の特徴（胸びれと腹びれが近いこと）と、原始的な魚の特徴（脂びれがあること）を、あわせもっています。■20cm（全長）■北アメリカ（ポトマック川、ユーコン川、五大湖、ミシシッピ川など）■河川、湖沼■魚、水生昆虫■トラウト・パーチ

カワメンタイ［タラ科］
下あごからひげが生えています。■152cm（全長）■ヨーロッパ北部、北アメリカなど■河川、湖沼■水生昆虫、ザリガニ、貝■バーボット、ロタ・ロタ

キュウリウオのなかま

お魚トーク　淡水域にすむサケに近いグループの魚で、淡水域と海を行き来するものも多い。体は細長く、背びれは１つで、その後ろに小さな脂びれがある。日本では、アユやワカサギ、シシャモなどは重要な食用魚となっているぞ。

アユ［アユ科］食
■15cm■北海道西部～九州／朝鮮半島～ベトナム北部■河川の上流・中流、湖、ダム湖■藻類■アイ、香魚

アユの産卵

秋に河川で生まれたアユは海に下って冬をすごし、河口付近で成長します。そして、翌年の春に河川をさかのぼって、中流や上流にすみつき、秋に産卵をして一生を終えます（まれに生き残るものもいます）。アユのように、１年で一生を終える魚を「年魚」といいます。

▲アユの産卵のようす。メスが産んだ卵に、オスが精子をふりかけます。

◀産みつけられた卵。

シシャモ［キュウリウオ科］食
２年で成魚になり、オスは体が黒くなります。秋から冬にかけて、群れで河川をさかのぼり、産卵して一生を終えます。ふ化した稚魚は河川を下り、海で成長します。■12cm■北海道南部■河川、沿岸（海）■プランクトン■スシャモ、スサモ

ワカサギ［キュウリウオ科］食
群れで河川をさかのぼり、川岸の水草や枯れ木に産卵します。ふ化後、稚魚は海に下ります。湖沼にいるものは、流れこむ河川や湖岸で産卵します。■10cm■北海道～東京都・島根県／日本各地に移入／千島列島南部■河川の下流、湖沼、ダム湖、沿岸（海）■プランクトン■アマサギ、チカ

シラウオ［シラウオ科］食
体はとうめいで、背骨、内臓、浮き袋などがすけて見えます。■10cm■北海道～岡山県・熊本県／ロシア南東部～朝鮮半島東部など■河口、汽水湖、沿岸（海）■プランクトン■シロウオ、シラス

マメ知識　漁獲されて間もない、生きている状態のキュウリウオのなかまは、体からキュウリやスイカのような香りがします。

サケのなかま

お魚トーク　産卵のために、海と河川を行き来するものが多い。体はやや細長く、左右に平たい。背びれと尾びれのあいだに、脂びれという小さなひれがある。多くの種が食用にされ、養殖されているものもいる。世界の河川や湖沼、海に約70種、日本には約20種がいるぞ。

見てみよう！ DVD 魚たちのバトル
メスをめぐって争うオスたち！

サケのなかま

▼海でくらしているときは銀色ですが、河川をさかのぼるときには、頭部は緑色、体はあざやかな赤色の婚姻色（繁殖期になると変わる体色、→P.127）になります。

ベニザケ（ヒメマス）食 絶

稚魚は２～３年間、河川ですごした後、春に海に下ります（降海型）。海に出ずに一生を淡水域でくらす個体（陸封型）はヒメマスとよばれます。

〈降海型〉■50cm ■北海道／北太平洋、東太平洋（北部）■河川、湖、沿岸～外洋（海）■魚、イカなど

〈陸封型〉■35cm ■北海道東部（阿寒湖、ケミチップ湖）／日本各地に移入 ■河川、湖 ■プランクトン、甲殻類 ■カパチェッポ

◀ベニザケ

▲ヒメマス

大きさチェック

サケ 70cm
ベニザケ 50cm
ヒメマス 35cm

■体長 ■分布 ■生息域 ■食べ物 ■別名 ■危険な部位 危 危険な魚 食 食用魚 絶 絶滅危惧種

※ここで紹介している魚は、すべてサケ科です。

▲産卵のために河川をさかのぼるベニザケの群れ。

降海型と陸封型

サケのなかまの多くは成魚になると海でくらし、産卵のときだけ河川をさかのぼります。ところが、同じ種でも条件などによって、海に下らずに一生を河川や湖沼ですごすものがいます。成魚のときに海でくらすものを「降海型」、滝の上や、海からのぼることのできない湖などにいて一生を淡水域ですごすものを「陸封型」とよび、降海型と陸封型では体の大きさなどが異なります。降海型をベニザケ、陸封型をヒメマスなどと、それぞれがちがう名前でよばれる種もあります。

サケの一生

見てみよう! DVD 驚きの産卵術

サケの産卵は、淡水域で行われます。秋から冬にふ化した稚魚は、翌年の春に海に下り、3～4年かけて成長すると、母川(自分が生まれた河川)にもどってきます。そして、中流の砂利底に産卵して、一生を終えます。

①卵は、産卵から約2か月がすぎたころにふ化します。

②幼魚には「パーマーク」とよばれる小判形の模様があります。冬から春にかけて、河川を下ります。

③海で成長したサケは、秋になると自分の生まれた河川にもどってきます。このとき、滝をさかのぼることもあります。

④産卵する場所までたどりつくと、オスは卵を産むメスによりそうようにして、卵に精子をふりかけます。

⑤河川をさかのぼっているあいだ、サケは食べ物を食べません。そして、産卵後には力つきて死んでしまいます。

サケ 食

海でくらしているときは体全体が銀色です。産卵のために河川をさかのぼるあいだに、赤、黄、緑のまだら模様の婚姻色になり、オスは上あごが下あごにおおいかぶさるようになります。■70cm ■北海道～茨城県・九州北西部／日本海、北太平洋 ■河川、沿岸～外洋（海） ■魚、イカ、甲殻類、クラゲ ■シロザケ、シャケ、アキアジ、トキシラズ、ケイジ

▲オス

▼メス

マメ知識 サケやベニザケのオスは、卵に自分の精子をかけるため、はげしく争います。強いオスにくっついて移動し、産卵の瞬間にメスとのあいだに割りこむものもいます。

サケのなかま

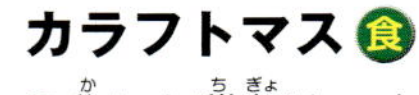

カラフトマス 食

ふ化した稚魚は、すぐに海に下ります。2年後に母川（自分が生まれた河川）にもどってきて産卵し、一生を終えます。■50cm ■北海道北東部／日本海、北太平洋 ■河川、沿岸～外洋（海） ■プランクトン ■セッパリマス、ピンクサーモン

マスノスケ 食

サケのなかまで、もっとも大きくなる種類です。稚魚は、すぐに海に下るものもいますが、多くは1～2年間、河川ですごした後に、海に下ります。産卵は、おもにロシアやアラスカ、カナダなどの河川で行われます。■85cm ■日本海、北太平洋 ■河川、沿岸～外洋（海） ■プランクトン、魚 ■ダイスケ、キングサーモン

オショロコマ 食 絶

日本では、一生を淡水域ですごすものがほとんどですが、まれに海に下るものもいます。■20cm ■北海道（南部をのぞく）／朝鮮半島北部、ロシア南東部など ■河川、湖、沿岸（海） ■水生昆虫、落下昆虫 ■カラフトイワナ

ギンザケ 食

ふ化した稚魚は1～2年河川ですごし、海に下ります。さらに1～2年後に母川にもどってきて、上流で産卵し、一生を終えます。産卵は、おもにロシアやアラスカ、カナダなどの河川で行われます。養殖がさかんな魚です。■50cm ■日本海（北部）、北太平洋 ■河川、沿岸～沖合（海） ■魚

ニジマス 食

原産地では海に下るものもいます。日本では、ほとんどのものが淡水域でくらしています。■30cm ■日本各地に移入／北アメリカの太平洋側など（原産） ■河川の上流・中流、湖、ダム湖 ■水生昆虫、落下昆虫、小動物、魚 ■レインボートラウト、スチールヘッド

イトウ 絶

産卵後も死なずに、一生のうちに何回も産卵します。■70cm ■北海道／千島列島南部、ロシア南東部など ■河川の下流、湖沼、沿岸（海） ■水生昆虫、落下昆虫、魚、カエル、ネズミ ■イト、チライ、オヘライベ

アメマス（エゾイワナ） 食

稚魚は2～3年、河川ですごした後で海に下ります（降海型、→P.201）。海に下らず河川に残っている個体（陸封型）を、エゾイワナといいます。■〈降海型〉40cm〈陸封型〉20cm ■北海道～千葉県・山形県／朝鮮半島～北太平洋（西部） ■河川、沿岸（海） ■昆虫、甲殻類、プランクトン、魚、ネズミ

見てみよう！ DVD 魚たちのバトル
ヤマトイワナどうしの大げんか！

ヤマトイワナ 食

■25cm ■神奈川県～和歌山県、近畿地方 ■河川の上流 ■水生昆虫、落下昆虫、魚、ネズミ ■イワナ、イモナ、キリクチ

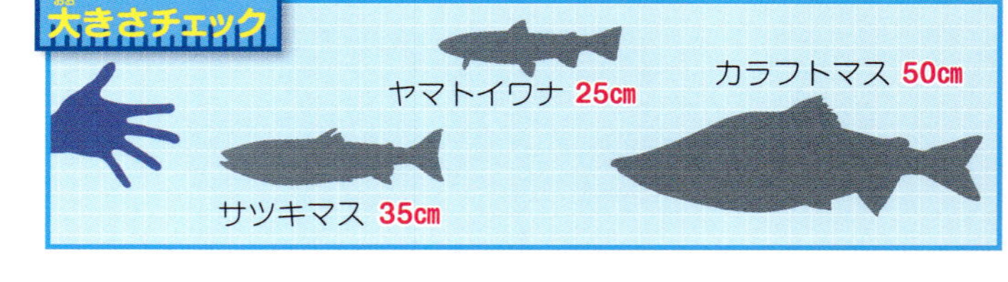

※ここで紹介している魚は、すべてサケ科です。

▲サクラマス

▲ヤマメ

▲サツキマス

▶アマゴ

サクラマス（ヤマメ）食

ふ化から1年半ほどで海に下り、1年後に母川にもどります（降海型）。一生を河川ですごす個体（陸封型）をヤマメといいます。■〈降海型〉40cm〈陸封型〉10cm ■北海道～静岡県・山口県、九州（大分県をのぞく）／日本海、オホーツク海 ■河川、沿岸～沖合（海）■昆虫、魚 ■ホンマス、ママス

サツキマス（アマゴ）食

サクラマスと同じように海に下りますが、半年で母川にもどります（降海型）。一生を河川ですごす個体（陸封型）をアマゴといいます。■〈降海型〉35cm〈陸封型〉10cm ■静岡県～宮崎県、瀬戸内海 ■河川、沿岸～沖合（海）■昆虫、魚 ■カワマス、タナビラ

亜種について

亜種は種よりも小さな単位で、同じ種でもくらしている環境などによって形態やくらし方が異なっているときに、亜種に分けられます。別の亜種どうしで、子どもをつくることもあります。たとえば、サクラマス、サツキマス、ビワマスは、すべてサクラマスの亜種にあたります。

ビワマス 食

琵琶湖にすむ、サクラマスの亜種です。食用にされ、高級魚として知られます。■40cm ■琵琶湖／栃木県、神奈川県、長野県に移入 ■湖沼、河川 ■魚

さかなクンのギョギョ魚魚トーク

絶滅したと思われていた、クニマスの再発見！

2010年に大きなニュースになりましたクニマスは、ヒメマス（ベニザケの陸封型、→P.200）に近いなかまです。秋田県の田沢湖にしかいないお魚でしたが、1940年ごろに田沢湖の水質が悪化したために、絶滅してしまいました。しかし、2010年に田沢湖からずっとはなれた山梨県の西湖から、絶滅したはずのクニマスが見つかったんです！ クニマスとの出会いは、京都大学教授の中坊徹次先生からいただいた、貴重な機会がきっかけでした。中坊先生の研究室で、田沢湖のクニマスの標本の絵を描かせていただいているときに、先生からヒメマスを見ることをすすめられました。そして、たくさんの皆様にご協力いただき、ヒメマスを送っていただいたのですが、そこで出会えたのが、70年以上前に田沢湖から西湖に運ばれて放された、クニマスの子孫だったんです！ クニマスとのすばらしい奇跡のような出会いに、感謝の気持ちでいっぱいです。

▲さかなクンが2010年3月に描いたクニマスのイラスト。

▲西湖で見つかったクニマス。

マメ知識 ヤマメとアマゴはよく似ていますが、アマゴの体の横には朱色の点がいくつもついています。ヤマメには朱色の点はありません。

クローズアップ! 魚の食べ物2

川の魚はなにを食べている?

山から流れ出る河川や、多くの水をたくわえる湖など、陸上にも魚がくらす場所がたくさんあります。ここでは河川の上流・中流でくらす魚たちの食べ物に注目してみましょう。

◎昆虫

水面近くを泳ぐ魚は、つねに水辺に近づく虫をねらっています。河川に落ちた虫(落下昆虫)や、産卵するために河川に近づいた虫を、おそって食べます。

▲水面で卵を産むカゲロウのなかま。水辺を産卵場所にする虫が多くいます。

▲カワゲラのなかまの幼虫。

◎魚

大型の魚にとって、小魚はだいじな食べ物です。まわりの岩に擬態(→P.163)しておそいかかる、カマキリのようなものもいます。

水上の生き物もおそって食べる
河川でくらす魚は、水中のあらゆる生き物を食べてくらしています。さらに、水面に落ちた生き物や、水面に近づいた生き物がいると、水中から飛び出して、おそいかかります。
◎陸の小型動物
体の大きな魚は、水中の生き物だけでなく、水辺に近づいたネズミやカエルなどの陸の小型動物も食べます。
エゾイワナ（→ P.202）
▶アユがコケをけずり取ったあと。
◎藻類・水生植物
川底の石につくコケや、水生植物を食べる魚も多くいます。
◎水生昆虫
虫の中には、幼虫期を水中ですごすものもいます（水生昆虫）。魚は石をひっくりかえして、かくれている水生昆虫を食べます。
アユ（→ P.199）
カワムツ（→ P.188）
◎底生の小動物
川底にかくれているのは虫だけではありません。小さな甲殻類（エビやカニのなかま）や、貝類なども、魚の食べ物となります。
ドンコ（→ P.214）

トゲウオのなかま

お魚トーク　淡水域にすむトゲウオのなかまで、体は細長く、背や腹にとげ（棘条）をもつものが多い。体の横に、盾のような形のうろこ（鱗板）があるのも特徴だ。海と河川を行き来するものもいるぞ。

ハリヨ［トゲウオ科］絶

水がきれいで水温が低く、水草の多い場所にくらしています。■5cm ■岐阜県、滋賀県／三重県、兵庫県に移入 ■小川・池 ■水生昆虫、底生の小動物、浮遊性の小動物 ■ハリウオ

イトヨ（日本海系イトヨ）［トゲウオ科］食

河川や湖沼で生まれ、海に下ります（降海型）。成長すると、河川や湖沼にもどって卵を産みます。■8cm ■北海道〜千葉県・島根県／千島列島、朝鮮半島東部など ■河川、湖沼、沿岸・内湾・潮だまり（海）■水生昆虫、小型のエビなど ■ハリウオ、ハリサバ

トミヨ（トミヨ属淡水型）［トゲウオ科］

水のきれいな小川などで見られます。水草の茎を利用して巣をつくります。■7cm ■北海道〜岩手県・福井県 ■小川、沼、池 ■水生昆虫、小型のエビなど

ムサシトミヨ［トゲウオ科］絶

かつては東京都中西部にもいましたが、環境の悪化が原因で、今では埼玉県のかぎられた場所にしかいません。■5cm ■埼玉県 ■小川、沼、池 ■底生の小動物、エビなど

トゲウオの子育て

ハリヨやイトヨなどのトゲウオのなかまは、産卵期になるとオスが水草などを使って巣をつくり、求愛ダンスでメスを巣の中にさそいこんで卵を産ませます。そして、オスは卵を守りながら、ひれで卵に新鮮な水を送るなどの世話をします。だいたいの種は、メスは産卵後に、オスは卵がふ化した後に一生を終えます。

▲水草を運んで巣をつくるハリヨのオス。水底に水草を集め、体をおおう粘液でかためます。

分類が進むイトヨとトミヨ

かつてイトヨは１種で３つのタイプに分けられていましたが、研究が進んで３つの新たな種に分けられました。左の日本海系イトヨのほかに、海に下る太平洋系降海型イトヨと、一生を淡水域でくらす太平洋系陸封型イトヨがいます。また、トミヨとイバラトミヨの２種は、左のトミヨ属淡水型と、トミヨ属雄物型、トミヨ属汽水型の３種に分かれました。

▲太平洋系降海型イトヨ

▲トミヨ属雄物型

カワヨウジ［ヨウジウオ科］

琉球列島では、マングローブのある水路でよく見られます。■17cm ■千葉県〜屋久島、琉球列島／西・中央太平洋、インド洋など ■河川の汽水域 ■プランクトン

■体長 ■分布 ■生息域 ■食べ物 ■別名 ■危険な部位 危危険な魚 食食用魚 絶絶滅危惧種

タウナギのなかま

お魚トーク　タウナギのなかまは体が細長く、胸びれと腹びれがなく、ほかのひれも退化している。世界の河川や水田などに約100種、日本には1種のみがいる。トゲウナギのなかまは、タウナギと同じグループだが、体がやや左右に平たく、口先の突起が感覚器官になっているぞ。

胸びれと腹びれはありません。背びれとしりびれ、尾びれは、つながって小さなひだのようになっています。

タウナギ ［タウナギ科］ 絶

性転換（→P.85）をする魚で、幼魚のころはメス、成長して大きくなるとオスになります。オスはトンネルを掘って、その中に泡のかたまりをつくり、メスの産んだ卵を運びます。生まれた仔魚は、オスが口の中で育てます。原産地では食用にされます。■35cm ■琉球列島／本州・四国の各地に中国から移入／朝鮮半島・台湾・中国・東南アジア（原産）■水田、池 ■昆虫、両生類 ■カワヘビ、チョウセンドジョウ

ファイヤー・イール ［トゲウナギ科］

黒い体に炎（ファイヤー）のような模様が入っているので、この名がつきました。■100cm（全長）■タイ・カンボジア～インドネシア ■河川、湿地 ■水生昆虫、藻類 ■レッド・スパイニーイール

トウゴロウイワシのなかま

お魚トーク　淡水域でくらすトウゴロウイワシのなかまで、おもにオーストラリアや東南アジアの島々で見られる。体色が美しいものは「レインボーフィッシュ」とよばれ、観賞魚として人気があるぞ。

ペヘレイ ［トウゴロウイワシ科］

表層近くを群れで泳ぎまわります。原産地では食用にされます。■44cm ■茨城県、神奈川県に移入／ブラジル南部、アルゼンチン中部（原産）■湖沼 ■プランクトン、水生昆虫、小魚、小型のエビなど

セレベス・レインボーフィッシュ

［テルマテリナ科］

すきとおった体に、金属のような光沢のある青い帯が入っています。■8cm ■スラウェシ島 ■河川 ■プランクトン

レッド・レインボーフィッシュ

［メラノタニア科］

小さく赤いうろこが光を反射して、宝石のようにかがやきます。■12cm ■ニューギニア島北部 ■湖 ■小動物 ■コームスケール・レインボー

レッドテイルド・シルバーサイド

［ベドティア科］

細長い体形と美しいひれが特徴です。■9cm（全長）■マダガスカル島 ■河川 ■小動物 ■マダガスカル・レインボー

マメ知識　淡水域にすむトゲウオのなかまの多くは、水質のよい水を好むため、河川の汚染などによって生息数が減っており、各地で保護活動が行われています。

メダカのなかま

お魚トーク　メダカのなかまは、ダツのなかま(→P.64)に近いグループで、池や小川でくらす小さな魚として有名だ。アジア固有の淡水魚で、東南アジアを中心に23種、日本には2種がいるぞ。

キタノメダカ [メダカ科] 絶

体にあみ目模様があります。オスの背びれの切れこみは、ミナミメダカとくらべて浅めです。外来種の影響などによって激減し、絶滅が心配されています。■3㎝ ■青森県～兵庫県、福島県 ■河川、沼、池、水田、用水路 ■プランクトン、落下昆虫

切れこみが深め。

▲オス

オスは幅が広く、長め。

メスは背びれが小さめ。

▶メス

メスは幅がせまく、短め。

ミナミメダカ [メダカ科] 絶

体に、あみ目模様はありません。外来種の影響などによって激減し、絶滅が心配されています。■3㎝ ■岩手県～和歌山県、長野県、大阪府、京都府、兵庫県～山口県、四国、九州、奄美諸島、沖縄諸島など／北海道南部に移入 ■河川、沼、池、水田、用水路、マングローブ域 ■プランクトン、落下昆虫

メダカの分類

かつて日本のメダカは1種だけと考えられていましたが、現在は2種に分けられ、キタノメダカ、ミナミメダカと名づけられました。これらの2種は生息域がちがいますが、交雑(異なる種が子孫をつくること)すると雑種が生まれます。種の保存のためにも、安易な放流は行ってはいけません。

■キタノメダカがくらす地域 ■ミナミメダカがくらす地域
■両方がまじり合ってくらしている地域

ジャワニーズ・ライスフィッシュ
[メダカ科]
■5㎝(全長) ■タイ、マレーシア、インドネシアなど ■小川、池、用水路、マングローブ域 ■プランクトン ■ジャワメダカ

見てみよう! DVD 魚の子育て

メダカのなかまの産卵

メダカのなかまは、春から夏にかけて産卵を行います。メスはしばらく腹に卵をつけたまま泳ぎますが、卵には糸のようなものがついており、やがてこの糸で水草などにからみつきます。卵は、25℃の場合、11日ほどでふ化します。

産卵と卵の成長のようす

①オスは背びれでメスを固定し、メスが産卵すると、オスは精子を放ちます。

②メスは、卵をぶら下げたままで泳ぎ、やがて水草などにつけます。

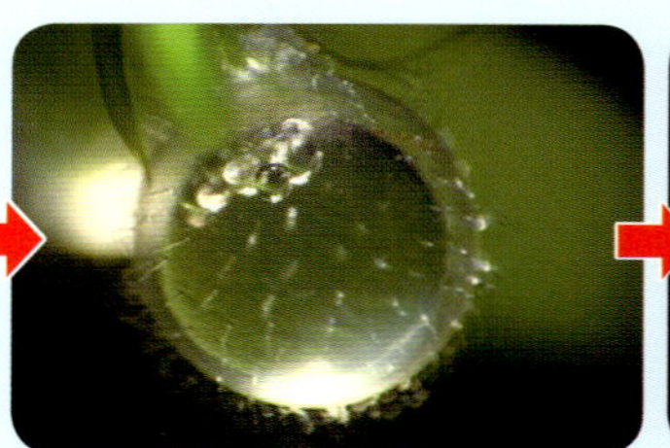
③産卵直後の卵のようす。小さな油のつぶが見えます。

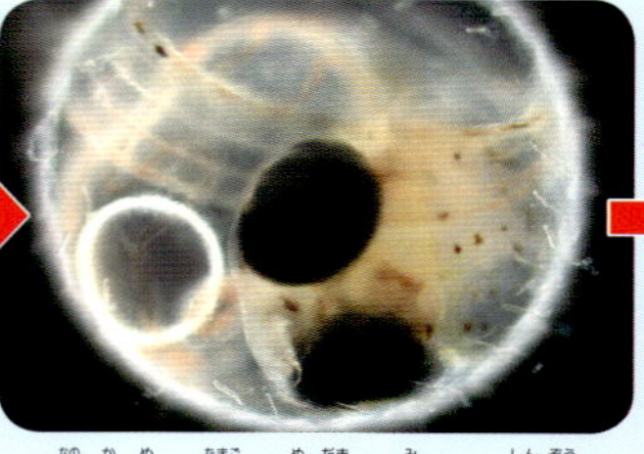
④7日目の卵。目玉が見え、心臓の動きや血液の流れも見えます。

⑤ふ化の瞬間。卵の膜をやぶって、仔魚が飛び出します。

⑥ふ化直後の仔魚。数日間は腹の袋に入った栄養分で育ちます。

カダヤシのなかま

お魚トーク　美しい体色のものが多く、観賞魚として人気がある。卵生のものと、胎生のものがいる。おもに、南北アメリカやアフリカなどの河川や汽水域を中心に、約1000種、日本には海外から移入した数種が繁殖しているぞ。

▼▲グッピーの改良品種。

カダヤシ [カダヤシ科]

ボウフラ（蚊の幼虫）退治の目的で外国からもちこまれ、日本各地に放流されました。よごれた水や汽水でも生きていける強い種です。胎生。■4cm ■本州〜九州、琉球列島などに移入／北アメリカ（原産）■沼、池、水田、小川 ■藻類、プランクトン、昆虫 ■タップミノー

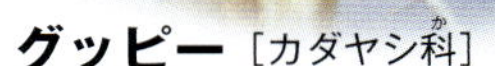

グッピー [カダヤシ科]

数多くの改良品種があり、観賞用に飼育されています。野生型はよごれた水でも生きていけます。胎生。■4cm ■琉球列島、日本各地の温泉地などに移入／ベネズエラ、トリニダード・トバゴなど（原産）■沼、池、水田、小川、用水路 ■藻類、昆虫

プラティ [カダヤシ科]

数多くの改良品種があります。胎生。■6cm（全長）■北・中央アメリカ（メキシコ原産）■小川、沼 ■昆虫、水生昆虫、甲殻類、藻類

ヨツメウオ [ヨツメウオ科]

ヨツメウオ科にはほかに2種がいて、それらもふくめて、「ヨツメウオ」とよばれています。河口などの汽水域で、群れをつくります。胎生。■30cm（全長）■南アメリカ ■河口の汽水域 ■水生昆虫

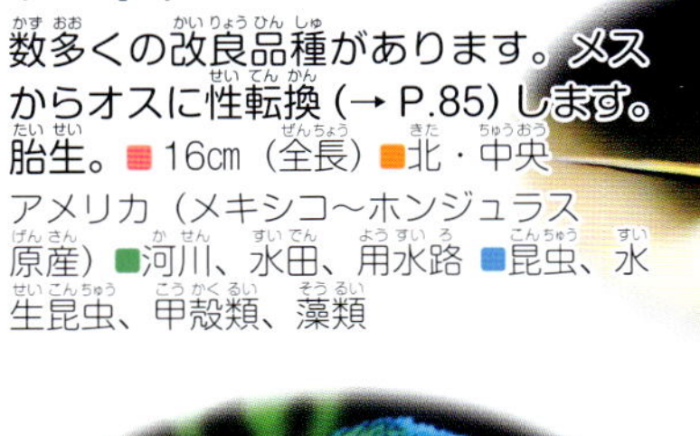

ソードテール [カダヤシ科]

数多くの改良品種があります。メスからオスに性転換（→ P.85）します。胎生。■16cm（全長）■北・中央アメリカ（メキシコ〜ホンジュラス原産）■河川、水田、用水路 ■昆虫、水生昆虫、甲殻類、藻類

▲オス

ブルーフィン・ノト [アプロケイルス科]

「卵生メダカ」とよばれるグループで、仔魚ではなく、卵を産むカダヤシのなかまです。■6cm（全長）■アフリカ南部（モザンビーク原産）■小川、沼、水たまり ■昆虫、プランクトン ■ノソブランキウス・ラコビー

忍者のような、ヨツメウオの目

ヨツメウオの目は、真ん中で上下に仕切られていて、目が4つあるように見えます。ヨツメウオは目の上半分を水上につき出して、水面近くを浮かぶように泳ぎます。こうすることで、目の上半分で水上を、下半分で水中を同時に見ることができ、天敵の鳥から逃げたり、えものである水中の虫を見つけたりすることができるのです。

◀中央部に仕切りがある、ヨツメウオの目。

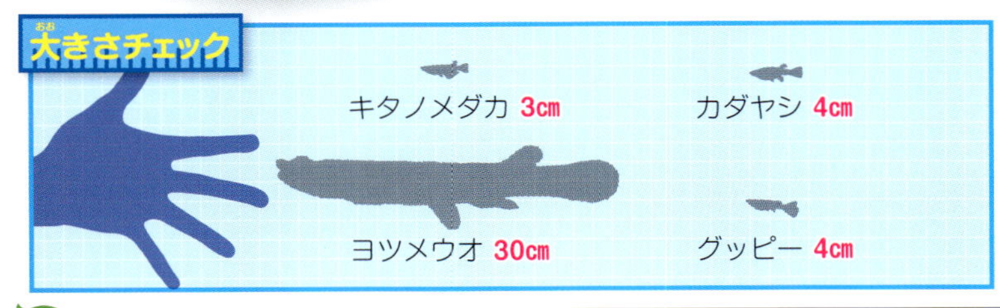

マメ知識　カダヤシやグッピーが野生化することで、もともと日本にいたメダカのなかまが少なくなっています。なわばりをうばったり、攻撃して傷つけたりするためです。

アカメ、ケツギョなどのなかま

お魚トーク アカメのなかまは左右に平たい体で、背びれやしりびれにするどいとげ(棘条)をもっている。ケツギョのなかまはアカメに似ているが、体に不規則な模様があるのが特徴だ。すきとおった体のタカサゴイシモチのなかまは、「グラスフィッシュ(ガラスの魚)」ともよばれるぞ。

アカメ ［アカメ科］ 絶

光が当たると目が赤く見えるため、この名がつきました。幼魚は河川の下流や汽水域でくらし、成魚になると沿岸の浅場でくらします。■120cm ■静岡県～九州南部、大阪府、香川県など ■河川の下流、河口の汽水域、沿岸（海） ■魚、甲殻類 ■メヒカリ、ミノウオ、マルカ

▼赤く光る目。

見てみよう！ DVD MOVE お魚ニュース

◀幼魚。藻場で逆立ちのような態勢になり、アマモ類の葉のふり（擬態、→P.163）をします。

▼若魚

▼若魚

ナイル・パーチ ［アカメ科］

食用にするためにアフリカ東部のビクトリア湖などに放流されましたが、増えすぎて、湖にもともといた魚を食べつくしてしまうなど、問題になっています。■2m（全長） ■アフリカ（ナイル川、ニジェール川、コンゴ川、ヴィクトリア湖など） ■河川、湖 ■魚、甲殻類、昆虫

バラマンディ ［アカメ科］

幼魚は汽水域から淡水域で成長し、成魚になると沿岸と淡水域を行き来するようになります。成長にともない、オスからメスに性転換（→P.85）します。熱帯域では食用にされます。■2m（全長） ■インド、中国南東部、東南アジア、オーストラリア北部など ■河川の下流、河口の汽水域、沿岸（海） ■魚、甲殻類、水生昆虫 ■ミナミアカメ

ケツギョ ［ケツギョ科］

河川が雨で増水したときに、群れをつくって夜に産卵します。卵は流されながら、1週間後にふ化します。原産地では食用にされます。■70cm（全長） ■中国（原産）、ロシア南東部など ■河川、湖沼 ■魚、カエル ■シナケツギョ

◀卵を守るオヤニラミのオス。

オヤニラミ ［ケツギョ科］ 絶

オヤニラミのオスはなわばりをもっており、産卵期になるとなわばりの中にメスをさそい、卵を産ませます。卵がふ化するまでのあいだ、オスが卵を守ります。■11cm ■福井県、京都府以南の本州、四国北東部、九州北部／朝鮮半島南部 ■河川、用水路 ■水生昆虫、エビなど、魚 ■ヨツメ、カワメバル

見てみよう！ DVD 驚きの産卵術

大きさチェック

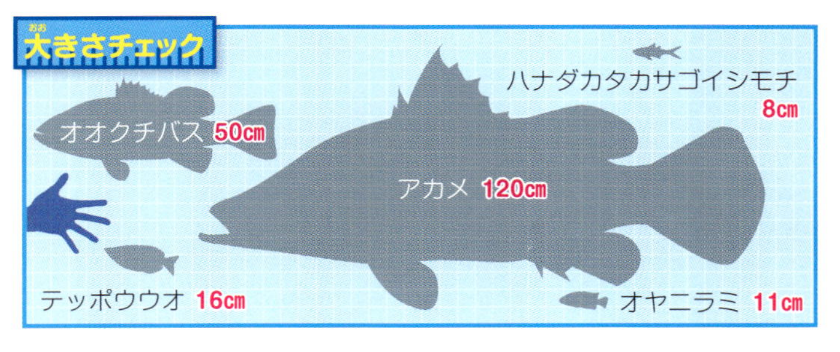

ハナダカタカサゴイシモチ

［タカサゴイシモチ科］

■8cm ■西表島／東南アジア、インドなど ■河川、河口 ■昆虫、小型のエビなど

サンフィッシュのなかま

オオクチバス ［サンフィッシュ科］ 食

食用や釣り魚として移入され、現在は日本をふくむ世界各地で繁殖しています。■50cm ■日本各地に移入／北アメリカ（原産）■河川、湖沼、池、ダム湖 ■水生昆虫、甲殻類、魚 ■ブラックバス

お魚トーク オスは水底にすりばち状の巣をつくり、メスをさそって産卵させる。その後、オスは巣に残って卵や仔魚を守る。北アメリカ原産の魚で、世界の河川や湖沼に約40種、日本には3種が移入されて繁殖しているぞ。

ブルーギル 食

［サンフィッシュ科］

食用や釣り魚のえさとして移入され、世界各地で繁殖しています。■20cm ■日本各地に移入／北アメリカ（原産）■河川、湖沼、池、ダム湖 ■水草、水生昆虫、甲殻類、魚、魚の卵

外来種の脅威

海外から移入された種（外来種）は、天敵となる生物が少なく、もともとそこにすんでいた種（在来種）よりも繁殖力に優れている場合には、生態系のバランスをくずし、在来種を絶滅させてしまうことがあります。とくによく知られているのが、オオクチバスやブルーギルです。これらの魚は、繁殖力が強いうえ、在来種の魚や、その食べ物を大量に食べてしまうため、各地で大きな問題となっています（→P.175）。

テッポウウオのなかま

お魚トーク 水面近くを泳ぎまわり、水鉄砲のように口から水を噴いて、水上にいる昆虫などを撃ち落として食べる魚だ。世界に6種がいて、日本では西表島で1種が発見されているぞ。

テッポウウオ ［テッポウウオ科］ 絶

口から水を噴いて水の外にいる昆虫などを落として食べるほか、水中にいる魚なども食べます。熱帯地方では食用にされます。■16cm ■西表島／インド、東南アジア、オーストラリア北部など ■河口の汽水域・マングローブ域、沿岸（海）■昆虫、甲殻類、魚

もっとお魚ニュース DVD 食いしんぼうのコクチバス

見てみよう！ DVD 水中の名ハンター

◀葉の上の昆虫をねらうテッポウウオ。

カワスズメのなかま

▼親が体から出した粘液を食べる稚魚。
◀改良品種

ディスカス
[カワスズメ科]
観賞用に改良され、多くの品種があります。オスとメスで子育てを行い、親は体から特殊な粘液（ディスカスミルク）を出し、稚魚はそれを食べて成長します。■14cm ■南アメリカ（アマゾン川など）■河川 ■昆虫、プランクトン

エンジェルフィッシュ [カワスズメ科]
背びれとしりびれ、腹びれのすじ（軟条）が長くのびます。改良品種が数多くあります。■8cm ■南アメリカ（アマゾン川など）■河川 ■水生昆虫、甲殻類 ■エンゼルフィッシュ

◀▲体色や模様が美しい改良品種。

お魚トーク 「シクリッド」ともよばれ、観賞魚として人気だ。口の中で卵や稚魚を育てる、口内保育（マウスブルーディング）を行うものも多い。世界の河川などに1300種以上がいて、日本には食用に移入された3種がいるぞ。

カワスズメ [カワスズメ科] 食
メスが、産卵後に卵を口内保育します。■30cm ■北海道、山梨県、大分県、鹿児島県、琉球列島などに移入／アフリカ南東部（原産）■河川の下流、河口、湖沼 ■藻類、水生昆虫 ■モザンビーク・ティラピア

ユゴイのなかま

お魚トーク ユゴイのなかまは、海でくらすギンユゴイ（→P.122）をのぞいて、汽水域から淡水域にくらしている。体は左右に平たく、えらぶたに2本のとげがあるぞ。

ユゴイ [ユゴイ科]
生まれたばかりのころは海でくらします。2.5cmほどまで成長すると河川をさかのぼり、そこでくらすようになります。■17cm ■屋久島、琉球列島など／西・中央太平洋、東インド洋 ■河川の中流・下流、河口の汽水域 ■水生昆虫、甲殻類 ■ミキユー

ポリケントルスのなかま

お魚トーク 体は平たく、葉っぱにそっくりな姿（擬態、→P.163）をしている。口が大きく、長くのばすことができる。海中をただよう木の葉のようにゆっくりと近づき、えものを丸飲みにする。南アメリカと西アフリカに2種がいるぞ。

コノハウオ [ポリケントルス科]
■8cm ■南アメリカ（アマゾン川など）■河川 ■小魚 ■リーフフィッシュ、アマゾン・リーフフィッシュ

カワスズメの生態 DVD ベネスタスの死んだふり  ペリソードスの子育て 

 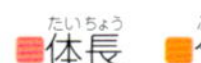  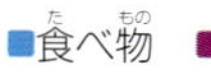
■体長 ■分布 ■生息域 ■食べ物 ■別名 ■危険な部位 危危険な魚 食食用魚 絶絶滅危惧種

カジカなどのなかま

お魚トーク もとはカサゴ目というグループだったが、分類が変わり、スズキ目に組み入れられた。カジカのなかまはほとんどが海でくらしているが、河川でくらすカジカもいる。その多くが海と河川を行き来し、淡水域で一生を送るものは少ない。多くの種で、オスが、ふ化するまで卵を守る。ハオコゼのなかまにも、淡水域でくらすものがいるぞ。

カジカ [カジカ科] 食

オスはなわばりをもち、メスをさそって石の下に卵を産ませます。■15cm ■本州、四国、九州北西部 ■河川の上流 ■水生昆虫、落下昆虫、魚 ■ゴリ

ウツセミカジカ
[カジカ科] 絶

■17cm ■北海道南西部、本州、四国、九州北西部 ■河川の中流・下流 ■水生昆虫、甲殻類、底生の小動物

ヤマノカミ [カジカ科] 絶

冬に有明海に下り、タイラギという大型の二枚貝の殻の中に卵を産みます。■17cm ■有明海とそこに注ぐ河川、諫早湾／朝鮮半島西部、中国東部 ■河川の上流・中流、河口の汽水域 ■水生昆虫、甲殻類、魚

カマキリ
[カジカ科] 食 絶

「アユカケ」ともよばれます。冬に川を下り、河口で産卵します。■25cm ■青森県〜高知県・島根県、九州中部 ■河川の中流・下流、河口の汽水域 ■魚、水生昆虫、甲殻類 ■アユカケ、アラレガコ

リーフ・ゴブリンフィッシュ 危
[ハオコゼ科]

背びれのとげ（棘条）に、毒があります。■10cm（全長）■インドネシア、ニューギニア島、フィリピン ■河川の下流 ■底生の小動物 ■淡水ハオコゼ ■背びれのとげに毒

さかなクンのギョギョ魚魚トーク

見てみよう！ DVD 魚たちの化かし合い

忍者のようなカマキリの特技！

川の主のような風格！　アユカケの名で有名!!　その名のとおり、アユまで食べちゃいます!!　そんなカマキリは、まるで忍者のようなすごい特技のもち主。体の色や模様をまわりの石そっくりに変化させて、石に化けることができるんです！　石に化けたカマキリは、じっと動かず、ときにはなんと、えらぶたが動かないように息も止めて、川底でひたすらえものを待ちます。カマキリがいることを知らない小魚やエビが近づいてくると、大きな口をガバッと開けて水ごと丸のみにしてしまいます。まさに忍者！

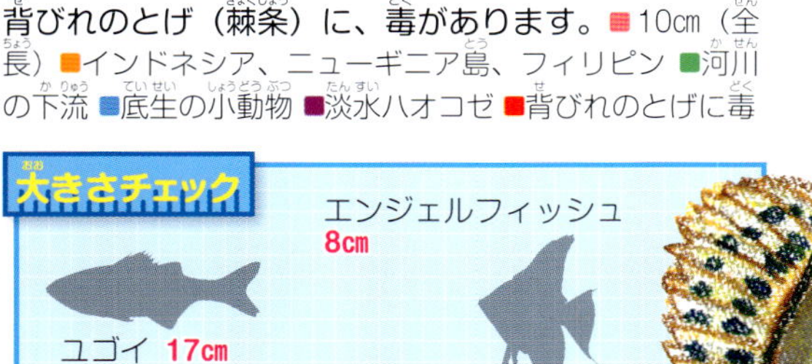

▲どっしりとした見た目のとおり、ごうかいなカマキリ。

マメ知識 カマキリの別名である「アユカケ」という名前は、ほおの横にあるとげで、アユを引っかけてつかまえると考えられたため、つけられました。

ハゼのなかま

お魚トーク 海だけでなく、河川や河口の汽水域にも、さまざまなハゼのなかまがくらしている。成長しても体長が1cmほどのものから、60cmをこえるものまでいる。体色が美しいものも多く、観賞魚としても人気があるぞ。

ツバサハゼ
［ツバサハゼ科］絶

滝の下など、流れの速い岩場でくらしています。大きな胸びれを広げ、体全体で水の勢いを受けることで、岩に体を押しつけ、さらに腹びれを使って岩にはりつきます。■20cm ■屋久島、琉球列島／東南アジアなど ■河川の上流 ■藻類、水生昆虫

ドンコ ［ドンコ科］

昼間は岩かげなどにひそみ、夜になると活動します（夜行性）。オスは石や流木の下の砂を掘って巣をつくり、卵がふ化するまで守ります。■15cm ■新潟県、茨城県、神奈川県、富山県・岐阜県・愛知県以南の本州、四国、九州／朝鮮半島南部 ■河川の上流・中流 ■水生昆虫、甲殻類、魚

▼実際の大きさ。

カワアナゴ ［カワアナゴ科］

淡水域のみでくらし、汽水域には入りません。夜行性です。■20cm ■茨城県・福井県～屋久島など／済州島、中国南東部 ■河川、湖沼 ■水生昆虫、甲殻類、魚

ミツボシゴマハゼ ［ハゼ科］

日本でもっとも小さな魚のうちの1種です。群れをつくり、中層を泳ぎます。
■1cm ■琉球列島／フィリピンなど ■マングローブ域 ■プランクトン ■イーブー

▲婚姻色の出たオス。

ナンヨウボウズハゼ ［ハゼ科］

繁殖期のオスは、金属のような光沢のある体色（婚姻色、→P.127）で、メスをさそいます。■4cm ■静岡県、高知県、宮崎県、屋久島、琉球列島など／台湾、グアム島、パラオ ■河川の上流・中流 ■藻類、小動物

シロウオ ［ハゼ科］食 絶

体全体がすきとおっています。産卵するために、河川をさかのぼります。ふ化した稚魚は海で成長します。■4cm ■北海道南部、本州～九州／朝鮮半島南東部など ■河川の下流、沿岸（海） ■プランクトン

チチブ ［ハゼ科］

石や人工物など、かくれるものがある場所でくらしています。汽水域を好みますが、淡水域でもくらせます。オスが卵を守ります。■9cm ■北海道南部、本州～九州／朝鮮半島 ■河川の下流、河口 ■藻類、底生の小動物、魚 ■ダボハゼ

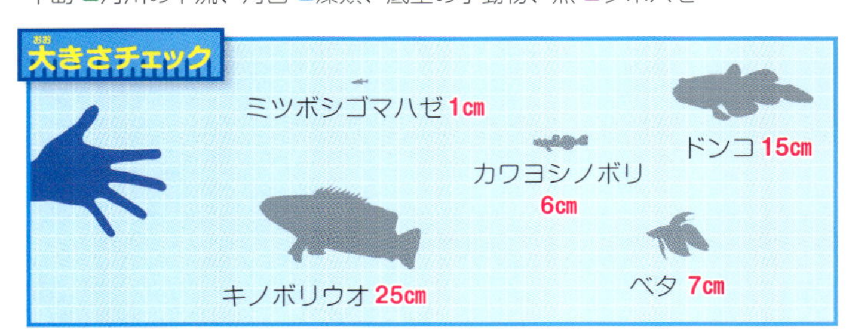

▼石に産みつけられた卵を守るオス。

カワヨシノボリ ［ハゼ科］食

春から夏に産卵し、オスが卵を守ります。■6cm ■静岡県・富山県以南の本州、四国、九州北部 ■河川の上流・中流 ■藻類、水生昆虫 ■ゴリ

■体長 ■分布 ■生息域 ■食べ物 ■別名 ■危険な部位 危 危険な魚 食 食用魚 絶 絶滅危惧種

キノボリウオなどのなかま

キノボリウオ［キノボリウオ科］
実際に木に登ることはありませんが、陸に上がることができ、池の水が干上がりそうになると、別の池をめざして集団で地面を這って移動することもあります。原産地では食用にされます。
■25㎝（全長）■中国南部、東南アジア、インドなど■湖沼、河川、河口、湿地帯■植物、甲殻類、魚■クライミング・パーチ

お魚トーク キノボリウオのなかまには、えらが変形した「上鰓器官」という器官がある。これは空気呼吸のための器官で、にごった水の中でも水面の空気を口から取り入れて呼吸できる。また、短時間だが、水から出て活動できるものもいるぞ。

タイワンキンギョ［ゴクラクギョ科］絶
■4㎝■沖永良部島、沖縄島、南大東島に移入／台湾、中国南部■水田、沼、池■小動物、藻類

ドワーフ・グーラミィ
［オスフロネームス科］
水生植物の多い場所でくらしています。オスは産卵期に、口から吹いた泡で巣をつくります。■9㎝（全長）■インド、パキスタン、バングラデシュ■小川、湖■昆虫、小動物

キッシング・グーラミィ［ヘロストマ科］
2ひきでキスをするように、口をくっつけていることがあります。この行動は、オスどうしがなわばりをめぐる争いをしているところです。原産地では食用にされます。■30㎝（全長）■タイ～インドネシア■河川、湖沼■藻類、水生昆虫、プランクトン

コモリウオのなかま

お魚トーク オスの頭にフックのような形をした突起があり、そこにメスが産んだ卵を引っかけて、ふ化するまで守る。世界の河川や河口に2種がいるぞ。

▲オスどうしで争うベタ。

ベタ［オスフロネームス科］
観賞用として人気がある魚で、さまざまな改良品種があります。■7㎝（全長）■東南アジア（メコン川原産）■河川、水田■水生昆虫、プランクトン■トウギョ

コモリウオ
［コモリウオ科］
■63㎝（全長）■ニューギニア島、オーストラリア北部■河川、河口のマングローブ域など■小魚、甲殻類、ザリガニなど■ナーサリーフィッシュ

マメ知識 ベタはとても気性があらく、オスどうしが出会うとはげしく争います。タイでは、ベタどうしを戦わせる「闘魚」という文化があります。

タイワンドジョウのなかま

お魚トーク 「雷魚」ともよばれる魚のグループで、細長い体をしている。えらが変形した「上鰓器官」があり、これにより空気呼吸ができる。日本にはもともといなかったが、外国から移入した数種がくらしているぞ。

タイワンドジョウ ［タイワンドジョウ科］
ふ化した稚魚を、オスが単独で、あるいはペアで守ります。原産地では食用にされます。■35cm ■石垣島、近畿地方に移入／中国南部・台湾・ベトナム・フィリピンなど（原産）■沼、池 ■甲殻類、カエル、魚 ■ライギョ

カムルチー ［タイワンドジョウ科］
ヨシなどの水生植物帯の中で産卵し、卵やふ化した稚魚を、ペアで守ります。■35cm ■本州、四国、九州に移入／東アジア原産（中国北部・中部、朝鮮半島）■沼、池 ■甲殻類、カエル、魚 ■ライギョ

チャンナ・ブレヘリ
［タイワンドジョウ科］
虹色の体色が美しく、観賞用として人気の魚です。■14cm ■インド ■河川 ■小魚、小動物 ■レインボー・スネークヘッド

カレイのなかま

お魚トーク 河川や河口の汽水域、湖沼にくらすカレイのなかまだ。水底の砂やどろの中にもぐっていることが多いぞ。

◀日本産のヌマガレイ。

▼泳ぐヌマガレイ。

ヌマガレイ ［カレイ科］ 食
日本のものは体の左側に両目があり、アメリカのものは右側にあります。■75cm ■北海道～神奈川県・島根県／朝鮮半島～北太平洋、東太平洋（北部）■河川、湖沼、沿岸（海）■魚、貝、甲殻類

フグのなかま

お魚トーク おもに熱帯地方を中心に、汽水域や淡水域でくらすフグのなかまがいる。カラフルな外見のものも多く、観賞用として人気があるぞ。

ミドリフグ ［フグ科］
ふ化から若魚までは河川ですごし、成魚になると海に出ます。■17cm（全長）■スリランカ～インドネシア、中国北部 ■河川、沿岸（海）■甲殻類、貝、藻類

8の字の模様

ハチノジフグ ［フグ科］
背の模様が数字の「8」のように見えるため、名づけられました。■8cm（全長）■東南アジア ■河川の下流の汽水域 ■貝、底生の小動物

ヘアリー・パファー ［フグ科］
体の側面にある多くの突起（皮弁）が毛のように見えるため、「毛フグ」ともよばれます。■12cm ■東南アジア（メコン川など）■河川 ■魚、甲殻類 ■毛フグ、テトラオドン・バイレイ

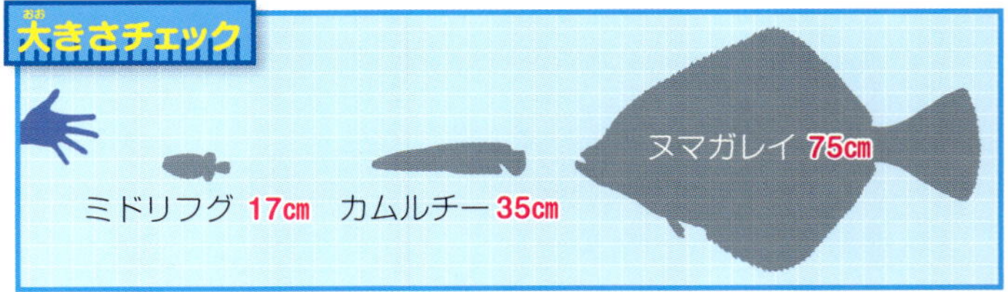

■体長 ■分布 ■生息域 ■食べ物 ■別名 ■危険な部位 危 危険な魚 食 食用魚 絶 絶滅危惧種

さくいん

この図鑑に出てくる魚を五十音順で掲載しています。くわしく紹介しているページは、太字であらわしています。

ク

ケ

コ

サ

シ

ス

セ

ソ

タ

チ

ツ

テ

ト

ナ

ニ

ヌ

ネ

ノ

ハ

ヒ

フ

ヘ

ホ

マ

[監修]

福井篤（東海大学海洋学部水産学科 教授）

[指導・協力・撮影]

新野大（DAE 生物研究所）

[特別協力]

さかなクン（東京海洋大学 名誉博士／客員准教授）

伊藤はやと、行徳浩一、関口納理子（株式会社アナン・インターナショナル）

[取材協力]

瀬能宏（神奈川県立生命の星・地球博物館）、佐藤圭一（一般財団法人 沖縄美ら島財団総合研究センター）、澤井悦郎（広島大学グローバルキャリアデザインセンター）、本村浩之（鹿児島大学総合研究博物館）、渡辺佑基（国立極地研究所 生物圏研究グループ）、アクアワールド茨城県大洗水族館、糸満漁業協同組合、葛西臨海水族園、環境水族館 アクアマリンふくしま、きしわだ自然友の会、滋賀県立琵琶湖博物館、世界淡水魚園水族館 アクア・トトぎふ、竹島水族館、東海大学海洋科学博物館、那珂湊漁業協同組合、名護漁業協同組合、名古屋港水族館、姫路市立水族館

[写真 特別協力]

アマナイメージズ

カバー，扉，3,4,6,7,11,13~15,18,20,24~26,30~32,34~40,44~49,51,53,58,59,61~65,68,70~73,76,77,79~84,86,87,90~92,94,95,97~111,113,114,118,120,122~126,128~130, 132~139,141,143~146,148~151,153~155,160~163,165,166,168,169,172,177,178,179,181,183~192,194~203,206~211,214,215, 後ろ見返し

株式会社ボルボックス（中村庸夫／中村武弘）

カバー，4,6~8,20,22,24~26,28~31,36~39,42~49,52,53,56~58,64~73,76~78,80,81,83~91,94~96,98,99,101~115,119~128,130~138,142~145,148~151,154~157,160,161,163~170,172,174,179,180,184~188,190~194,196,199~203,207,212~214,216

シーピックスジャパン株式会社（SeaPics.jp ／ e-Photography）

潮田政一／宇都宮英之／岡田裕介／菊本浩子／北川暢男／久保誠／澤田拓也／高崎健二／高田宏志／辰馬啓之／千々松政昭／中野誠志／八点鐘／羽村尚男／広瀬睦／福田航平／古見きゅう／増渕和彦／南俊夫／深山えり子

カバー，2,4,6,7,10,13,15,18,20,22,23,25~32,34~39,42~47,50~52,55,60,62~64,66,70~72,76~78,80,82,83,85,86,88,91,95~97,100~103,105~108,110~127,129,131,133,136~139,142~147,149~157,160,162~172,174,178,179,184,194,195,197~201,207,209,212,215, 後ろ見返し

新野大

17,22,25,31,37,38,44~47,49,57,59,62~66,68,71,73,78,83,85,86,88,94,96,99,102,103,105,109,120,122,124,126,129~133,135,136,142,144,145,147,148,165~168,172,178,180,184,186~191,193,196,197,199,206,212~216

及川均（Gallery H）

カバー，7,14,43,52,62,63,66,69,71,72,78~80,83,84,86,88~91,102,104~106,108~114,118~122,124~127,138,144~148,151,163,164,169,203, 後ろ見返し

[写真協力]

アクアプロスタイル ビリーバー：193 ／アクアルミエール：199 ／朝日田 卓（北里大学海洋生命科学部水圏生態学研究室）：54 ／荒武成寿：164 ／あわしまマリンパーク：30 ／泉憲明（トサキン保存会中部日本支部）：191 ／和泉裕二（Blue World）：7,58,134 ／ 伊藤一希：179 ／伊藤光機（春夏秋冬）：141 ／伊奈淳也（浜松 FunSea）：55 ／今川郁（オーシャンブルー那覇）：84,97,120,121,139,140 ／岩手県水産技術センター：139 ／氏原一郎（南浜名湖 .com）：131 ／江藤幹夫：149,165,169, 後ろ見返し／遠藤広光：67 ／大方洋二：59,143 ／大阪・海遊館：17,141 ／大阪市立自然史博物館：174 ／男鹿水族館 GAO：209 ／おきなわカエル商会：191 ／奥山英治（日本野生生物研究所）：192 ／おたる水族館：161 ／越智隆治：2,10,16 ／海洋博公園・沖縄美ら海水族館：35,59,104,169 ／鹿児島大学総合研究博物館：54,56 ／葛西臨海水族園：59,135,140 ／片野猛（沖縄ダイビングセンター）：84,125 ／神奈川県立生命の星・地球博物館提供（瀬能宏撮影）：24（ホシザメ）,29（アイザメ、オロシザメ）,44（チンアナゴ全身）,47（ネズミギス）,57（トウジン）,65（トビウオ）,78（フサカサゴ）,123（オオメメダイ）,124（テンス）,136（ワニギス）,139（イレズミコンニャクアジ）,142（ネズミゴチ）,149（クロホシマンジュウダイ）,185（コイ在来型）,206（太平洋系降海型イトヨ）,208（キタノメダカ、ミナミメダカ）,210（ハナダカタカサゴイシモチ）／株式会社エムピージェー 月刊アクアライフ：178,181,190,191,193,198,207,213,215 ／川原晃（海の案内人ちびすけ）：60 ／川辺洪：30,66,67 ／環境水族館 アクアマリンふくしま：87,95,133 ／北川大二（国立研究開発法人 水産研究・教育機構）：132 ／北九州市立自然史・歴史博物館：41（マウソニア・ラボカティ復元骨格）／京都大学舞鶴水産実験所：40 ／久喜市役所：183,186 ／公益財団法人 大阪府漁業振興基金栽培事業場：160 ／高知大学理学部理学科海洋生物学研究室：53,55,57,162 ／国立研究開発法人 水産研究・教育機構 開発調査センター：58,151 ／国立研究開発法人 水産研究・教育機構 水産大学校：59 ／国立研究開発法人 水産研究・教育機構 北海道区水産研究所：53 ／さかなクン：203 ／猿渡敏郎：60 ／澤井悦郎：171 ／散歩猫（蜜蜂的写真日記）：109 ／椎名雅人（魚のブログ）：59,67,85,131 ／下田海中水族館：31 ／空良太郎（沖縄ワールドダイビング）：16,86,149 ／高久至：61,140 ／高瀬歩（さかなや潜水サービス）：128 ／高見沢昇治（edive khaolak）：120,147 ／地方独立行政法人 大阪府立環境農林水産総合研究所：175,187,216 ／辻東信（サワディダイブ那覇）：166 ／東海大学海洋科学博物館：46,60 ／東海大学海洋学部水産学科福井研究室：29,45,46,48~51,53,57,65,67,115,122,123,137,142,155,162 ／東海大学出版会：18 ／東京大学附属図書館：196 ／都倉浩（OKINAWAN FISH）：121 ／独立行政法人 海洋研究開発機構：53,55 ／戸舘真人：46,56,59,61,90 ／とむやむ君：90 ／中尾克古（かっちゃんのお魚ブログ）：214 ／中島伸之（サカナのおカオ）：165 ／名古屋港水族館：30 ／西山一彦（Wrasses Vegas）：114,126,139 ／日海センター：107 ／沼津港深海水族館：32 ／萩博物館：54,99 ／橋谷勝博：102,112,128,138,139 ／原崎森（屋久島ダイビングサービス もりとうみ）：11,86,105,126,163 ／原本昇：105 ／藤原昌高（ぼうずコンニャク）：7,49,54,76,82,87,109,115,155,156 ／ブランパン：12,39 ／真木久美子（まいにち青海島）：16,133 ／益田一：47（ハマギギ）,56（フサイタチウオ）／参木正之（DIVE ZEST）：124 ／美月（色即是空）：132 ／宮正樹：59,136 ／明星大学：132 ／茂木陽一：117 ／森岡篤：7,178~181,189,193~195,197,207,209,212,215 ／森田敬三：173 ／山口素臣：51 ／山崎浩二：193 ／ヨコハマおもしろ水族館：22 ／吉田俊司（宇和海の魚）：24 ／るりすずめ（さかなまにあ）：135 ／渡辺佑基（国立極地研究所 生物圏研究グループ）：158 ／ Andrew Fox（Rodney Fox Shark Expeditions）：158 ／ alamy/PPS 通信社：40 ／ Dr Richard Pillans CSIRO：23 ／ Getty Images：カバー，6,28,117,165,182, 後ろ見返し／ MBARI：12 ／ OCEANA：12 ／ PIXTA：カバー，8,32,148,181,183,197,202,209,211,212,215,216 ／ SPL/PPS 通信社：40 ／ ©NHK：前見返し，180,195,208

[イラスト]

カバー：Raúl Martín

本文：小堀文彦、福永洋一

[装丁]

城所潤＋関口新平（ジュン・キドコロ・デザイン）

[本文デザイン]

天野広和、大場由紀、原口雅之

（株式会社　ダイアートプランニング）

[編集制作]

株式会社　童夢

[DVD 映像制作]

NHK エンタープライズ

大上祐司（プロデューサー）

三宅由恵（アシスタントプロデューサー）

[DVD 映像制作協力]

東京映像株式会社

[おもな参考文献]『日本産魚類検索 全種の同定 第三版』中坊徹次編／『日本産魚類大図鑑 第２版』益田一他編／『日本産魚類生態大図鑑』益田一他／『新版 魚の分類の図鑑－世界の魚の種類を考える』上野輝彌他／『日本産稚魚図鑑 第二版』沖山宗雄編（以上、東海大学出版会）、『日本の淡水魚』川那部浩哉他／『日本の海水魚』岡村収他編／『世界の熱帯魚』桜井淳史他（以上、山と溪谷社）、『動物図鑑ウォンバット２ 魚』杉浦宏監修／『新装版 詳細図鑑 さかなの見分け方』藍澤正宏他／『日本沿岸魚類の生態』檜山義夫他（以上、講談社）、『食材魚貝大百科 全４巻』多紀保彦他編／『日本動物大百科 第６巻 魚類』『日本動物大百科 第７巻 無脊椎動物』日高敏隆編／『日本のハゼ－決定版』瀬能宏監修他／『最新図鑑 熱帯魚アトラス』山崎浩二他（以上、平凡社）、『タナゴのすべて』赤井裕他／『世界のナマズ』江島勝康他／『フグの飼い方』アクアライフ編集部編／『標準原色図鑑 17 熱帯魚・金魚』牧野信司他（以上、マリン企画）、『新日本動物図鑑上・中・下』岡田要他／『原色魚類大圖鑑』阿部宗明（以上、北隆館）、『クマノミガイドブック』ジャック・T・モイヤー／『ハゼガイドブック』林公義他／『幼魚ガイドブック』瀬能宏他（以上、TBS ブリタニカ）、『魚類の形態と検索』松原喜代松（石崎書店）、『日本産魚名大辞典』日本魚類学会編（三省堂）、『北のさかなたち』長澤和也他編（北日本海洋センター）、『魚介類の毒』橋本芳郎（学会出版センター）、『フグの分類と毒性』原田禎顕他（恒星社厚生閣）、『魚名考』栄川省造（甲南出版社）、『図説魚と貝の大事典』望月賢二監修（柏書房）、『魚の事典』能勢幸雄監修（東京堂出版）、『原色日本淡水魚類図鑑』宮地伝三郎他（保育社）、『新さかな大図鑑－釣魚カラー大全』小西和人編（週刊釣りサンデー）、『新潟県海の魚類図鑑』本間義治（新潟日報事業社）、『育ててみよう海の生きもの 海水魚の繁殖』鈴木克美他編著（緑書房）、『日本の外来魚ガイド』瀬能宏監修（文一総合出版）、『南極海の魚はなぜ凍らない』サイエンス編集部編（日経サイエンス社）、『決定版 熱帯魚大図鑑』森文俊他（世界文化社）、『アラマタ版 磯魚ワンダー図鑑』荒俣宏（新書館）、『ネイチャーウォッチングガイドブック 海水魚』加藤昌一（誠文堂新光社）、『SHARKS サメ－海の王者たち－』仲谷一宏（ブックマン社）、『知られざる動物の世界 3 エイ・ギンザメ・ウナギのなかま』中坊徹次監訳（朝倉書店）、『FISHES of the WORLD Fourth Edition』Joseph S. Nelson（John Wiley & Sons,Inc）、ほか

講談社の動く図鑑　MOVE
魚 新訂版

2012年6月14日　初版　第1刷発行
2017年6月8日　新訂版　第3刷発行

監　修　福井 篤
発行者　鈴木 哲
発行所　株式会社講談社
〒112-8001　東京都文京区音羽 2-12-21
電話　編集　03-5395-3542
販売　03-5395-3625
業務　03-5395-3615
印　刷　共同印刷株式会社
製　本　大口製本印刷株式会社

ISBN978-4-06-220106-3　N.D.C.480 224p 27cm

びっくり！

ふだんは見ることができない、魚たちの不思議な生態を集めてみました

あごが外れた!?

グルクマ

のどの奥が見えるほど口をあけたグルクマ。海中のプランクトンをこしとるために、口を大きく開けています。 ▶P.155

オスどうしでキス!?

キッシング・グーラミィ

口と口をつけて向かい合う２ひきのオス。キスしているのではなく、けんかをしています。 ▶P.215

フェンシングの達人!?

マカジキ

小魚の群れとすれちがったマカジキ。その吻の先には、１ぴきの小魚がくし刺しに。まるでフェンシングの達人です。 ▶P.152

変装名人!?

ナンヨウツバメウオ

海中にただよう枯れ葉に化けたナンヨウツバメウオの幼魚。葉っぱに見えるように、尾びれがとうめいなのもポイントです。 ▶P.149